I0882272

Der ganzen Reihe dreißigste Lieferung.

HANDBUCH

DER

MINERALOGIE.

Von

DR. CARL HINTZE,

GEHEIMEM REGIERUNGSRAT,

O. Ö. PROFESSOR AN DER UNIVERSITÄT BRESLAU.

ERSTER BAND.

ELEMENTE, SULFIDE, OXYDE HALOIDE, CARBONATE, SULFATE BORATE, PHOSPHATE.

ACHTZEHNTE LIEFERUNG.

MIT 24 ABBILDUNGEN IM TEXT.

LEIPZIG,

VERLAG VON VEIT & COMP.

1916.

erhalten zu haben;[1] nach Retgers (Ztschr. phys. Chem. 1889, **4**, 608) erhält man jedoch aus gemischten Lösungen entweder rhombische Krystalle von Kalisalpeter oder solche von Silbernitrat oder vom Doppelsalz[2] $AgKN_2O_6$. Die Krystalle der beiden einfachen Nitrate enthalten Beimischungen des anderen höchstens in so geringer Menge (bis 0·3 % $AgNO_3$, resp. bis 0·5 % KNO_3), dass sie keinesfalls als „isomorphe" betrachtet werden können. Gossner (Groth's Ztschr. **38**, 145) erhielt aus drei verschieden gemischten Lösungen beider Salze gute klare Krystalle vom Typus KNO_3, aus deren Dichte-Bestimmungen sich eine Mischbarkeit nicht folgern liess. Auch aus dem Schmelzfluss[3] bilden sich nach Ussow (Ztschr. anorg. Chem. 1904, **38**, 419; Groth's Ztschr. **42**, 670) keine Mischkrystalle.

Andererseits Mischkrystalle mit Kaliumchlorat, wie zuerst Mallard (Bull. soc. min. Paris 1884, **7**, 356; Groth's Ztschr. **11**, 655) zeigte: aus einer für beide Salze gesättigten Lösung bilden sich monosymmetrische Krystalle von $KClO_3$ mit bis 15 % KNO_3, dann ähnliche mit 25 % und schliesslich solche von der Form des Nitrats. Nach Herbette (Bull. soc. min. Paris 1906, **29**, 152; Groth's Ztschr. **45**, 282) krystallisirt aus Lösungen mit wenig $KClO_3$ nur reiner Kalisalpeter in rhombischer Form. Bei 22·5 % $KClO_3$ entstehen daneben in geringer Menge monosymmetrische Krystalle von Chlorat mit 21—35 % KNO_3 von der pseudorhomboëdrischen Form des Chlorats mit etwas kleinerem Winkel der optischen Axen.

Eine **labile**, resp. metastabile **trigonale Modification** des Kaliumnitrats wurde von Frankenheim (Pogg. Ann. 1837, **40**, 447; 1854, **92**, 354) beobachtet, in mikroskopischen Rhomboëdern[4] von 73° 24′,[5] also $a:c = 1:0·8257$. Ausserdem kommen nach Frankenheim „noch vor das erste stumpfere, und vielleicht beide regulär sechsseitige Prismen, ein Drei-und-drei-Kantner (Skalenoëder) in der Zone der Seitenkanten des Hauptrhomboëders und gerade Abstumpfung der Hauptecken" (Basis). Diese rhomboëdrischen Krystalle entstehen, wenn Kaliumnitrat durch Zusammenbringen von Kali und Salpetersäure gebildet oder durch Zufügung von Alkohol zur raschen Ausscheidung gebracht wird; ferner in langsam verdunstenden Tropfen der wässerigen Lösung, welche hierbei so

---

[1] Auch nach O. Lehmann (Groth's Ztschr. **1**, 110) „lassen sich sehr schön krystallisirte isomorphe Mischungen beider Salze darstellen".

[2] Dieses von P. Friedländer (Groth's Ztschr. 1879, **3**, 215) als monosymmetrisch bestimmte Doppelsalz erhält man leicht beim Vermischen der Lösungen gleicher Moleküle von $AgNO_3$ und KNO_3, wie auch Hertz (Inaug.-Diss. Berlin 1895; bei Fock, Groth's Ztschr. **28**, 405) fand; nach Ditte (Ann. chim. phys. 1886, **8**, 418; Groth's Ztschr. **13**, 429) aus Lösungen mit 3 Molekülen $AgNO_3$ auf 1 KNO_3.

[3] Ueber Schmelzfluss von KNO_3 mit KCl oder NaCl vgl. S. 2689.

[4] Breithaupt's (vgl. S. 2684 Anm. 2) Zootinus kalicus.

[5] Entsprechend einem ebenen Winkel von 77° 10′ der tafeligen Krystalle.

stark übersättigt[1] werden, dass sie zuweilen nach einiger Zeit sich in eine parallele oder Zwillings-artige Krystallgruppe verwandeln, neben welcher nur Spuren von Flüssigkeit zurückbleiben. Während in Tropfen alkoholischer und in sehr flachen Tropfen wässeriger Lösung zuweilen sich nur Rhomboëder bilden, findet in den meisten Tropfen der wässerigen Lösung auch die Krystallisation der gewöhnlichen rhombischen Modification statt, in Form langprismatischer Stäbe und aus solchen bestehender Dendriten. Sobald ein derartiger Stab beim Fortwachsen in die Nähe eines Rhomboëders gelangt, wird dieses in Folge seiner leichteren Löslichkeit zum Theil (an der dem rhombischen Krystall zugekehrten Seite) oder ganz aufgelöst. Zuweilen bleibt das Rhomboëder seitwärts vom Stabe liegen, die Flüssigkeit zwischen ihnen trocknet auf, und man findet beide Modificationen neben einander. Gewöhnlich aber kommen beide miteinander in Berührung, wenn der Stab rascher fortwächst, als sich das Rhomboëder auflösen kann, oder durch Adhäsion. Dann wird die Masse des Rhomboëders trübe, die Oberfläche uneben, und bald sieht man aus vielen Punkten des Randes rhombische Krystalle hervorgehen, die auf andere, ihren Weg treffende Rhomboëder ähnliche Wirkungen hervorbringen. Dagegen zeigen ganz trocken gewordene Rhomboëder keine Spur von Verwitterung; sie sind sogar noch beständiger, als die noch feuchten, indem sie von festen Körpern oft ohne Nachtheil berührt werden können; sie wandeln sich erst um, wenn sie stark geritzt oder gedrückt werden, oder mit einem Stückchen rhombischen Salpeters in Berührung kommen. Selten gelingt es, vor der Umwandelung noch die rhomboëdrische Spaltbarkeit, die weniger deutlich als beim Natronsalpeter ist, durch Zerdrücken festzustellen. Erhitzt man beide Arten von Krystallen des Kalisalpeters, so beobachtet man nahe dem Schmelzpunkte eine Umwandelung der rhombischen Prismen in ein krystallinisches Aggregat (mit Aggregat-Polarisation), während die Rhomboëder unverändert bleiben; beide Arten schmelzen gleichzeitig wegen der Umwandelung der rhombischen in die rhomboëdrische. Die umgekehrte Umwandelung wurde ebenfalls schon von Frankenheim an dem unregelmässigen Gange des Thermometers beim Abkühlen einer erstarrten Schmelze erkannt.

Mallard (Bull. soc. min. Paris 1882, **5**, 226; Groth's Ztschr. **9**, 403; N. Jahrb. 1884, **1**, 187) wiederholte Frankenheim's Versuche und fand, dass eine zur ersten Mittellinie senkrechte Salpeter-Platte vor dem Schmelzen biegsam und optisch einaxig wird, und umgekehrt ein Tropfen geschmolzenen Salpeters zu einem Aggregat optisch einaxiger Fasern

[1] Taucht man in die als gesättigt betrachtete Lösung, in welcher die rhomboëdrischen Krystalle wachsen, eine vorher mit einem rhombischen Krystall berührte Nadelspitze, so scheidet sich nach Nicol (Proc. Roy. Soc. Edinb. 1897, **21**, 473; Groth's Ztschr. **31**, 201) plötzlich die rhombische Modification aus, und die Lösung zeigt die bekannten Eigenschaften der Uebersättigung.

(senkrecht zur Oberfläche des Tropfens) erstarrt, das Interferenz-Bild beim Abkühlen aber allmählich undeutlich wird und dann ganz verschwindet.[1] Die Umwandelungs-Temperatur wurde von BELLATI und ROMANESE (Atti Istituto sc. Venezia 1885, **3**, 653; GROTH's Ztschr. **11**, 409) zu etwa 130° C., genauer von LUSATI u. LUSSANA (Atti Ist. Ven. 1892, **2**, 995; GR. Z. **24**, 317) zu 127·76° bestimmt;[2] von M. SCHWARZ (GROTH's Ztschr. **25**, 613) nach optischer Methode zu 129·5°, von HISSINK (vgl. S. 2690 Anm. 4) 127·9°. Nach JAFFÉ (Ztschr. phys. Chem. 1903, **43**, 592) entsteht die rhomboëdrische Modification stets, wenn genügend gereinigte, übersättigte (vgl. S. 2716 Anm. 1) Lösungen in zugeschmolzenen Röhren durch Abkühlen zur freiwilligen Krystallisation gebracht und Erschütterungen vermieden werden; die rhomboëdrische Modification besitzt eine bedeutend grössere Löslichkeit als die stabile.

BARKER (Min. Soc. Lond. 21. März 1911, **16**, 210) betonte, dass die Bildungs-Bedingungen für die rhomboëdrische Modification noch nicht bekannt sind; erst nach vielen Versuchen gelang es, aus Lösung klar durchsichtige Rhomboëder zu erhalten; vgl. auch S. 2712.

Nach WALLERANT (Bull. soc. min. Paris 1905, **28**, 325; GROTH's Ztschr. **43**, 593) erhalten die aus Schmelzfluss gebildeten Rhomboëder leicht Drillings-Bildung (nach einer Rhomboëder-Fläche) durch Druck, erfahren aber meist in Folge von Unterkühlung keine Umwandelung, auch wenn die Temperatur unter 126° C. gesunken ist, und erst bei 114° erfolgt dann eine plötzliche Zunahme der Doppelbrechung und Umwandelung in eine dritte Modification, ebenfalls optisch einaxig, die Axe parallel der der Rhomboëder, aus denen sie entstanden ist. Diese Modification kann auch beobachtet werden, wenn eine warme, rhomboëdrische Krystalle enthaltende Lösung sich abkühlt, wobei ein Schleier über die Krystalle hinweg geht, ohne dass sie durch die Umwandelung die Schärfe ihrer Kanten verlieren; später folgt ein zweiter Schleier, entsprechend der Umwandelung in die bei gewöhnlicher Temperatur stabile (nach WALLERANT monosymmetrische, vgl. S. 2711) Modification.

Vorkommen und **Bildung** in analoger Weise wie Natronsalpeter (vgl. S. 2691), also besonders durch die Einwirkung von Mikro-Organismen bei freiem Zutritt von Luft-Sauerstoff auf die Zersetzungs-Producte Stickstoff-haltiger organischer Substanzen, wie thierischer Auswürfe,[3]

---

[1] O. LEHMANN (GROTH's Ztschr. **1**, 109) meinte, dass der geschmolzene Salpeter der regulären Modification des Ammoniumnitrats entsprechen würde. Vgl. auch S. 2714 die Mischungen. Uebrigens vermuthete LEHMANN für Salpeter noch die Existenz einer weiteren rhombischen Form, die einer weit niedrigeren Temperatur entsprechen würde, als die gewöhnliche.

[2] Die Temperatur wird bei Zusatz anderer Nitrate verändert, niedriger durch $TlNO_3$ und $RbNO_3$, erklärt durch Doppelsalz-Bildung.

[3] Schon ESTNER (Min. 1799, **3**, 58) sagt: „der Salpeter erzeugt sich in den Wohnungen der Menschen und der Thiere, vorzüglich in niedrigen und feuchten Orten, als z. B. in Kellern, Küchen, Ställen, bei den Stuttereien, heimlichen Ge-

wodurch Salpetersäure gebildet wird und bei Gegenwart von Kalisalzen Kalisalpeter entsteht. Wie DOELTER (Mineralchem. 1913, **3**, 282) betont, besonders dort wo das Klima eine lebhafte Bakterien-Thätigkeit in jenem Sinne gestattet, wie in Italien, Aegypten, Arabien, Persien, Indien, Ceylon, Tennessee, Kentucky, Virginia und am Missouri, in Peru und Chile. In Europa besonders in den Höhlen mancher Kalkstein-Gebirge.

Zur Zeit meist aus Natronsalpeter durch Umsetzung mit Kalisalzen gewonnen (vgl. S. 2696 Anm. 2); weshalb meist dieselben Verunreinigungen wie jener enthaltend, von dem sich der Kalisalpeter dadurch auszeichnet, dass er nicht so leicht an der Luft zerfliesst. Andererseits ist seine Bedeutung für die Industrie bedeutend gesunken seit der Verwendung des Natronsalpeters zur Herstellung der Salpetersäure[1] und der Einführung des rauchschwachen Pulvers.

Fundorte. a) **Bayern.** Bei **Homburg** am Main schon von ESTNER (Min. 1799, 3, 57) erwähnt. Bildet nach F. NIES (Mitth. chem. Lab. HILGER, Würzb. 1873, 72; N. Jahrb. 1873, 551; SANDBERGER, Min. Unterfr. 1892, 31) weisse nadelige und körnige, oft filzig verwebte Ausblühungen in Höhlungen des Kalktuff-Hügels.

In **Rheinpreussen** als Efflorescenz auf Lava von **Ettringen** am Laacher See (GROTH, Min.-Samml. Strassb. 1878, 118).

b) **Ungarn.** In der Umgebung von **Debreczin** und **Nagy-Kálló** mit anderen Nitraten und Soda[2] aus dem lockeren Humus-reichen Sandboden auswitternd, und in den „Kehrplätzen" zu Mike-Pércs, Vértes, Monostor-Palyi, Léta, Bagos, sowie zu Nyiregyháza, Oros, Kerest-út, Demecser, Ibrony, Apágy, Nagy-Kálló, Sz. Mihály, Büd, Dorog, Nánás, Szoboszlo u. a. gewonnen (SZABÓ, Jahrb. Geol. Reichsanst. 1880, 1, 324; MOSER, ebenda 1, 453). Die Ausdehnung des Salpeter-Districts, wo ohne vorhergehende Zubereitung der Erde Salpeter efflorescirt, wurde von MOSER (a. a. O.) auf 130 Quadrat-Meilen geschätzt. Die in den Niederungen an den Dörfern längs den Häusern fortziehenden, oft von Hutweiden unterbrochenen „Kehrplätze" schlossen sich gewöhnlich an die Hausgärten an, eine Breite von höchstens 24 Klaftern erreichend. Auf diesen planirten, von der Vegetation sorgfältig befreiten Flächen zeigte sich vom Frühjahr bis Herbst eine bläulichweisse, unter dem Fusse knisternde Salpeter-Efflorescenz. Die jährliche Ergiebigkeit eines Kehrplatzes wurde auf 30 Centner per Joch (0·576 Hektar) geschätzt. G. VOM RATH (Sitzber. Niederrhein. Ges. Bonn 1876, 183) klagte, dass diese ehemals einen grossen Theil des europäischen Bedarfs deckende Salpeter-Industrie durch die Stassfurter Kalisalze (vgl. S. 2696 Anm. 2) zu Grunde gerichtet sei. Ebenso wird auf Kehrplätzen gewonnen der bei **Alibunár** in der ehemaligen Militärgrenze im trocken gelegten Theile des Sumpfes aus dem Boden efflorescirende Salpeter. OCHSENIUS (Ztschr. pr. Geol. 1893,

mächern und anderen dergleichen Orten. Zuweilen findet er sich in den Bäumen, wittert in sumpfigen Gegenden mit anderen Salzen aus u. s. f."

[1] DAMMER u. TIETZE (nutzb. Min. 1913, 1, 362) berichten, dass gegen 1850 wohl zum letzten Mal ostindischer Kalisalpeter zur Darstellung von Salpetersäure verwendet wurde, wozu er seit den ältesten Zeiten benutzt worden war.

[2] Zwischen den Hauptgebieten des Salpeters (nördl.) und der Soda (südl.) kann der Berettyó-Fluss als Grenze gelten. In den südlichen Salpeter-Districten unterhalb Szegedin bis Titel sind die Efflorescenzen vorwaltend Kalksalpeter. Im District an der Theiss von Titel bis Szolnok muss der Humus-reiche kalkige Mergelboden erst durch Düngung mit Asche, Abfällen aus den Siedereien, auch mit Mist zur Salpeter-Auswitterung unterstützt werden (ZEPHAROVICH, Lex. 1859, 289; 1893, 234).

61. 68. 198) sieht es als erwiesen an, dass der ungarische Salpeter „ein Product der Einwirkung von thierischen Zersetzungs-Stoffen unserer Tage auf die aus Mutterlaugen-Salzen entstandene Soda ist, wie aus seinen Begleitern, welche nicht aus zerfallenen Feldspath-Mineralien abgeleitet werden können, klar hervorgeht"; sowie dass überall, wo natürlicher Kalisalpeter vorkommt, für ihn die Basis das in schwachen Mengen die Soda begleitende Kaliumcarbonat bildet.

Siebenbürgen. Als Efflorescenz vielorts, besonders bei Kozmás, und Szépvic, bei Szent Lélek, Száraz Ajta und Felsö-Torja, wo auch Salpeter-Siedereien bestehen (ZEPHAROVICH, Min. Lex. 1859, 290).

c) **Tirol.** Bei **Nassereit** ziemlich reichlich an Felswänden an der alten Poststrasse von Fernstein. In **Ampezzo** besonders bei Hollenstein (Landro) flockige und traubige Ausblühungen und Rinden auf mergeligen Kalkfelsen. In Süd-Tirol auf Feldspath-reichen Böden, verwitternden Porphyr-Felswänden und Ablagerungs-Plätzen (GASSER, Min. Tir. 1913, 372).

d) **Italien.** In **Emilia** bei Viano am Tresinaro als Efflorescenz im Frühjahr (JERVIS, tesori sotterr. Ital. 1874, **2**, 117). — Auf **Elba** bei Marciana beim Palazzo Tonnaro auf Mauern antiker Gebäude (D'ACHIARDI, Min. Tosc. 1872, **1**, 148).

Prov. **Abruzzo Ulteriore.** Bei Teramo am Colle di Sant' Agostino, sowie beim Fosso di Rimagliano als Efflorescenz in Macigno. Bei Castellalto im Fosso di Santa Lucia. Stellenweise bei **Montepagano** auf pliocänem Mergel in erheblicher Menge, auch in winzigen Krystallen (JERVIS a. a. O. **2**, 233. 237; **3**, 203). — In **Abruzzo Citeriore** bei Caramanico im Valle dell' Orfenta mehrfach in Höhlen (JERVIS a. a. O. **2**, 245).

Apulien. In der Prov. **Terra di Bari** reichlich bei Canosadi Puglia. Bei **Molfetta** an der Localität Pulo; im 18. Jahrhundert für Rechnung der Neapolitanischen Regierung ausgebeutet; von KLAPROTH (vgl. S. 2712 Anm. 2) untersucht. Bei **Gravina in Puglia** als Efflorescenz in den Murgie di Gravina genannten Bergen; sowie bei Altamura (JERVIS a. a. O. **2**, 276. 281. 282). — In der Prov. **Terra di Otranto** bei Osterni, bei Minervino Leccese und bei Massafra (JERVIS 277. 278. 279).

In **Calabrien** (Cal. Ulteriore I) früher reichlich bei **Caulonia,** noch im 18. Jahrh. ausgebeutet; bei **Giojosa Jonica** ebenfalls in alter Zeit. Bei **Sidernò Marina** und besonders bei **Gerace**; auch bei **Sant' Ilario del Jonio**, **Ardore** und **Reggio di Calabria** (JERVIS a. a. O. **2**, 300. 301. 302. 303. 624).

Auf **Sicilien** bei **Syracus** auf den Miocän-Gesteinen der Brüche beim Ohr des DIONYS. Früher reichlich bei Francoforte. Bei Castro Giovanni an der Strasse nach Caltanisetta (JERVIS a. a. O. **3**, 275. 276. 281).

Sardinien. In der Prov. **Cagliari** bei Cagliari selbst, sowie bei Samugheo und Isili (JERVIS a. a. O. **3**, 18. 126. 186).

e) **Portugal.** An den Wänden der grossen Galerien von Lapas in Torres-Novas, industriell verwerthet (SALV. CALDERÓN, Min. España 1910, **2**, 9).

Spanien. In **Andalusien** in Höhlen und Gruben von Montenegro bei Peñaflor in **Sevilla**; in **Almería** zu San Felipe und Herceguilla, Sierra de Filabres, sowie zu Morciguilla, La Sarna und Las Narices bei Serón. Salpeter-haltige Erden auch in den Provinzen **Malaga** und **Granada**, wie die pliocänen Mergel mit Schwefel von Benamurel und die Gyps-Mergel von Baza.

In **Murcia** in einer Staats-Pulverfabrik verwendet. In **Lorca** und anderwärts werden miocäne Mergel auf Salpeter verarbeitet.

In **Catalonien** eine Salpeter-Höhle am südlichen Abhang des Montserrat.

In **Aragonien** sind die Miocän-Mergel von Jalón und anderwärts in der Umgegend von Terrer, Tauste und Calatayud Salpeter-haltig, meist gemengt mit

Bittersalz, aber auch eventuell ziemlich rein; verarbeitet in der Pulver-Fabrik von Villafeliche.

Castilien und **Leon**. Zur Zeit von Carlos III. wurde in den Lagunen von Villarín de Campos und Villafranca ein vorzüglicher Salpeter gewonnen. Zwischen San Pedro und Igea de Cornago in Logroño, sowie zu Tembleque in Toledo. In Guadalajara als Efflorescenz in der Kohlengrube San Rafael bei Valdesotos. In der Mancha in Ciudad-Real reichlich als Efflorescenz wie zu Quero, bei Herencia, Villacañas und Ruidera.

In **Asturien** in der Montaña de Navajos im Revier Pola de Somiedo wird eine 3—4 Linien dicke Schicht ausgebeutet, nach Garcia Fernandez (Anal. Hist. nat. 1799, **1**, 48) enthaltend KNO_3 84·13, $CaSO_4$ 3·10, $CaCl_2$ 1·17, H_2O 0·43, Rückst. 11·17, Summe 100. Efflorescenzen an den inneren Wänden der Cueva del Salitre, $5\frac{1}{2}$ km von Somiedo. (Calderón, Min. Esp. 1910, **2**, 5—9.)

f) In **Algerien** nach Flamand (Docum. N.-O. afric. Alger 1897, 108) besonders in **Süd-Oran**, hauptsächlich in der Gegend von **Gourara** (Timimoun, Guerara), **Touat, Tidikelt** und im Lande der **Tuaregs**; mit 68—69 % KNO_3 und 30—28 % $NaNO_3$, vgl. S. 2703; Lacroix (Min. France 1909, **3**, 412) sah aus der Sebkha von Timimoun eine krystallinische Masse mit bis 1 cm langen Krystall-Nadeln. Ueber das Vorkommen von **Biskra** in **Constantine** vgl. S. 2704.

In **Aegypten** scheint unter den Nitraten der Natronsalpeter vorzuherrschen (vgl. S. 2704).

In **Südafrika** im Distr. **Vryheid** sind im **Ingomo**-Gebirge die zur Beaufort-Serie und theilweise zur Hoogeveld-Formation gehörigen Sandsteine, wo nach den Thälern zu überhängende Partien trockene Höhlen entstehen lassen, mit Krusten und Platten von Kalisalpeter bedeckt, der auch in Klüfte im Sandstein eingedrungen ist, wie bei Cetaway' os Refuge; die Bildung durch Auswürfe von Steindachsen und Fledermäusen veranlasst (Molengraaff, Ztschr. pr. Geol. 1900, 348). — Am mittleren **Oranje**-Fluss bei **Prieska** im Capland etwas nördlich von den Doorne-Bergen als Fäulnis-Product von angehäuften Kaninchen-Excrementen (Marloth, Eng. Min. Journ. 1895, **59**, 87; Ztschr. pr. Geol. 1895, 301; bei Darapsky, Dep. Taltal 1900, 159).

g) Im **Kaukasus** sind bei **Kislowosdsk** einige Schichten der das Plateau aufbauenden Kalksteine Salpeter-haltig (Rigasche Industrie-Zeitung 1902, 2; bei Dammer u. Tietze, nutzb. Min. 1913, **1**, 359).

In **Transkaspien** nach Konschin (Verh. Russ. min. Ges. 1888, **24**, 23; Groth's Ztschr. **15**, 547) in vielen künstlich aufgeworfenen Hügeln (Kurganen) an vielen Punkten von **Achal, Atek, Merv**, die alte Verbrennungs-Stätten der Feuer-Anbeter (Gabbern) gewesen sein sollen. Auch nach Nowakowsky (Gornyj-Journ. 1889, **4**, 31; Groth's Ztschr. **20**, 186) in grossen Massen im Boden der Ruinen alter Städte, Festungen und in vielen Hunderten von Grabhügeln; die grössten solcher Lager bei **Annau** (10 km von Aschabad) und **Gök-Tepe**; anderen Ursprungs aber ist der in der Steppe **Schor-Kala** mit Steinsalz gemengt vorkommende Salpeter. Nach Ochsenius (Ztschr. pr. Geol. 1893, 363) bedecken nördlich von **Chiwa** am linken Ufer des Amu-Darja Nitrat-haltige Salze an 4 qkm Land, das die Trümmer der alten Stadt Kunja Urgentsch trägt. Eine Probe der in Wasser löslichen 27·89 % einer Salpetererde ergab 5·52 % KNO_3, 4·05 $NaNO_3$ und 1·04 MgN_2O_6 neben 12·9 % NaCl, Rest marine Sulfate. Weiter erwähnt auch Ochsenius die Bildungen von Askabat am Ostabfall des Kopeldagh, in der Oase Gök-Tepe und bei Imam Baba südlich von Merv; Theiss (Ztschr. pr. Geol. 1900, 394) das Vorkommen von Annao.

Persiens Reichthum an Salpeter „immens" (Polak, Specialkat. der pers. Ausstellung Wien 1873, 111; bei E. Tietze, Jahrb. geol. Reichsanst. 1879, **29**, 57), besonders von Sendschan und von Kum. Nach Abich (Verh. geol. Reichsanst. 1877,

64; bei TIETZE a. a. O.) wird der auf dem Bazar von **Urmia** verkäufliche, ausgezeichnet reine, grosskrystallinische Salpeter in einer Salpeter-Siederei erzeugt, die ihr Material vom Hügel Toprach dagh beim Dorfe Digala bezog, einem uralten Begräbnis-Platz; und zwar sollen solche zur Salpeter-Erzeugung geeignete Hügel in **Aserbeidschan** nicht selten sein. Nach HELMHACKER (Ztschr. pr. Geol. 1898, 432) wird der als Ausblühung auf der Oberfläche und in Höhlen vorkommende Salpeter besonders in der Gegend von **Teheran** gewonnen.

h) **Ostindien** ist das wichtigste, Kalisalpeter producirende Gebiet Asiens; wenn es auch eine Zeit lang nach Einführung des chilenischen Natronsalpeters schien, als ob die Salpeter-Industrie Ostindiens zu Grunde gehen würde,[1] so kommen doch in neuerer Zeit wieder stetig wachsende Mengen indischen Salpeters auf den Markt. Das Haupt-Productionsgebiet sind die Niederungen des Ganges in **Bengalen**, besonders in der Gegend von **Patna** in der Provinz **Behar**, wo der Boden in Städten und Dörfern mit Pottasche und verwesenden organischen Stoffen reichlich durchsetzt ist und eine nutzbringende Ausscheidung des Salzes ermöglicht; der aus diesem Boden ausgelaugte Rohsalpeter wird in besonderen Raffinerien gereinigt, die über den Norden Indiens und besonders Behar zerstreut liegen (DAMMER u. TIETZE, nutzb. Min. 1913, **1**, 360; vgl. auch OCHSENIUS, Ztschr. pr. Geol. 1893, 218, sowie ebenda 1900, 391 u. 1901, 75).

In manchen Gegenden Indiens, besonders aber auf **Ceylon**, bildet sich Kalisalpeter fortwährend in Kalkstein-Höhlen aus den Excrementen von zahllosen Fledermäusen, besonders in den Districten Chilaw und Puttalam (BRODDIE bei GRÜNLING, GROTH's Ztschr. 1900, **33**, 212).

In **Birma** grosse Salpeter-Manufacturen bei der Mündung des Kjen-duen in den Irawadi. In **Indochina** Salpeter-Höhlen in den Provinzen Luang-Prabong, Muongsing, Saravan und Wien-tían in **Laos** und bei Pmonsa in **Cambodscha** (LAURENT, produits colon., Paris 1903; bei DAMMER u. TIETZE, nutzb. Min. 1913, **1**, 361).

In **China** wird bei Ping-jang-fu am Fönn-ho eine Kochsalz- und Salpeterhaltige Erde gewonnen und auf Salpeter verarbeitet (DAMMER u. TIETZE a. a. O.).

i) **South-Australia.** An den Murray Cliffs (BROWN, S. A. Min. 1893, 25).

k) **Chile.** Als integrirender Bestandtheil des Natronsalpeters (mit 2·5—4 %), eventuell Ursache zu Differenzen zwischen Salpeter-Producenten und Consumenten; reichlicher im dichten festen Caliche (vgl. S. 2699) macizo als im lockeren Caliche poroso. Bei der Laugerei in den aufgehäuften Caliche-Massen in den eigentlichen Salpeter-Werken beginnt die Ausscheidung des Kaliumnitrats in den charakteristischen langen Krystallen auf den grossen Natriumnitrat-Rhomboëdern, wenn deren Krystallisation als des leichter löslichen Salzes ungefähr beendet ist (DAMMER u. TIETZE, nutzb. Min. 1913, **1**, 361. 375. 378). Andererseits neigte RAIMONDI (Min. Pérou, trad. MARTINET 1878, 275) zur Ansicht, dass stellenweise, wie besonders im Salpeter-District von Laguna in **Tarapacá** dem Natriumnitrat Kaliumchlorid, und zwar vorherrschend beigemengt sei, indem mit der Loupe darin keine Spur von Kalisalpeter zu finden sei; in feuchter Atmosphäre oder auch in wenig Wasser lösen sich besonders $NaNO_3$ und NaCl und es bleibe ein Rückstand, der beinahe ganz von KCl und $MgSO_4$ gebildet werde. Eine Analyse vgl. S. 2249. Kalisalpeter aber nach RAIMONDI (a. a. O. 268—272; bei DOMEYKO, Min. 1879, 446) ebenso wie Sylvin in

Peru in der ganzen Küsten-Region und ebenso auch an vielen Punkten im Inneren; vgl. die Analyse von der Hacienda Asñapuquio bei Lima S. 2250. Be-

[1] Wie auch in der Ztschr. pr. Geol. (1893, 87) angenommen wurde; vgl. auch S. 2718 Anm. 1.

sonders aber in den Ruinen von Städten und Dörfern, sowie Grabstätten (sog. Huacas) aus der Inca-Zeit oder auch älterer Periode. So in der Provinz **Cañete**, in der Umgegend von Chilca; bei Bellavista und Asñapuquio bei Lima; zu Patavilca und Santa Elena im Valle **Virú**, zu Lurifico, beim Dorfe Guadelupe und im Valle de Pacasmayo. In einer solchen Salpetererde aus der Gegend von Chilca, wohl aus einem Todtenfelde stammend, fand RAIMONDI KNO_3 2·63, KCl 4·11, NaCl 16·40, $MgCl_2$ 0·63, Na_2SO_4 2·37, $CaSO_4$ 1·75, Unlösliches 72·11, Summe 100; sowie in der Erde aus den mit folgenden Namen belegten Grabstätten von Pacasmayo:

	KNO_3	KCl	NaCl	$MgCl_2$	$CaCl_2$	Na_2SO_4	$CaSO_4$	H_2O	Unlösl.
Moro . .	2·06	1·26	3·12	0·09	0·21	—	0·16	5·00	88·10
Carmen .	3·32	0·04	2·08	0·19	0·37	—	0·36	4·65	88·99
San José	2·59	1·42	2·74	0·19	0·38	—	0·18	4·65	87·85
Rosario .	2·29	1·40	1·79	0·32	—	0·10	0·38	4·25	88·47
Chino .	1·61	2·90	2·27	0·23	—	0·11	0·38	4·05	88·45
Mariana	2·30	2·91	3·04	0·34	0·44	—	0·25	4·00	86·72
Estacas .	1·00	0·72	1·58	0·07	0·36	—	0·23	4·85	91·19

Bolivia. Beim Dorfe Arané östlich von **Cochabamba** ein immenses Salzlager, bestehend aus 60·7 % Kalisalpeter,[1] 30·7 % Borax, Spuren NaCl und 8·6 % organischen Substanzen. Der unter dem Lager befindliche, aus feinem Sand, Phosphaten, Borax und anderen Salzen neben organischer Substanz zusammengesetzte Boden entwickelt im nassen Zustande Carbonat und Sulfhydrat von Ammonium. Nach SACC (Compt. rend. 15. Juli 1884, **99**, 84; GROTH's Ztschr. **11**, 194; N. Jahrb. 1885, **2**, 402) waren die Ammoniumsalze des Bodens zu Salpeter oxydirt worden und die Alkalien stammten aus der Zersetzung der Schiefer des Untergrundes. Während das Kaliumnitrat durch Ausblühung, resp. Capillarität an die Oberfläche gelangt sei, hätte das durch Regenwasser ausgelaugte Natriumnitrat sich in den tiefer gelegenen, trockenen und warmen Küstenstrichen abgelagert. Kritik von OCHSENIUS (Natronsalpeter, Stuttg. 1887, 144).

Ecuador. In **Quito** bei Tacunga (DAMMER u. TIETZE, nutzb. Min. 1913, 1, 361)

l) **Mexico.** In den Minen-Districten von Hostotipaquillo und Analco Buenavista, Valle de Ameca und Valle de Autlán in **Jalisco**, sowie mehrorts im Staat **Colima** (LANDERO, Min. 1888, 354).

U. S. A. In **West-Amerika** wurde nach R. STEWART (in Logan, Utah; Journ. Am. Chem. Soc. 1911, **33**, 1952; GROTH's Ztschr. **53**, 624; bei DOELTER, Mineralchem. 1913, **3**, 282) verunreinigter Kalisalpeter, wohl im Gemenge mit Calciumsulfat, in einer Höhlung in gebirgiger Gegend in rothem Sandstein gefunden, von Sickerwässern durch Spalten dahin gebracht.

Nevada. Aus der Nähe von **Gerlach** stammende, sehr stark verunreinigte Proben wurden von FAIRFIELD (bei HOYT S. GALE, Bull. U. S. Geol. Surv. 1912, No. 523; DOELTER, Mineralchem. 1913, **3**, 283) untersucht.

Wyoming. In Hohlräumen der Leucit-Gesteine von North Table Butte in den **Leucite Hills** als weisse körnige Masse, Analyse I. Ueber Natronsalpeter von Boar's Tusk vgl. S. 2703.

In **Kentucky** nach DANA (Min. 1892, 871) in **Madison** Co. zerstreut in der lockeren, den Boden einer grossen Höhle bedeckenden Erde, sowie in anderen

[1] Bei TSCHERMAK, ZIRKEL u. KLOCKMANN als Natronsalpeter bezeichnet, vgl. S. 2702.

Höhlungen im **Mississippi**-Thal; auch die von **Tennessee** entlang den Kalkstein-Abhängen und in den Schluchten des Cumberland-Tafellandes liefern reichlich Kalisalpeter.

In **North Carolina** krystallinische Krusten auf Glimmerschiefer am Nantahaleh River in **Cherokee** Co. (GENTH, Min. N. C. 1891, 79).

In **Pennsylvanien** wurden nach ELLET (LIEB.-KOPP, chem. Jahresb. 1854, 868; KENNGOTT, Uebers. min. Forsch. 1855, 16) in einem Sandstein in Bradford Co. „wahre Gänge“ von Kalisalpeter entdeckt.

Canada. In **British Columbia** in Hohlräumen im Kalktuff am Nazco River, so wie auch am Big Bar, Fraser River (HOFFMANN, Min. Can. 1889, 93).

m) **künstlich.** Krystall-Beobachtungen und Messungen vor MILLER vgl. S. 2711, die Winkel von MILLER S. 2707 Anm. 3. MILLER zeichnet die Formen *b*(010), *m*(110), *a*(100), *p*(111), *c*(001), *x*(012), *k*(011), *i*(021), auch einen Aragonit-ähnlichen Zwilling nach *m*; als Combinationen erwähnt *bmk*, *bmkc*, *bmkxp*, *bmkx*, *bmikx*. RAMMELSBERG (kryst. Chem. 1855, 112) gab $mm = 60^\circ 36'$ und $kk = 70^\circ 12'$ an, auch *v*(041), sowie „als Seltenheit“ *y*(112) und (221). Später adoptirte RAMMELSBERG (kryst.-phys. Chem. 1881, 1, 346) MILLER's Winkel und erwähnt nicht mehr (112) und (221), dafür aber *n*(120).[1] SCHRAUF (Sitzb. Ak. Wiss. Wien 1860, **41**, 788) beobachtete an einem Krystall herrschend *i*(021) mit *p*(111) und untergeordnetem *m*(110), $mm = 61^\circ 11'$, $i = 109^\circ 5'$; Optik vgl. S. 2708. VERNADSKY (vgl. S. 2708) giebt an *cabmkxipy*, ferner *z*(116) und *u*(025), sowie (210) (vgl. unten Anm. 1) statt *n*(120), und *w*(014) statt *v*(041); gemessen $mm = 61^\circ 11'$, $kk = 70^\circ 4'$. Uebrigens vertauschte VERNADSKY mit Rücksicht auf seine Annahme der Hemimorphie (vgl. S. 2708) in der Aufstellung (001) und (010).

Nach O. LEHMANN (GROTH's Ztschr. 1, 461) entstehen bei langsamem Wachsthum in wässeriger Lösung nur regelmässige Krystalle, jedoch bei Verdickung der Lösung durch Zusatz von Glycerin oder Gummi schöne Wachsthums-Formen, wobei die Stellen stärkster Zuschärfung die Stellen intensivsten Wachsthums sind; zuweilen ist eine Aenderung des Krystall-Habitus wahrnehmbar, immer zugleich mit einer Aenderung der Wachsthums-Richtungen. Nach MAURIN (Journ. phys. 1900, **9**, 208; GROTH's Ztschr. **35**, 528) erhält man beim Abdampfen von Tropfen einer wässerigen Lösung am Rande des Tropfens verlängerte Prismen, während sich im Inneren der Tropfen gedrungenere Formen bilden; wird dem Wasser Glycerin beigefügt, erhält man ebenso geformte, aber sehr klare Krystalle; die Lösung giebt Krystall-Platten mit klaren Kanten, und ausserdem prismatische Krystalle, die sich nur wenig von denen aus wässeriger Lösung unterscheiden. FEDOROW (Bull. Acad. Imp. St. Pétersb. 1901, **15**, 519; GROTH's Ztschr. **39**, 603) beschreibt den Salpeter als Beispiel regelmässigen Wachsthums in zwei Richtungen, die in der Ebene des Präparats liegen und zur Bildung von Strahlen und Nädelchen führen; diese primären Wachsthums-Formen lösen sich ziemlich rasch in der gesättigten Lösung, und es krystallisiren „Keim-Kryställchen“ aus, die sich unter gewissen Bedingungen so rasch an Stelle der sich lösenden Wachsthums-Formen setzen, dass sie Pseudomorphosen nach diesen zu bilden scheinen.

Die **rhomboëdrische** Modification (Näheres vgl. S. 2715) krystallisirt nach O. LEHMANN (GROTH's Ztschr. 1877, 1, 460. 481) ebenso wie Natronsalpeter und Kampher in Krystall-Skeletten, resp. sechsstrahligen Sternen; eine Neigung zur Bildung zwölfstrahliger Sterne wird bewirkt durch Beimischung von Ammoniumnitrat. Aus einer heiss gesättigten Lösung der Mischung beider Salze erhält man beim Abkühlen sehr grosse makroskopische gekrümmte rhomboëdrische Wachsthums-Formen.

Ueber WALLERANT's andere rhomboëdrische Modification vgl. S. 2717.

---

[1] Bei GROTH (Chem. Kryst. 1908, **2**, 74) als *n*(210) RAMM. zugeschrieben.

Analysen. Theor. N_2O_5 53·40, K_2O 46·60.
Vgl. auch S. 2712 Anm. 2, sowie S. 2720 u. 2722.

1) North Table Butte, Wyoming; vgl. S. 2722. I. EAKINS bei W. CROSS, Am. Journ. Sc. 1897, **4**, 118; GROTH's Ztschr. **31**, 296.

	N_2O_5	K_2O	SO_3	CaO	H_2O	Cl	Na	Summe
1) I.	51·49[1]	44·91	1·59	1·09	0·63	0·09	0·07	99·87
	KNO_3 96·40		Gyps 3·31			Steinsalz 0·16		

3. Ammoniaksalpeter (Ammoniumnitrat, Nitrammit). NH_4NO_3.

Rhombisch $a:b:c = 0{\cdot}9092:1:1{\cdot}0553$ GOSSNER.[2]
Beobachtete Formen: $b(010)\infty\breve{P}\infty$.
$m(110)\infty P$. $q(011)\breve{P}\infty$.
$o(111)P$. $x(122)\breve{P}2$.

$m:m = (110)(1\bar{1}0) = 84^0 33'$	$o:o = (111)(\bar{1}11) = 77^0 12'$
$q:q = (011)(0\bar{1}1) = 93 \quad 4$	$o:m = (111)(110) = 32 \quad 31$
$q:m = (011)(110) = 60 \quad 47$	$o:m = (111)(1\bar{1}0) = 85 \quad 28$
$o:o = (111)(1\bar{1}1) = 69 \quad 7$	$x:q = (122)(011) = 21 \quad 46$

Habitus der (künstlichen) Krystalle gewöhnlich dünnsäulig nach $m(110)$; zuweilen tafelig nach $b(010)$. Ueber Zwillingsbildung vgl. unten Anm. 2. Das (angeblich) natürliche Vorkommen nicht deutlich.

Glasglänzend. Durchsichtig bis durchscheinend. Farblos, resp. weiss.

Spaltbar deutlich nach $b(010)$.

Dichte 1·730 nach GOSSNER (GROTH's Ztschr. 1904, **38**, 144), 1·725 nach RETGERS (Ztschr. phys. Chem. 1889, **4**, 597); ältere Bestimmungen weniger genau.

Doppelbrechung stark und negativ. Ebene der optischen Axen die Querfläche (100), erste Mittellinie die Makrodiagonale b; $2E = 57^0$ etwa (GOSSNER, vgl. unten Anm. 2), resp. $59^0 30'$ mit schwacher Dispersion

---

[1] Berechnet für K_2O.

[2] Aus *mm* und *mo* (*oo* gemessen $69^0 20'$) an künstlichen Krystallen (GROTH's Ztschr. 1907, **44**, 492; bei GROTH, Chem. Kryst. 1908, **2**, 77). MARIGNAC (Ann. mines 1857, **12**, 22; Oeuvres **1**, 499) hatte $mm = 84^0 20'$, $oo = 68^0 54'$ und $mo = 32^0 26'$ gefunden, V. v. LANG (Sitzb. Ak. Wiss. Wien 1858, **31**, 102) $mm = 82^0 55'$, $oo = 67^0$ approx. und $mo = 32^0 34'$; O. LEHMANN (GROTH's Ztschr. 1877, **1**, 108) $mm = 84^0 25'$ und *oo* zwischen 66—68°. Nach v. LANG sind die nach *m* säuligen Krystalle „meist zu Zwillingen und Drillingen verwachsen; wegen der undeutlichen Krystallisation liess sich aber nichts Näheres darüber bestimmen". WALLERANT (Bull. soc. min. Paris 1905, **28**, 318) beobachtete Zwillingslamellen nach $q(011)$.

$\varrho < v$ (V. v. Lang ebenda). — Nach Wallerant (Compt. rend. 1905, **141**, 768) wird eine das Grau zweiter Ordnung zeigende Platte durch Pressen dünner und zeigt nach einander die blaue, violette, rothe u. s. w. Interferenzfarbe, ohne ihre optische Orientirung zu ändern.

Specifische Wärme nach Bellati u. Romanese (Atti Ist. sc. Venezia 1886, **4**, 26; Groth's Ztschr. 1888, **14**, 78) 0·407 zwischen 0° und 31° C., 0·355 zwischen 31° und 82·5°, 0·426 zwischen 82·5° und 124°. Bei der Erwärmung des Salzes steigt die Temperatur anfangs regelmässig bis 35·5° C., erreicht bei 35·67° ein Maximum, fällt darauf erst schnell, dann langsamer bis 34·96°, und steigt von da an wieder; ähnlich ausgezeichnete Temperaturen sind 86° und 125°. Diese Umwandelungs-Temperaturen liegen bei der Abkühlung etwas tiefer, nämlich bei 31°, 82·5° und 124° C. Die Umwandelungswärme 5·02 Cal. bei 31° C., 5·33 bei 82·5° und 11·86 bei 124°. Eine Volum-Vergrösserung beträgt 0·0330 bei 35° C., eine Contraction 0·0143 bei 86°, wenn man das Volumen für 0° = 1 setzt; die dritte Umwandelung bei etwa 125° C. ist wieder wie die erste von einer Volum-Vergrösserung begleitet.

Nimmt an der Luft unter Verlust von Ammoniak sauere Reaction an. Das krystallisirte Salz schmilzt,[1] wenn es einer allmählich steigenden Hitze ausgesetzt wird, und zerfällt unter Aufschäumen in Stickoxydul und Wasser. Bei so starkem Erhitzen, dass sich das Gefäss mit weissen Nebeln füllt, entwickelt sich ausser Stickoxydul auch Stickoxyd, Ammoniumnitrit und freies Ammoniak. Bei raschem heftigem Erhitzen, z. B. auf einer glühenden Porzellan-Platte, tritt Verbrennung mit blassem gelbem Lichte ein, unter sehr schwachem Geräusch und Bildung von Wasser, salpetriger Säure und Stickgas. Verpufft auf glühenden Kohlen.

Leicht löslich in Wasser. Aeltere Bestimmungen gehen ziemlich weit aus einander. Beobachtungen von W. Müller u. P. Kaufmann (Ztschr. phys. Chem. 1903, **42**, 496) nach der Methode von Meyerhoffer u. Saunders (ebenda 1899, **28**, 464) mit Angabe der Temperatur, der Dichte der gesättigten Lösung und der Löslichkeit, letztere berechnet in Molen NH_4NO_3 auf 100 Mole Wasser:

Temp.	12·2°	20·2°	23·0°	25·05°	27·7°	28·0°	30·0°	30·2° C.
Dichte	1·2945	1·3116	1·3159	1·3197	1·3257	1·3260	1·3299	1·3308
Lösl.	34·50	43·30	46·75	48·19	51·67	51·86	54·40	54·61

[1] Bei etwa 168° C. nach O. Lehmann (Groth's Ztschr. 1877, **1**, 106); schwer bestimmbar, da es kaum möglich ist, die Substanz vollkommen trocken zu erhalten, und wenig beigemischtes Wasser die Schmelz-Temperatur schon beträchtlich erniedrigt, und wegen der mit der Temperatur so stark zunehmenden Löslichkeit des Salzes in Wasser, dass in der Nähe des Schmelzpunktes unbeschränkte Mischbarkeit eintritt.

Temp.	31·9°	32·1°	32·7°	34·0°	35·0°	35·1°	35·6°	36·0° C.
Dichte Lösl.	1·3348 57·20	1·3344 57·60	1·3356 57·90	1·3375 58·89	1·3394 59·80	1·3397 60·00	1·3408 60·62	1·3412 61·00
Temp.	36·6°	37·5°	38·0°	38·5°	39·0°	39·5°	40·0° C.	
Dichte Lösl.	1·3420	1·3432 62·90	1·3438 63·60	1·3440 64·10	1·3448 65·09	1·3460 65·88	1·3464 66·80	

Bei graphischer Darstellung hat die Löslichkeitscurve einen Knick bei 32° C. entsprechend der Umwandelung der einen rhombischen in die andere rhombische Modification. Bestimmungen der Löslichkeit durch W. Schwarz (Preisschr. Göttg. 1892, 32; Groth's Ztschr. **25**, 613) zeigten eine regelmässige Zunahme von 0° bis 35° C., von da bis 36° eine kleine Abnahme, dann regelmässige Zunahme bis 83°, von hier bis 85° ein stärkeres Wachsen und von 85° bis 100° C. wieder regelmässige Zunahme (vgl. auch S. 2725 Anm. 1). Jedoch existirt diese angebliche Löslichkeits-Abnahme bei 35° nicht nach W. Müller u. P. Kaufmann, und ist nur einem Beobachtungs-Fehler zuzuschreiben.

Beim Vermischen von 60 Theilen Salz mit 100 Theilen Wasser fällt eine Temperatur von + 13·6° C. auf — 13·6°, eine Anfangs-Temperatur von 0° auf — 16·7°, nicht tiefer, weil hier der Gefrierpunkt der wässerigen Lösung erreicht ist (Rüdorff, Ber. d. chem. Ges. 1869, **2**, 68).

Historisches. Romé de l'Isle (Cristallogr. 1783, **1**, 358) berichtet, dass „nitre ammoniacal", gebildet durch die Vereinigung von „acide nitreux avec l'alkali volatil", nach Sage (Min. 1777, **1**, 76) in schönen, denen des gewöhnlichen Salpeters ähnlichen, längsgestreiften Nadeln krystallisirt, „quelquefois flexibles sans élasticité"; und dass ihm (Romé) von Pelletier gezeigte lange Nadeln aus sehr kleinen rectangulären Oktaëdern aufgebaut waren. Man könne auch „nitre ammoniacal naturel" in Erden finden, wo sich „acide nitreux" bilde, wenn diesen Erden in genügender Menge faulende thierische oder pflanzliche Stoffe zur Erzeugung von „alkali volatil" zugeführt werden. Bei Haüy (Min. 1801 u. 1822) nicht erwähnt, der nur sicher mineralische Substanzen bringt. Ein angeblich natürliches Vorkommen behauptete Shepard (Am. Journ. Sc. 1857, **24**, 124; bei Kenngott, Uebers. min. Forsch. 1856—57, 24) in der Salpetererde der Höhle von Nicojack in Tennessee gefunden zu haben, das er **Nitrammit** nannte. Jedoch nahm Dana (Min. 1868 u. 1892) keine Notiz davon, und auch später kein anderer Autor.

Die ersten genaueren Messungen an künstlichen Krystallen von Marignac (vgl. S. 2724 Anm. 2), welche eine von der des Kalisalpeters ganz verschiedene Form, nämlich von pseudotetragonalem Charakter erwiesen.

Gilt als das beste[1] Beispiel gut ausgeprägter Umwandelungs-Erscheinungen, wie BRAUNS (opt. Anom. 1891, 83; chem. Min. 1896, 166) und ARZRUNI (phys. chem. Kryst. 1893, 61) mit Recht hervorheben. Schon FRANKENHEIM (POGG. Ann. 1854, **93**, 17) kannte zwei Modificationen und O. LEHMANN (GROTH's Ztschr. 1877, **1**, 106; Molekularphys. 1888, **1**, 153) beschrieb deren vier. FRANKENHEIM fand, dass sich in höherer Temperatur Rhomboëder bilden, bei niedrigerer dagegen die mit Kalisalpeter anscheinend isomorphen Krystalle. LEHMANN aber constatirte, dass bei noch höherer Temperatur als derjenigen der rhomboëdrischen Krystalle die Substanz regulär krystallisirt, und bei Temperaturen, niedriger als die für die Bildung der rhombischen Nadeln, eine (vierte) ebenfalls rhombische Form von ziemlich gleichem Habitus. Weitere Ergänzungen von WALLERANT (Bull. soc. min. Paris 1905, **28**, 315). Näheres vgl. unter der künstlichen Darstellung S. 2729.

Ueber Mischkrystalle mit Natriumnitrat vgl. S. 2690, mit Kaliumnitrat S. 2714 (auch dort Anm. 1).

Aus Lösungen, welche Ammonium- und Rubidiumnitrat enthalten, bilden sich nach GOSSNER (bei GROTH, chem. Kryst. 1908, **2**, 68; GROTH's Ztschr. **44**, 493) bei gewöhnlicher Temperatur je nach dem Verhältnis der Salze entweder rhombische Krystalle von der Form der bei gewöhnlicher Temperatur stabilen Modification des Ammoniumnitrats, deren Dichte aber von 1·730 bis 2·08 hinaufgeht, oder anscheinend positiv einaxige, also der (pseudohexagonalen) rhombischen Modification des Rubidiumnitrats entsprechende, deren Dichte von 3·116 (der des reinen $RbNO_3$) bis 2·52 herabgeht. Es liegt also eine ziemlich weit gehende Mischbarkeit vor. Nach WALLERANT (Bull. soc. min. Paris 1905, **28**, 341; GROTH's Ztschr. **43**, 595) treten in gemischten Schmelzen bei Zusatz bis zu 25 % $RbNO_3$ noch alle vier Modificationen von NH_4NO_3 auf, nur mit geänderten Umwandelungs-Temperaturen; resp. das Verhalten entspricht dem des reinen Ammoniumsalzes. Bei mehr $RbNO_3$ kommen veränderte Erscheinungen zur Geltung. Von 80 % $RbNO_3$ ab verhält sich die Schmelze beim Erstarren wie eine solche von reinem Rubidiumsalz, nur mit dem Unterschied, dass die trigonale Modification schon bei einem kleinen Zusatz von NH_4NO_3 verschwindet, die Schmelze also kubisch erstarrt und sich beim Abkühlen in die pseudohexagonale Modification umwandelt, die auch in niederer Temperatur stabil bleibt. WALLERANT (Bull. soc. min. Paris 1905, **28**, 331. 335; GROTH's Ztschr. **43**, 594) untersuchte auch Schmelzen von Ammonium- und Cäsiumnitrat, sowie von Ammonium- und Thallonitrat,[2] ferner Schmelzen (Compt. rend. Paris

[1] Gewiss ein zureichender Grund für die hier gegebene eingehendere Behandlung, als sie sonst einer Substanz von nur zweifelhaft natürlichem Vorkommen zu Theil werden würde.

[2] Versuche mit Lösungen beider ergaben im Wesentlichen Resultate, die mit den aus dem Schmelzfluss von Mischungen erhaltenen übereinstimmten.

1907, **114**, 1173; GROTH's Ztschr. **46**, 511) von gleichzeitig Ammonium-, Thallium- und Cäsiumnitrat.

O. LEHMANN (GROTH's Ztschr. **12**, 389) war geneigt, auch die Bildung von Mischkrystallen mit salpetersaurem Roseokobaltoxyd (aus heisser, sehr concentrirter Lösung) anzunehmen, und beobachtete (a. a. O. **1**, 491) die Verwachsungen von Salmiak mit verschiedenen Modificationen des Ammoniumnitrats, vgl. S. 2260 Anm. 3.

Vorkommen. a) **Tennessee, U. S. A.** SHEPARD's Nitrammit vgl. S. 2726.

b) **künstlich.** Krystallisirt bei sorgfältigem Abdampfen und langsamer Abkühlung in gut ausgebildeten Krystallen, bei raschem Abkühlen der stark eingekochten Lösung in langen biegsamen Fäden, bei stärkerem Eindampfen faserig und dicht. MARIGNAC (vgl. S. 2724 Anm. 2) beobachtete an dünnen Säulen *m*(110) als Endigung *q*(011) oder *o*(111), seltener *qo* zusammen und zwischen ihnen *x*(122); LANG *mo* mit schmalem *b*(010), auch Zwillinge, vgl. S. 2724 Anm. 2. GOSSNER's (vgl. ebenda) Krystalle waren theils säulig nach *m* mit *o*, seltener auch mit *q* und *b*, oder tafelig nach *b* mit schmalen *moq*.

Nach O. LEHMANN (GROTH's Ztschr. 1, 461. 481. 460. 459. 106) entstehen bei langsamem Wachsthum in wässeriger Lösung nur regelmässige Krystalle (vgl. auch S. 2724 Anm. 2), bei Verdickung durch Zusatz von Glycerin oder Gummi schöne Wachsthums-Formen, denen des Kalisalpeters äusserst ähnlich, obwohl die Wachsthums-Axen krystallographisch durchaus andere sind. Aus einer heiss gesättigten Lösung einer Mischung mit Kalisalpeter beim Abkühlen makroskopische gekrümmte rhomboëdrische Wachsthums-Formen. Von rhomboëdrischem reinem Ammoniumnitrat aus verdickten wässerigen Lösungen (wie Kampher) meist tetragonal aussehende Krystallskelette, mit vier zu einander senkrecht stehenden Strahlen, bei Mischung mit Natron- und rhomboëdrischem Kalisalpeter zwölf- oder sechsstrahlige Sterne. Die reguläre Modification erscheint aus der Mischung mit wenig Wasser, oder besser verdünntem Glycerin[1] (sowie beim Erstarren der geschmolzenen Masse, vgl. unten) in Krystallskeletten, welche eine Combination oktaëdrischen und trigonalen Wachsthums zeigen, wobei die Stellen stärksten Wachsthums den Stellen stärkster Zuschärfung des regelmässigen Krystalls entsprechen, nach Analogie des Salmiaks wohl ikositetraëdrischen Begrenzungs-Flächen.

Diese von LEHMANN zuerst (vgl. S. 2727) beobachtete reguläre, optisch durchaus isotrope Modification, die zunächst beim Erstarren der (bei etwa 168° C.) geschmolzenen Masse erscheint, zeigt bei fortschreitender Abkühlung plötzlich (etwa bei 127° C.) eine Veränderung. Die Krystalle werden doppelbrechend, und sofern sie sich in einer Lösung befinden, ändern sie ihre Form unter gleichzeitiger Vergrösserung, da der neuen Form geringere Löslichkeit zukommt, als der regulären. Aus Wachsthums-Formen und optischem Verhalten lässt sich schliessen, dass es die schon von FRANKENHEIM (vgl. S. 2727) beobachteten Rhomboëder sind. Bei noch weiterer Abkühlung der Lösung entstehen bei etwa 87° C. nadelige rhombische Krystalle, deren gesetzmässige Stellung gegen die rhomboëdrischen bei spontaner Umwandelung der letzteren derart ist, dass die der grössten Ausdehnung der rhombischen Krystalle entsprechende Symmetrieaxe mit einer Nebenaxe der rhomboëdrischen zusammenfällt oder senkrecht darauf steht, dann also mit der Hauptaxe des Rhomboëders zusammenfällt.[2] Diese rhombischen Krystalle sind begrenzt von

[1] Versuche mit Canadabalsam von FEDOROW (Bull. Acad. Sc. Pétersb. 1901, **15**, 519; GROTH's Ztschr. **39**, 604).

[2] Nur dieser Fall bei BRAUNS (opt. Anom. 1891, 84; chem. Min. 1896, 166) erwähnt.

Prisma mit Doma, zuweilen auch mit einer Pyramide. Makroskopisch konnte Lehmann diese Modification in zwar makroskopischen, aber nicht deutlich messbaren Krystallen erzielen aus heisser Lösung in verdünntem Alkohol, der die Löslichkeit verringert, damit nicht die Krystalle filzartig durcheinander wachsen. Diese rhombischen Krystalle wandeln sich gewöhnlich schon in der Lösung, sicher aber beim Herausnehmen in die bei gewöhnlicher Temperatur aus wässerigen Lösungen zu erhaltende rhombische Modification um. Durch deren Erwärmen kann man in umgekehrter Reihenfolge die Umwandelungen erzielen, bei etwa 36° C. in die andere rhombische, bei 87° in die rhomboëdrische, 120° die reguläre, 168° die flüssige, 200° endlich die gasförmige Modification.

Die Bestimmungen von Bellati und Romanese vgl. S. 2725, die auf Aenderung der Löslichkeit gegründeten von W. Schwarz vgl. S. 2726. Die auch durch die Beobachtungen von Müller u. Kaufmann (vgl. S. 2725) im Knick der Löslichkeitscurve bei 32° C. gegebene Umwandelungs-Temperatur zwischen den beiden rhombischen Modificationen war genau von Wolf Müller (Ztschr. phys. Chem. 1899, **31**, 356; Groth's Ztschr. **35**, 380) mittelst Beckmann-Thermometers zu 32·2° C. bestimmt[1] worden. Durch Beobachtung der Aenderung der optischen Eigenschaften fand W. Schwarz (a. a. O., vgl. S. 2726), wenn jedesmal beide Modificationen neben einander vorhanden waren, die Temperatur der Umwandelung aus der einen in die andere rhombische Form zu 32·4° C., dann weiter in die rhomboëdrische zu 82·8° C. und in die reguläre zu 125·6° C. Durch Beobachtung der Verzögerung bei der Erwärmung oder Abkühlung fand Schwarz bei dieser letzten Umwandelung durch Erwärmung keine Verzögerung (nämlich die Temperatur von 125·5° C.), beim Abkühlen aber eine Verzögerung von 2° (Temperatur 123·5°), während die beiden anderen Umwandelungs-Temperaturen in dem einen, wie in dem entgegengesetzten Sinne überschritten werden können.

Nach Wallerant (Compt. rend. 1903, **137**, 805; Bull. soc. min. Paris 1905, **28**, 315; Groth's Ztschr. **41**, 112; **43**, 592) ist die von O. Lehmann als rhomboëdrisch (vgl. S. 2728) angegebene Modification vielmehr tetragonal,[2] positiv doppelbrechend; bei 82° C. in die stärker doppelbrechende übergehend, deren Prismen sich hierbei mit ihrer Längsrichtung parallel einer zweizähligen Symmetrieaxe der tetragonalen Krystalle orientiren. Durch Zufügung einer kleinen Menge von KNO_3 zum Schmelzfluss wird der untere Umwandelungspunkt dieser Modification (32°) erniedrigt, so dass sie noch bei gewöhnlicher Temperatur stabil bleibt. Alsdann kann man durch Druck darin Zwillings-Lamellen hervorbringen, aus denen auf Monosymmetrie zu schliessen ist. Andererseits findet nach Wallerant die Umwandelung der tetragonalen (nach Lehmann trigonalen) Modification in die weniger dichte nicht statt, wenn jene einem Druck unterworfen wird; dann entsteht nämlich direct die gewöhnliche rhombische Modification, welche die grössere Dichte besitzt, und deren Krystalle zeigen alsdann zahlreiche Zwillings-Lamellen. Diese bei gewöhnlicher Temperatur stabile Modification erfährt nach Wallerant bei Abkühlung auf − 16° C. eine Umwandelung in eine weniger dichte, tetragonale von schwächerer Doppelbrechung, als sie die andere tetragonale (trigonale) Modification besitzt; die optische Axe ist senkrecht gegen die Axenebene der rhombischen Krystalle gerichtet, aus denen die Umwandelung erfolgt. Die aus der regulären Modification bei 124° C. entstandene

[1] Der Umwandelungspunkt wird erniedrigt durch Beimischung von Kaliumnitrat, aber nicht direct proportional der Concentration des Kaliumnitrats.

[2] Uebrigens hatte auch schon Lehmann (Groth's Ztschr. **1**, 460; **10**, 323; Molekularphys. 1888, **1**, 160 Anm. 1) die tetragonale Form für möglich gehalten, Arzruni (phys. chem. Kryst. 1893, 61) die rhomboëdrische für wahrscheinlicher wegen der Analogie mit Kaliumnitrat.

tetragonale bleibt bei Zusatz von etwas Cäsiumnitrat auch bei der stärksten Abkühlung stabil, wandelt sich aber durch Druck, und zwar bei 20° schon durch sehr schwachen Druck in die rhombische Modification um; während bei einem sehr geringen Cäsium-Gehalt nach dem Aufhören des Druckes die Umwandelung wieder rückgängig wird, ist das bei einem grösseren Gehalt an $CsNO_3$ nicht mehr der Fall. Daraus schliesst Wallerant, dass die bei — 16° C. entstehende tetragonale Modification mit der zwischen 124° und 83° stabilen identisch ist. Behn (Proc. Roy. Soc. Lond. 1908, **80** A, 444; Groth's Ztschr. **48**, 674) prüfte diese Identität durch dilatometrische und thermische Methoden, sowie krystallographische Versuche. Die dilatometrischen Ausdehnungs-Curven der beiden tetragonalen Modificationen liegen beinahe, aber nicht genau auf einer Geraden; die specifischen und die Umwandelungs-Wärmen sind für die Annahme der Identität etwas ungünstig, aber nicht entscheidend; bei der Krystallisation von wässerigen Lösungen in der Nähe von 100° C., sowie von alkoholischen Lösungen bei — 30° C. entstanden in beiden Fällen Krystallskelette tetragonaler Ausbildung; auch Färbungs-Versuche mit verschiedenen Farbstoffen waren nicht entscheidend.

Analysen des angeblich natürlichen Vorkommens fehlen.

Theor. N_2O_5 67·48, $2NH_3$ 21·28, H_2O 11·24.

4. Magnesiasalpeter. $MgN_2O_6 \cdot 6H_2O$. (Magnesiumnitrat, Nitromagnesit.)

Monosymmetrisch $a:b:c = 0{\cdot}5191:1:0{\cdot}9698$ Marignac[1]

$\beta = 87^\circ 4'$.

Beobachtete Formen: $c(001)\,0P$.

$m(110)\infty P$. $q(011)\mathcal{P}\infty$. $k(012)\frac{1}{2}\mathcal{P}\infty$.

$m:m = (110)(1\bar{1}0)$	$= 54^\circ 48'$	$q:m = (011)(\bar{1}10)$	$= 73^\circ 17'$
$m:c = (110)(001)$	$= 87\ 24$	$k:c = (012)(001)$	$= 25\ 30$
$q:c = (011)(001)$	$= 44\ \ 5$	$k:m = (012)(110)$	$= 76\ \ 2$
$q:m = (011)(110)$	$= 69\ 21$	$k:m = (012)(\bar{1}10)$	$= 80\ 49$

Habitus der (künstlichen) Krystalle langsäulig nach $m(110)$. Natürlich nur in flockigen bis erdigen Ausblühungen.

Glasglänzend. Durchsichtig bis durchscheinend. Farblos, resp. weiss.

Spaltbar sehr vollkommen nach $m(110)$.

Von bitterem Geschmack. Sehr zerfliesslich, nur in trockener Luft beständig. Leicht in Wasser löslich. In der wässerigen Lösung mit Ammonium-Natriumphosphat einen Niederschlag von Magnesium-Ammoniumphosphat gebend.

Historisches. Romé de l'Isle (Cristallogr. 1783, 1, 362) citirt Bergmann's Angabe, „nitre de magnésie“ durch Verdunsten der Lösung

[1] Berechnet aus *mm*, *mc* und *qc* an künstlichen Krystallen (Ann. mines 1856, **9**, 31; Oeuvres **1**, 459).

in säuligen Krystallen erhalten zu haben. BEUDANT (Min. 1824, 421) erwähnt „nitrate de magnésie" „en prismes rhomboïdaux" krystallisirend und das Vorkommen des Salzes „en solution dans les eaux avec les nitrates de potasse et de chaux"; später (Min. 1832, **2**, 384) als in der Natur wie der Kalksalpeter[1] dem Kalisalpeter beigemengt. NAUMANN (Min. 1828, 263) sagt im Anhang zu Natronsalpeter: „der Kalksalpeter und **Magnesiasalpeter** sind wasserhaltige, an der Luft zerfliessliche Salze, welche sich zugleich mit dem Kalisalpeter in den Salpeterplantagen erzeugen". **Nitromagnesite** bei SHEPARD (Min. 1835, **2**, 85), **Magnesinitre** bei HUOT (Min. 1841, **2**, 431).

Die Identität des natürlichen, rein auch noch nicht sicher festgestellten Vorkommens mit dem von MARIGNAC (vgl. S. 2730 Anm. 1) gemessenen Magnesiumnitrat-Hexahydrat[2] ist nicht erwiesen.

Bildung analog derjenigen der anderen Salpeter, vgl. S. 2691.

Vorkommen mit Kalksalpeter in Kalkstein-Höhlen; wie nach HAUSMANN (Min. 1847, 1421) „überhaupt an Orten, wo animalische und vegetabilische Substanzen faulen; vom atmosphärischen Wasser aufgelöst, gelangt er nicht selten in Quellen".

a) Von natürlichen Fundstellen werden gewöhnlich (wie bei DANA, Min. 1868,[3] 593; 1892, 872) die für Kalksalpeter bekannten Kalkstein-Höhlen in **Kentucky U.S.A.** angedeutet, doch mit dem Zusatz, dass die Existenz des Magnesiasalpeters als Naturproduct noch nicht sicher erwiesen sei. — In **Frankreich** im **Jura** von LACROIX (Min. France 1901, **3**, 414) nach OGÉRIEN (Hist. nat. du Jura 1865, **1**, 302) auf den Klüften der bunten Mergel von Baume und Salins als Efflorescenzen angegeben, von dem dort ebenfalls vorkommenden Bittersalz durch seinen weniger kräftigen Bittergeschmack unterschieden.

b) **künstlich.** MARIGNAC's Krystalle (vgl. S. 2730 Anm. 1) zeigten meist nur *mc*, selten und untergeordnet *q* und *k*, sowie auch Andeutungen von nicht bestimmbaren Flächen an den Kanten von *c*(001) zu *m*(110).

Analysen von natürlichen Vorkommen fehlen.

Theor. N_2O_5 42·13, MgO 15·73 (resp. Mg 9·49, NO_3 48·37), H_2O 42·14.

---

[1] Von diesem bemerkt BEUDANT ausdrücklich, dass er sich in erdigen Krusten und sogar in krystallinischen Schuppen zu trockenen Zeiten finde.

[2] **Nickel- und Kobaltnitrat-Hexahydrat** $NiN_2O_6 \cdot 6H_2O$ und $CoN_2O_6 \cdot 6H_2O$ krystallisiren zwar ebenfalls monosymmetrisch und sind mit einander, aber nicht mit dem Magnesiumnitrat-Hexahydrat (GROTH, chem. Kryst. 1908, **2**, 111) isomorph.

[3] Auch in der älteren Ausgabe von 1850 (S. 204) erwähnt, in der von 1855 gestrichen.

5. Kalksalpeter (Calciumnitrat, Nitrocalcit). $CaN_2O_6 \cdot 4H_2O$.

Monosymmetrisch $a:b:c = 1 \cdot 5839 : 1 : 0 \cdot 6876$ MARIGNAC[1]
$\beta = 81^\circ 54'$.

Beobachtete Formen: $a(100) \infty P\infty$. $b(010) \infty P\infty$.
$m(110) \infty P$. $n(210) \infty P\infty$. $q(011) P\infty$.
$\varrho(\bar{1}01) + P\infty$. $r(101) - P\infty$.
$\omega(\bar{1}11) + P$. $o(111) - P$.

$m:a = (110)(100) = 57^\circ 28'$	$\omega:\omega = (\bar{1}11)(\bar{1}\bar{1}1) = 66^\circ 48'$
$n:a = (210)(100) = 38\ \ 5$	$\omega: a = (11\bar{1})(100) = 76\ \ 17$
$q:q = (011)(0\bar{1}1) = 68\ \ 30$	$\omega:m = (11\bar{1})(110) = 53\ \ 44$
$q:a = (011)(100) = 83\ \ 18$	$o: o = (111)(1\bar{1}1) = 61\ \ 28$
$\varrho:a = (10\bar{1})(100) = 73\ \ 30$	$o: a = (111)(100) = 64\ \ 25$
$r:a = (101)(100) = 59\ \ 50$	$o:m = (111)(110) = 48\ \ 28$

Habitus der (künstlichen) Krystalle gestreckt nach der Verticalen, auch tafelig nach $a(100)$. Natürlich nur als Ausblühung in seidenartigen Büscheln und Massen.

Glasglänzend, seidenartig. Durchsichtig bis durchscheinend. Farblos, weiss oder grau.

Dichte 1·90 bei 15·5° C. nach ORDWAY (Am. Journ. Sc. 1859, **27**, 14; Chem. Jahresb. 1859, 113); 1·878 nach FAVRE u. VALSON (Compt. rend. 1873, **77**, 579) bei 18° C., des entwässerten Salzes 2·504 bei 17·9° C.

Geschmack scharf und bitter. Sehr zerfliesslich vor, aber nicht mehr nach dem Trocknen durch Erhitzen. Auf brennenden Kohlen leicht schmelzbar unter schwacher Detonation, und getrocknet. Bis zur beginnenden Zersetzung erhitzt, einen phosphorescirenden Rückstand hinterlassend, BALDUIN's Phosphor genannt; über den Schmelzpunkt hinaus erhitzt, Untersalpetersäure und Sauerstoff entwickelnd. Schmelzpunkt des Salzes (mit $4H_2O$) 44° C. und Siedepunkt des geschmolzenen Salzes 132°; erst nach Entweichen von einem Drittel des Wassers setzt das geschmolzene Salz wasserfreies ab (ORDWAY a. a. O.). Die entwässerte, undurchsichtig weiss gewordene Substanz[2] zeigt nach RETGERS (GROTH's Ztschr. 1892, **21**, 357) unter dem Mikroskop in der bald durch Wasser-Anziehung flüssig werdenden Masse sehr scharfe, optisch vollkommen isotrope Oktaëder, gewöhnlich als flache drei- oder sechsseitige Tafeln erscheinend; die zarten Contouren deuten auf einen sehr niedrigen

---

[1] Berechnet aus *ma*, *ϱa* und *ωa* an künstlichen Krystallen (Ann. mines 1856, **9**, 28; Oeuvres **1**, 456).

[2] Nach RETGERS leicht durch Erhitzen auf einem Objectglase bis etwa 150° C. über einer freien Flamme, da die Zersetzungs-Temperatur, bei welcher sich rothe Dämpfe von N_2O_4 zu entwickeln beginnen, viel höher liegt.

Brechungsquotienten. Nach RETGERS liegt zweifellos das wasserfreie Calciumnitrat[1] CaN_2O_6 vor.

Leicht löslich in Wasser, und auch in Alkohol. Die wässerige, concentrirte Lösung giebt mit Schwefelsäure einen Niederschlag von Calciumsulfat. Concentrirte Salpetersäure fällt das Calciumnitrat als Krystallpulver (MITSCHERLICH, POGG. Ann. 1830, **18**, 159).

Historisches. ROMÉ DE L'ISLE[2] (Cristallogr. 1783, **1**, 360) berichtet, dass „nitre à base calcaire"[3] sich in grosser Menge findet,[4] und dass man daraus leicht mittelst Asche und anderen alkalischen Substanzen „un vrai nitre à base d'alkali fixe" erhalten kann. ROMÉ erwähnt auch aus Lösung durch BUCQUET, MACQUER und besonders PELLETIER erhaltene Krystalle; von Letzterem schöne sechsseitige Säulen mit Pyramide, deren „angle du sommet" 110°. HAÜY (Min. 1801, **2**, 291; 1822, **1**, 585) reproducirt beim „chaux nitratée" eigentlich nur ROMÉ's Angaben. Bei HAUSMANN (Min. 1813, 858) **Kalksalpeter**, „wesentlicher Bestandtheil gewässerter salpetersaurer Kalk".[5] Bei BEUDANT (Min. 1824, 421; 1832, **2**, 383) „nitrate de chaux" (vgl. auch S. 2731 Anm. 1); englisch nitrate of lime (PHILLIPS, Min. 1819, 136; 1823, 177). Bei SHEPARD

---

[1] Das **Strontiumnitrat** SrN_2O_6 krystallisirt wasserfrei nach SCACCHI (Rend. Acc. Napoli Genn. 1861) aus Lösungen bei Temperaturen schon von über 25° C., und zwar in Oktaëdern mit Würfel, bei Zusatz von Eisenchlorid auch mit Pentagondodekaëder (SCACCHI, Nuovo Cimento 1855, **1**, 170; POGG. Ann. 1860, **109**, 366). Nach L. WULFF (GROTH's Ztschr. 1879, **4**, 139) krystallisirt das käufliche, meist viel Kalksalpeter enthaltende Material in Kubooktaëdern, in reinen Oktaëdern nur bei sehr schnellem Wachsthum; mit $\pi(210)$ in vereinzelten Flächen an Zwillingen; bei Zusatz von Chlorcalcium vorwiegend oktaëdrisch „mit ringsum ausgebildeten Pyritoëder-Flächen", „die beiden Tetraëder nicht gleich gross". Das Strontiumnitrat-Tetrahydrat $SrN_2O_6 \cdot 4H_2O$, das sog. SÉNARMONT'sche Salz, krystallisirt monosymmetrisch. „In welcher Weise aber die flächenreichen Krystalle" des Strontium- und Calciumsalzes „auf einander zu beziehen sind, kann nur durch die Untersuchung isomorpher Mischungen entschieden werden" (GROTH, chem. Kryst. 1908, **2**, 111).

[2] Weniger klar sind ältere Angaben bei WALLERIUS; offenbar zuweilen Verwechselung von Nitrum und Natron, auch Aphronatrum und Aphronitrum für Mauersalz (Min. übers. DENSO 1750, 231).

[3] „L'acide nitreux saturé de terre calcaire proprement dite, forme un sel neutre déliquescent, qui cristallise fort difficilement".

[4] „Dans les terres et pierres où le nitre s'engendre le plus communément, telles que les murailles des vieux édifices et les terres qui sont au pied".

[5] „Sehr häufig an Wänden, Mauern, besonders in Kellern, Kasematten, Viehställen, oder überall in der Nähe faulender animalischer Substanzen; häufig und zuweilen in bedeutender Quantität gemengt mit Erde, Salpetererde". „Mauersalpeter, Mauerschweiss, Mauersalz, gewiss in den mehrsten Fällen Kalksalpeter", wie HAUSMANN auch später (Min. 1847, 1420) aufrecht erhielt, mit dem Zusatz: „übrigens scheint der Kalksalpeter eine noch grössere Verbreitung zu haben, als der Kalisalpeter, und nicht selten auch ohne letzteren vorzukommen". — Kehrsalpeter nennt man theils den Kalk-, theils den Kalisalpeter, wenn er als Efflorescenz vorkommt (GLOCKER, Min. 1831, 978).

(Min. 1835, 2, 84) **Nitrocalcit;**[1] **Calcinitre** bei HUOT (Min. 1841, 2, 430). Keine Aufnahme gefunden hat BREITHAUPT's (Min. 1841, 2, 95) Bezeichnung **Tenellum**, resp. Picralum tenellum (Diminutivum von tener, zart).

Die Messungen MARIGNAC's vgl. S. 2732 Anm. 1, RETGERS' Bestimmung des wasserfreien Salzes S. 2733; vgl. auch dort Anm. 1.

Vorkommen. In zarten (tener, tenellus, vgl. oben) Ausblühungen in trockenen Kalkstein-Höhlen; in der Ackererde; im Brunnenwasser. Vgl. auch S. 2733 Anm. 5. Bildung wie bei den anderen Nitraten, vgl. S. 2691. Wird auch bei manchen Verfahren zur Darstellung des sogenannten Luftsalpeters gewonnen.

Fundorte. a) **Ungarn.** Zusammen mit Kalisalpeter, vgl. S. 2718 Anm. 2. Besonders als Auswitterung bei Konyar an der südwestlichen Grenze des Kállóer Districts (DAMMER u. TIETZE, nutzb. Min. 1913, 1, 357).

b) **Spanien.** Reichliche Efflorescenzen auf Kalk- und Molasse-Gesteinen in **Catalonien** und **Aragonien** (CALDERON, Bol. Soc. españ. Hist. nat. 1901, 1, 109; Min. Esp. 1910, 2, 5; TENNE u. CALDERON, Min. Iber. 1902, 150).

c) **Frankreich.** Nach LACROIX (Min. Fr. 1901, 3, 412) mit Kalisalpeter überall reichlich, wo die Bedingungen zur Bildung gegeben waren, besonders aber in den Kreide-Ablagerungen in den von Troglodyten ausgehöhlten Wohnstätten, wie denen von Laroche-Guyon im Dép. **Seine-et-Oise**, der Gegend von Tours im **Indre-et-Loire** und von Angoulême in der **Charente.**

d) **U. S. A.** In den Kalkstein-Höhlen von **Kentucky**, vgl. unten Anm. 1; SHEPARD's (a. a. O.) Bestimmung von CaO 32·0 und H_2O 10·56 deutet eher auf ein Monohydrat als auf das krystallisirte Tetrahydrat, ist aber schwerlich genau. DAMMER u. TIETZE (nutzb. Min. 1913, 1, 357) erwähnen, dass während des Krieges von 1812 in der Mammut-Höhle in Kentucky das Salz sorgsam ausgelaugt und mit Filtration durch Holzasche in Kalisalpeter umgesetzt wurde, sowie auch die Kalknitrat enthaltenden Erden der Wyandotte-Höhle in Süd-**Indiana** und anderen nordamerikanischen Fundorten so verwerthet wurden; ferner soll das Nitrat in

e) **Venezuela** in einigen Höhlen mit phosphorsaurem Kalk gemengt in grossen Mengen liegen.

f) **künstlich.** Wird aus Salpetersäure und Kalk oder Kalkcarbonat erhalten, resp. beim Lösen von Kalkstein in Salpetersäure. Aus dieser Lösung werden durch Kochen mit etwas Kalk die in fast jedem Kalkstein vorhandenen, in Wasser unlöslichen Oxyde des Eisens und Aluminiums ausgefällt (MENDELEJEFF, Grundl. Chemie, übers. JAWEIN u. THILLOT, Petersb.-Leipzig 1892, 650); aus der wässerigen Lösung krystallisirt dann das Calciumnitrat-Tetrahydrat aus. MARIGNAC's (vgl. S. 2732 Anm. 1) säulige Krystalle zeigten *marϱqoω*, selten *b* und *n*, *n* immer nur schmal.

Analysen, vgl. SHEPARD's Bestimmung oben unter d).

Theor. N_2O_5 45·74, CaO 23·76 (resp. Ca 16·98, NO_3 52·52), H_2O 30·50.

---

[1] Mit Angabe des Vorkommens in Kalkhöhlen in Kentucky.

6. Barytsalpeter (Baryumnitrat, Nitrobaryt). BaN_2O_6.

Regulär (tetartoëdrisch, resp. tetraëdrisch-pentagondodekaëdrisch).
Beobachtete Formen: $h(100)\infty O\infty$. $o(111)O$. $d(110)\infty O$.
$p(210)\infty O2$.
$\delta(221)2O$.
$s(211)2O2$. $(833)\frac{8}{3}O\frac{8}{3}$. $l(311)3O3$. $(511)5O5$.
$t(421)4O2$. $n(531)5O\frac{5}{3}$.

Habitus der natürlichen Krystalle einfach oktaëdrisch, der künstlichen sehr mannigfach und eventuell flächenreich. Verwachsungen mit Tetraëder-Flächen (Näheres vgl. S. 2737 u. 2738), sowie nach (100) (vgl. beim pyroëlektrischen Verhalten).

Glasglänzend. Durchsichtig bis durchscheinend. Farblos, resp. weiss; die (seltenen) natürlichen Krystalle theilweise mit braunschwarzem Wad-ähnlichem dünnem Ueberzuge.

Ohne deutliche Spaltbarkeit.

Dichte 3·2435 nach Behr (N. Jahrb. 1903, **1**, 139), 3·245 bei 19° C. nach Eppler (Groth's Ztschr. **30**, 154[1]), 3·255 nach Topsöe u. Christiansen (Vidensk. Selsk. Skr. Kopenhagen 1873, **9**, 658; Pogg. Ann. Erg.-Bd. **6**, 499), 3·284 nach Playfair u. Joule (Mem. Chem. Soc. **2**, 401; bei Clarke, Table of Spec. Grav., Washington 1888, 111).

Brechungsquotienten nach Topsöe u. Christiansen (a. a. O.) für die Linien

C $n = 1·5665$ | D $n = 1·5711$ | F $n = 1·825$;

nach Fock (Groth's Ztschr. 1880, **4**, 585) für Na-Licht $n = 1·5716$, nach Eppler (ebenda 1898, **30**, 154) 1·5717 und Li-Licht 1·5696. Nach Behr (N. Jahrb. 1903, 1, 151) mit dem Abbe'schen Refractometer für

Li $n = 1·5655$ | Na $n = 1·5699$ | Tl $n = 1·5735$.

Ohne Circularpolarisation.

Häufig optische Anomalien.

Bei pyroëlektrischer Untersuchung[2] sind nach Hankel (Abh. Sächs. Ges. Wiss. Leipzig 1899, **24**, 482; Groth's Ztschr. **35**, 181) in würfeligen Krystallen mit untergeordnet beiden Tetraëdern und erkennbarem Unterschied ihrer Flächen-Beschaffenheit die antilogen Pole der elektrischen Axen in dem mit den glänzenderen Flächen gelegen. An den oktaëdrisch ausgebildeten Krystallen die beiden Tetraëder nur durch ihre pyroëlektrische Polarität erkennbar. Unter den würfeligen Krystallen wurden

[1] Hier auch andere ältere Bestimmungen angeführt.

[2] Da Barytsalpeter durch Reibung mit Platin negativ elektrisch wird, muss bei pyroëlektrischen Untersuchungen jede Berührung des Platindrahtes mit dem Krystall vermieden werden.

auch Verwachsungen nach (100) durch die Vertheilung der elektrischen Pole erwiesen. Piëzoëlektrische Polarität war nicht nachweisbar.

Specifische Wärme 0·1528 Cal. zwischen 13° und 98° C. für das vorher geschmolzene Salz (Regnault, Pogg. Ann. 1841, **53**, 60. 243).

An der Luft beständig, im Gegensatz zum zerfliesslichen Calciumnitrat. Von scharfem herbem Geschmack.

Verknistert in der Hitze und schmilzt bei niedriger Temperatur.[1] Schmelzpunkt 593° C. nach Carnelley (Journ. Chem. 1878, **33**, 273), 592° Le Chatelier (Bull. soc. chim. 1887, **47**, 300), 575° Ramsay u. Eumorfopoulos (Phil. Mag. 1896, **41**, 360). In der Glühhitze entweichen Sauerstoff, Stickstoff und Untersalpetersäure, und es bleibt Baryt.[2] Wasserstoff bildet bei Glühhitze Barythydrat. Verpufft nur schwach mit brennbaren Körpern, auf glühenden Kohlen mit gelbweissem bis grünem Lichte.

In Wasser ziemlich schwer löslich. Beim Auflösen in Wasser wird Wärme gebunden. Nach Mulder (Scheikund. Verhand. 1864, 46) lösen 100 Theile Wasser von Baryumnitrat bei

0°	10°	20°	30°	40°	50°	60°	70°	80°	90°	100° C.
5·2	7·0	9·2	11·6	14·2	17·1	20·3	23·6	27·0	30·6	32·2 Theile

Nach Étard (Ann. chim. phys. 1894, **5**, 528) zu 100 g Lösung bei

0·9°	2·1°	6°	10°	18°	28·5°	52°	73°	110°	134°	150°	171°	215° C.
4·3	4·9	5·6	6·4	7·7	9·7	14·9	19·4	27·4	32·5	34·9	38·3	45·8 g

Durch vorsichtiges Anätzen mit Wasser erscheinen[3] nach Baumhauer (Groth's Ztschr. 1877, **1**, 52) auf den Würfelflächen Aetzfiguren, welche einem tetraëdrischen Pentagondodekaëder entsprechen. Ebenso beobachtete Wulff (ebenda 1879, **4**, 143) auf den Tetraëder-Flächen durch tetraëdrische Pentagondodekaëder gebildete Aetzfiguren, als Dreiecke, auf den beiden Tetraëdern entgegengesetzt gedreht.

Löst sich in verdünnter Salpetersäure noch weniger als in Wasser; nicht in concentrirter Salpetersäure.[4] In verdünnter Essigsäure weniger als in verdünnter Salzsäure löslich; in wässerigem Ammoniak, essigsaurem und salpetersaurem Ammoniak weniger als in Wasser; in

[1] Nach Guthrie (Phil. Mag. 1884, **17**, 462) enthält das Eutektikum mit Kalisalpeter 70·47 % KNO_3 und schmilzt bei 278·5° C.

[2] Nach Rammelsberg (Pogg. Ann. 1869, **137**, 315) die an Sauerstoff reichere Verbindung Ba_3O_4.

[3] Oft schon sogleich nach dem Herausnehmen der Krystalle aus der Mutterlauge.

[4] Deshalb aus wässeriger Lösung durch Salpetersäure fällbar, und Baryumcarbonat wird von concentrirter Salpetersäure nicht angegriffen.

wässerigem Salmiak etwa ebenso reichlich, als in Wasser. Nicht löslich in absolutem Alkohol; die Löslichkeit in wässerigem Weingeist mit der Temperatur steigend.

Vorkommen. a) **Chile.** In einer älteren chilenischen, an die Firma KRANTZ in Bonn gelangten Mineralien-Sendung fand HINTZE als '„salpetersaurer Baryt" bezeichnete, bis 4 mm grosse farblose Oktaëder, theilweise mit braunschwarzem Ueberzug; auch Zwillinge von Spinell-Habitus. Von GROTH (GROTH's Ztschr. 1881, **6**, 195) als „natürlicher **Barytsalpeter**" beschrieben und durch qualitative Bestimmung bestätigt.

b) **künstlich.** Bei der Zersetzung von Chlorbaryum durch eine heisse gesättigte Lösung von Natronsalpeter werden Dreiviertel des Baryumnitrats als Krystallpulver ausgeschieden, und der Rest krystallisirt beim Einengen der Mutterlauge (KUHLMANN, Ann. chim. phys. 1858, **54**, 396; Techn. Jahresber. 1858, 198).

Aus reinen wässerigen Lösungen erhielt SCACCHI (Nuovo Cimento 1855, **1**, 170; POGG. Ann. 1860, **109**, 356) nur Oktaëder mit Würfel-Flächen, beim Zusatz von anderen leichtlöslichen Salzen (wie Natriumnitrat) das Oktaëder als zwei verschieden ausgedehnte Tetraëder, ein grösseres glänzendes und kleineres unebenes, das auch zuweilen fehlte, dazu Flächen von $h(100)$, Pyritoëder $p(210)$ und Tetartoëder (421). Zwillings-Verwachsungen sowohl nach der einen, als auch nach der anderen Tetraëder-Fläche. BAUMHAUER (GROTH's Ztschr. 1877, **1**, 51) beobachtete theils mehr würfelige, theils mehr oktaëdrische Krystalle, das Oktaëder aber stets von zwei verschieden grossen Tetraëdern gebildet, dann Flächen von $p(210)$; die Tetartoëdrie bestätigt durch Wachsthums-Erscheinungen auf den Würfel-Flächen und die Aetzflächen (vgl. S. 2736), auch die schon von SCACCHI angegebene constante Lage von Tetraëder und Pyritoëder zu einander. LEWIS[1] (Phil. Mag. 1877, **3**, 453; GROTH's Ztschr. 1877, **2**, 64) beschrieb einen flächenreichen grossen, zufällig (auf dem Boden einer Reagentien-Flasche) gebildeten Krystall: $h(100)$ mit dem Dyakisdodekaëder $t(214)$, das aber durch verschiedene Flächen-Beschaffenheit in zwei Tetartoëder zerfällt, im einen Oktanten (214) als rechte Form gross und glatt, im anderen $(2\bar{1}4)$ als linke klein und rauh; in demselben Oktanten wie das glatte (214) noch kleine Flächen von $o(111)$ und $s(211)$; in demselben wie das rauhe $(2\bar{1}4)$ noch $l(3\bar{1}1)$ und als rechte Form $(3\bar{5}1)$. An anderen aus Lösung erhaltenen Krystallen beide Tetraëder, $d(110)$ und $\delta(2\bar{2}1)$ im Oktanten des glänzenden Tetraëders.

L. WULFF (GROTH's Ztschr. 1879, **4**, 133) erhielt bei schneller Krystallisation nur weisse undurchsichtige Oktaëder, bei langsamer theils einen tetraëdrischen, theils einen würfeligen Habitus. Ohne fremde Zusätze Combinationen wie $o(111)$ herrschend mit untergeordnetem $o'(1\bar{1}1)$, $h(100)$, $p(201)$; ferner $ho'op$, oder $ho'o$ mit einem tetraëdrischen Pentagondodekaëder λ von schwankenden Winkeln zwischen den Grenzformen (211), (311), (201) und (301). Aus einer mit Natriumnitrat versetzten Lösung oktaëdrische Krystalle $oo'hp$ mit jener Form λ. Die flächenreiche Combination des herrschenden Pyramidentetraëders $s(211)$ mit λ, p und zuweilen $\delta(2\bar{2}1)$ aus einer mit KNO_3, $NaNO_3$ und Zucker versetzten Lösung. Bei Zusatz von Ferrinitrat das Pyramidentetraëder (833); in der anderen Stellung auch $(5\bar{1}1)$. KLOCKE (N. Jahrb. 1880, **1**, 81) beschrieb grosse schöne, aber trübe Pyritoëder mit Oktaëder im Gleichgewicht, sowie wasserhelle Würfel, stellenweise mit untergeordneten Oktaëder-Flächen. Aus einer ätherischen Nitrophenol-Lösung erhaltene, mehrere Centimeter grosse, im Laufe weniger Tage gebildete Krystalle zeigten stets herrschend

---

[1] L. führte später (Amer. Nat. 1882, **16**, 78) für das Barymnitrat den Namen **Nitrobaryt** (resp. Nitrobarite) ein, nach Analogie von Nitromagnesit und Nitrocalcit.

das Pentagondodekaëder $p(210)$ mit kleinen Würfel- und Oktaëder-Flächen, ganz ohne 48-Flächner (HENRIQUES, GROTH's Ztschr. 1881, **5**, 365). Die von HANKEL pyroëlektrisch (vgl. S. 2735) untersuchten Krystalle waren von Würfel, Tetraëder, Pentagondodekaëder und tetraëdrischem Pentagondodekaëder begrenzt; bei einigen herrschte der Würfel vor, bei anderen die Tetraëder, beide von fast gleicher Ausdehnung.

Zwillinge und Drillinge vom Aussehen des Spinells beobachtete WULFF (GROTH's Ztschr. **4**, 148. 152) bei oktaëdrisch ausgebildeten Krystallen, wobei aber die trigonalen Axen, wie auch bei Zwillingen mit vorherrschendem Pyramidentetraëder $i(211)$ entgegengesetzt gerichtet sind; mit gleicher Richtung der Zwillingsaxe, den gewöhnlichen Fahlerz-Zwillingen gleichend, nur die Verwachsungen von zwei Tetraëdern, die aus einer mit Kaliumnitrat versetzten Lösung entstanden waren. JOHNSEN (N. Jahrb. 1907, Beil.-Bd. **23**, 307) bestätigte die Häufigkeit von Zwillingen nach (112).

Wachsthums-Erscheinungen von O. LEHMANN (GROTH's Ztschr. 1877, **1**, 458. 482), WULFF (GROTH's Ztschr. **4**, 146), KLOCKE (N. Jahrb. 1880, **1**, 159. 161) und GAUBERT (Bull. soc. min. Paris 1902, **25**, 223; 1904, **27**, 6; GROTH's Ztschr. **39**, 192; **42**, 182) studirt.

Optische Anomalien beschrieben von MARBACH (POGG. Ann. 1855, **94**, 418; Habil.-Schrift Breslau), LEWIS (GROTH's Ztschr. 1877, **2**, 64), L. WULFF (ebenda 1879, **4**, 141), KLOCKE (N. Jahrb.[1] 1880, **1**, 81. 159), BRAUNS (ebenda 1883, **2**, 105), MOREL (Bull. soc. min. Paris 1887, **10**, 318; GROTH's Ztschr. 1889, **15**, 648), GAUBERT[2] (Bull. soc. min. Paris 1894, **17**, 121; 1900, **23**, 211; GROTH's Ztschr. **26**, 220; **35**, 640), G. WULFF (Bull. soc. nat. Univ. Varsovie 1895—96, Compt. rend. No. **3**, 1; GROTH's Ztschr. 1899, **31**, 511). In Platten nach dem Würfel erscheinen vier quadratische Sectoren, deren Schwingungs-Richtungen den Seiten parallel sind; in Platten nach (111) unvollkommen trigonale Sectoren-Theilung.

Besonders eingehend studirte BRAUNS (Opt. Anom. 1891, 208. 226) die optischen Anomalien der Mischungen von Blei- mit Baryumnitrat, da sie leicht in schönen Krystallen zu erhalten sind, und zwar aus einer mit Salpetersäure angesäuerten, heissen und für gewöhnliche Zimmer-Temperatur etwas übersättigten Lösung beim Abkühlen in wasserhellen klaren Combinationen von beiden Tetraëdern mit Würfel und Pyritoëder; meist ein Tetraëder, zuweilen der Würfel, selten das Pyritoëder vorherrschend. Die Stärke der Doppelbrechung hängt von der Menge des beigemischten Baryumnitrats ab, mit dieser in gewissen Grenzen wachsend; werden diese aber überschritten, so wird die Spannung zu gross, und es bilden sich nur noch kleine rissige Krystalle. Die optische Structur hängt von der äusseren Begrenzung ab: von jeder Krystallfläche geht in das Innere eine Pyramide, deren Basis die Krystallfläche ist. Isotrop sind die Pyramiden mit der Würfelfläche als Basis. Optisch einaxig positiv sind die Pyramiden mit einer Oktaëderfläche als Basis; zu dieser senkrecht steht die optische Axe. Optisch zweiaxig negativ sind die Pyramiden mit der Basis einer Pyritoëderfläche; zu dieser schief würde die erste Mittellinie sein, und die Ebene der optischen Axen in die Richtung der Höhenlinie dieser Fläche fallen; die eine austretende Axe ist senkrecht zur Richtung der anliegenden Würfelfläche. Die Doppelbrechung wird geringer und verschwindet dauernd durch Erwärmen unter geringer Trübung der Krystalle.

Andere Untersuchungen über die isomorphen Mischungen von Baryum- und Bleinitrat von AMBRONN u. LEBLANC (Ber. math.-phys. Klasse Sächs. Ges. Wiss. 1894, **46**, 173; Ztschr. phys. Chem. 1895, **16**, 179; 1897, **22**, 121; GROTH's Ztschr. 1899,

[1] Später von KLOCKE (N. Jahrb. 1881, **2**, 267) nur Beobachtungen an Bleinitrat.

[2] G. empfahl zur Beobachtung der Anomalien die Färbung der Krystalle mit Methylenblau, das der Lösung zugesetzt wird und einen Pleochroismus hervorbringt.

32, 85), HERTZ (Inaug.-Diss. Berlin 1895, 15), FOCK (GROTH's Ztschr. 1897, **28**, 365) und GAUBERT (Compt. rend. Paris 1906, **143**, 776; GROTH's Ztschr. 1908, **45**, 107).

Ferner bildet das Baryumnitrat Mischungen mit Strontiumnitrat, dargestellt von WULFF (GROTH's Ztschr. **4**, 585); vgl. auch S. 2733 Anm. 1. Nach H. TRAUBE (GROTH's Ztschr. 1894, **23**, 133—135) können weiter die Krystalle von Baryum- und Strontiumnitrat bis 12·5 % Baryumchlorat $BaCl_2O_6$, resp. bis 7·2 % Strontiumchlorat $SrCl_2O_6$ in isomorpher Mischung aufnehmen.

Analysen. Quantitative des natürlichen Vorkommens fehlt (qualitative vgl. S. 2737 unter a).

Theor. N_2O_5 41·33, BaO 58·67; resp. Ba 52·55, N_2O_6 47·45.

Zusatz. Wie die oben und S. 2738 erwähnten Mischungen erweisen, sind isomorph mit Baryumnitrat die in der Natur als Mineralien bisher noch nicht beobachteten Nitrate von Strontium und Blei.

---

1. Strontiansalpeter, Strontiumnitrat SrN_2O_6. Regulär-tetartoëdrisch; Krystalle nach SCACCHI u. WULFF, vgl. S. 2733 Anm. 1. KLOCKE (N. Jahrb. 1880, **1**, 161) betonte die Gleichheit der Wachsthums-Formen der Nitrate von Sr, Ba, Pb, bestehend aus einem feinen Gitterwerk von sich rechtwinkelig schneidenden Stäbchen, erhalten beim Erwärmen der rein wässerigen Lösung auf einem Objectglase. Brechungsquotienten sehr nahe denen des Baryumnitrats; für Na-Licht n = 1·5667 nach FOCK (GROTH's Ztschr. 1880, **4**, 586), 1·5665 CRAW (bei LE BLANC u. ROHLAND, Ztschr. phys. Chem. 1896, **19**, 277); die Bestimmungen von BEHR (N. Jahrb. 1903, **1**, 151) n für Li = 1·5831, Na = 1·5878 und Tl = 1·5923 sind nach GROTH (chem. Kryst. 1908, **2**, 104) „offenbar unrichtig". Optische Anomalien beobachtet von MARBACH (POGG. Ann. 1855, **94**, 417) und L. WULFF (GROTH's Ztschr. **4**, 141), der übrigens die von MARBACH für wahrscheinlich erklärte Circularpolarisation nicht bestätigen konnte. Die auf den Flächen (111) und (1$\bar{1}$1) als dreieckige Vertiefungen erscheinenden Aetzfiguren entsprechen einem Tetartoëder. Dichte 2·947 nach LE BLANC u. ROHLAND (a. a. O.), 2·996 BEHR (a. a. O.).

Nach Versuchen von VERNADSKY (bei GROTH, chem. Kryst. 1908, **2**, 103) scheint das Strontiumnitrat in mehreren polymorphen Modificationen zu existiren. Während die regulären Krystalle bis 7·2 % $SrCl_2O_6$ aufnehmen können (vgl. oben), nimmt andererseits nach TRAUBE (GROTH's Ztschr. 1894, **23**, 135) das rhombisch-hemimorphe Strontiumchlorat[1] in Mischkrystallen seiner Form bis 16·7 % SrN_2O_6 auf.

In das **Strontiumnitrat-Tetrahydrat $SrN_2O_6 \cdot 4H_2O$** (vgl. 2733 Anm. 1) kann man nach BERRY (bei MALLET, Chem. News 1881, **44**, 189; GROTH's Ztschr. **9**, 626) als isomorphe Beimischung Baryumnitrat einführen, wenn man Wasser mit beiden Nitraten sättigt, einen Krystall des Strontiumsalzes einlegt und im Vacuum über Schwefelsäure bei 0° verdampfen läßt; die dann sich absetzenden Krystalle enthielten in zwei Versuchen 10·7 resp. 17·5 % BaN_2O_6.

---

2. Bleisalpeter, Bleinitrat PbN_2O_6. Regulär-tetartoëdrisch. ROMÉ DE L'ISLE (Cristallogr. 1783, **1**, 368) beobachtete am „nitre de plomb ou de saturne" Oktaëder ohne oder mit Würfel und auch Rhombendodekaëder. Nach HAIDINGER (Edinb.

---

[1] POTILITZIN (Journ. russ. phys.-chem. Ges. 1889, **21**, 451; GROTH's Ztschr. **20**, 183) beobachtete vom Strontiumchlorat vier Modificationen.

Journ. Sc. 1824, **1**, 102) und WACKERNAGEL (KASTN. Arch. 1825, **5**, 295) herrscht an anderen Krystallen der Würfel mit Oktaëder und sehr untergeordnetem Pyritoëder (210); auch oktaëdrische Zwillinge. Nach SCACCHI (Nuovo Cimento 1855, **1**, 170; POGG. Ann. 1860, **109**, 366) wird die Bildung von Pyritoëder-Flächen durch Zusatz von Natriumnitrat begünstigt[1]. Nach L. WULFF (GROTH's Ztschr. 1879, **4**, 126) bilden sich klare Krystalle, Würfel mit Oktaëder und zuweilen deutlichem Pyritoëder, bei sehr langsamer Verdunstung concentrirter Lösungen; reine Oktaëder, milchweiss und porzellanartig[2], bei sehr schneller Verdunstung oder Abscheidung durch Abkühlung. Bei etwas langsamerer Verdunstung traten an den durchscheinend werdenden Oktaëdern Würfel und Pyritoëder hinzu und es zeigte sich das Oktaëder von zwei Tetraëdern gebildet, von denen das eine beim Wachsen kleiner und undurchsichtiger blieb, während die Flächen des anderen grösser und klarer wurden. Durch Behandelung mit verdünnter Lösung werden die Kanten des grösseren Tetraëders stärker abgerundet als des kleineren, und durch Fortwachsen entstehen dann Flächen von (833), sowie eines rechten tetraëdrischen Pentagondodekaëders, annähernd (10.5.6), das an bei niedriger Temperatur (im Winter in ungeheiztem Raum) gebildeten Krystallen grösser und regelmässiger erscheint, oder bei Zusatz von Zinknitrat. Sehr glatte durchsichtige Krystalle wurden ferner von WULFF erzielt durch Diffusion der wässerigen concentrirten Lösung gegen Alkohol und besonders gegen Salpetersäure. Einmal wurden bei sehr langsamer Bildung auch Krystalle von theils ausgesprochen würfeligem, theils ganz tetraëdrischem Habitus erhalten; bei beiderlei Art war das Pyritoëder so gegen das kleinere Tetraëder gestellt, wie sonst gegen das grössere. Zwillingsbildung nicht häufig; bei oktaëdrischen und kubo-oktaëdrischen Krystallen, ähnlich denen von Spinell und Bleiglanz, aber nicht symmetrisch zur oktaëdrischen Verwachsungs-Fläche, sondern zu (211); auch Drillinge. Leichter werden Zwillinge aus bewegter Lösung erhalten (GAUBERT[3], Bull. soc. min. Paris 1896, **19**, 431; GROTH's Ztschr. **29**, 683). JOHNSEN (N. Jahrb. 1907, Beil.-Bd. **23**, 308) beobachtete Krystalle (111)($1\bar{1}1$)(201), „bald (111), bald ($1\bar{1}1$) klein und perlmutterglänzend". — Verzerrungen, resp. Wachsthums-Formen beobachtet von L. WULFF (GROTH's Ztschr. **4**, 144. 145) und KLOCKE (N. Jahrb. 1880, **1**, 161); vgl. auch S. 2739.

Brechungsquotienten nach TOPSÖE u. CHRISTIANSEN (Vidensk. Selsk. Skr. Kopenh. 1873, **9**, 645; POGG. Ann. Erg.-Bd. **6**, 499) für die Linien C : n = 1·7730, D : n = 1·7820, F : n = 1·8065; nach BEHR (N. Jahrb. 1903, **1**, 151) für Li 1·7733, Na 1·7843, Tl 1·7933. Optische Anomalien beobachtet von MARBACH (POGG. Ann. 1855, **94**, 418), KLOCKE (N. Jahrb. 1880, **1**, 76; 1881, **2**, 268), MOREL (Bull. soc. min. Paris 1887, **10**, 318; 1888, **11**, 230; GROTH's Ztschr. **15**, 648; **18**, 519), J. WULFF (Bull. Soc. Nat. Univ. Varsovie 1895—96, **3**, 1; GROTH's Ztschr. **31**, 511). Nach BRAUNS (N. Jahrb. 1883, **2**, 104) liefert eine Lösung von chemisch reinem Bleinitrat vollkommen isotrope Krystalle, jedoch bewirkt eine geringe Beimischung von BaN_2O_6 Doppelbrechung, wie BRAUNS später (Opt. Anom. 1891, 208. 225) eingehend studirte, vgl.

[1] Nach MOREL (Bull. soc. min. Paris 1886, **9**, 294; GROTH's Ztschr. **14**, 398) durch Zusatz von freier Salpetersäure.

[2] KNOP (Pharmac. Centralbl. 1853, 17) hatte klare Krystalle mit mattem Kern beschrieben. Nach C. v. HAUER (GROTH's Ztschr. **6**, 526) bilden sich undurchsichtige milchweisse Krystalle aus neutraler Lösung, durchsichtige, glänzende und flächenreiche aus Salpetersäure-haltiger, besonders heisser und mässig gesättigter Lösung beim Erkalten.

[3] GAUBERT stellte auch (Bull. soc. min. Paris 1895, **18**, 141; 1900, **23**, 211; 1902, **25**, 223; GROTH's Ztschr. **27**, 621; **35**, 640; **39**, 192) noch andere Krystallisations-Versuche an Bleisalpeter an.

S. 2738. Andererseits werden nach BRAUNS (Opt. Anom. 1891, 171) isotrope Krystalle durch Druck in einer Presse vorübergehend doppelbrechend, aber dauernd durch Druck in der Umgebung der Schlagfiguren oder in der Umgebung von Einschlüssen, sowie durch den Druck in wachsenden Krystallen. Ohne Circularpolarisation nach L. WULFF (GROTH's Ztschr. **4**, 141).

Aetzfiguren auf den Tetraëdern wie beim Barytsalpeter, aber entgegengesetzt gedreht; auf den Würfelflächen Streifen, von einem Pyritoëder gebildet (WULFF, GROTH's Ztschr. **4**, 142).

Dichte 4·476 (EPPLER, GROTH's Ztschr. **30**, 154), 4·521 (TOPSÖE u. CHRISTIANSEN, a. a. O. vgl. S. 2740), 4·531 (RETGERS, Ztschr. phys. Chem. 1889, **4**, 201), 4·545 (BEHR, N. Jahrb. 1903, **1**, 147).

Diëlektricitätsconstante 16 (W. SCHMIDT, Ann. Phys. 1903, **11**, 114; GROTH's Ztschr. **41**, 285). Pyroëlektrisch fand HANKEL (Abh. Ges. Wiss. Leipz. 1899, **24**, 486; GROTH's Ztschr. **35**, 181) die beiden Tetraëder durch ihre elektrische Polarität verschieden; ohne Piëzoëlektricität; durch Reiben mit Platin positiv elektrisch werdend. Diamagnetisch; nach VOIGT u. KINOSHITA (vgl. S. 2141 u. 2414) $\varkappa' = -2{\cdot}48 \times 10^{-7}$ und $\varkappa = -10{\cdot}9 \times 10^{-7}$.

Mischungen mit Baryumnitrat vgl. S. 2738; solche mit Strontiumnitrat besonders von FOCK (GROTH's Ztschr. **28**, 370) studirt; mit Natriumnitrat vgl. S. 2691 Anm. 1. Ueberwachsungen auf Alaun durch Bleinitrat waren von WACKERNAGEL (KASTN. Arch. 1825, **5**, 308; bei ARZRUNI, Phys. Chem. Kryst. 1893, 213; bei BARKER, GROTH's Ztschr. 1908, **45**, 2) beschrieben worden; nach KOPP (Ber. d. chem. Ges. 1882, **15**, 1653; GROTH's Ztschr. 1884, **9**, 106) überzieht sich aber ein in eine gesättigte Bleinitrat-Lösung gebrachter Alaun-Krystall mit einer feinen Schicht von Bleisulfat, ohne dass ein Auskrystallisiren auf diesem oberflächlich veränderten Alaun-Krystall zu beobachten wäre, während umgekehrt beim Einhängen eines Bleinitrat-Krystalls in eine Alaun-Lösung das Nitrat in dendritenförmig sich ausscheidendes Bleisulfat umgewandelt wird.

Eine zweite, monosymmetrische Modification des Bleinitrats wurde von MOREL (Bull. soc. min. Paris 1890, **13**, 337; 1886, **9**, 298; GROTH's Ztschr. **21**, 286; **14**, 398) aus Lösungen, die etwas freie rauchende Salpetersäure enthielten, beim Abkühlen auf 0° in bis 2 mm grossen Krystallen erhalten, der Rhomboëder-ähnlichen Combination *m* (110), *c* (001) mit kleinen Flächen *e* (011); aus $mm = 73^\circ 0'$, $mc = 74^\circ 20'$, $ce = 68^\circ 20'$ berechnet $a:b:c = 0{\cdot}7858:1:2{\cdot}7185$, $\beta = 70^\circ 22'$.

Gerhardtit. $Cu_4N_2O_9 \cdot 3H_2O = 4CuO \cdot N_2O_5 \cdot 3H_2O$.[1]

Rhombisch $a:b:c = 0{\cdot}92175:1:1{\cdot}56117$ PENFIELD.[2]

Beobachtete Formen: $a(100)\infty\bar{P}\infty$. $b(010)\infty\breve{P}\infty$. $c(001)oP$. $m(110)\infty P$. $x(201)2\bar{P}\infty$.

$p(111)P$. $y(112)\frac{1}{2}P$. $x(13.13.20)\frac{13}{20}P$. $w(223)\frac{2}{3}P$. $v(7.7.10)\frac{7}{10}P$. $u(334)\frac{3}{4}P$. $t(778)\frac{7}{8}P$. $s(221)2P$. $r(551)5P$.

[1] GROTH (Chem. Kryst. 1908, **2**, 125. 127) schreibt das „überbasische Cuprinitrat" $NO_3Cu(OH)\cdot Cu(OH)_2$; resp. angesehen als „Verbindung des einfachen basischen Salzes, d. i. Kupferhydroxyd, in welchem ein OH durch den Salpetersäurerest NO_3 ersetzt ist, mit Kupferhydroxyd" (GROTH, tab. Uebers. 1898, 56; 1889, 50). Bei DANA (Min. 1892, 873) $CuN_2O_6\cdot 3Cu(OH)_2$.

[2] Berechnet aus *cx* und *xp* an Krystallen von Jerome in Arizona (WELLS u. PENFIELD, Am. Journ. Sc. 1885, **30**, 50; GROTH's Ztschr. **11**, 303).

$m:m=$	$(110)(1\bar{1}0) = 85^0 20'$	$w:c=$	$(223)(001) = 48^0 40\frac{1}{2}'$
$z:\ c=$	$(201)(001) = 68\ 16$	$v:c=$	$(7.7.10)(001) = 50\ 03$
$p:\ c=$	$(111)(001) = 59\ 37$	$u:c=$	$(334)(001) = 51\ 59$
$p:p=$	$(111)(1\bar{1}1) = 71\ 34$	$t:c=$	$(778)(001) = 56\ 11$
$p:p=$	$(111)(\bar{1}11) = 78\ 44$	$s:c=$	$(221)(001) = 73\ 40$
$p:\ z=$	$(111)(201) = 39\ \ 3\frac{1}{2}$	$s:s=$	$(221)(2\bar{2}1) = 81\ 08\frac{1}{2}$
$y:\ c=$	$(112)(001) = 40\ 28$	$s:s=$	$(221)(\bar{2}21) = 89\ 45$
$x:\ c=$	$(13.13.20)(001) = 47\ 57$	$r:c=$	$(551)(001) = 83\ 19$

Habitus der natürlichen Krystalle dicktafelig nach der Basis mit reich entwickelter, stark horizontal gestreifter Pyramiden-Zone, der künstlichen Krystalle dünntafelig rectangulär.

Glasglänzend, lebhaft. Durchsichtig. Dunkelgrün, smaragd- bis blaugrün. Strich hellgrün.

Doppelbrechung stark und negativ. Ebene der optischen Axen die Längsfläche *b*(010), erste Mittellinie die Verticale. Axenwinkel gross und in Luft nicht mehr messbar; in Kaliumquecksilberjodid-Lösung (von $n = 1{\cdot}703$ für Gelb und $1{\cdot}722$ Grün) $2H_a = 76^0 20'$ Gelb und $80^0 4'$ Grün nach PENFIELD (vgl. S. 2741 Anm. 2). Pleochroismus deutlich, blau nach $\mathfrak{c} = a$, grün nach $\mathfrak{b} = b$ und $\mathfrak{a} = c$.

Spaltbar vollkommen (wie Gyps) nach der Basis *c*(001), weniger vollkommen nach der Querfläche *a*(100). Die zweite Spaltbarkeit dadurch wahrnehmbar, dass die an sich biegsamen Blättchen nach (001) in der Richtung von (100) durchbrechen. Härte 2; schneidbar, aber zerbrechlich. Dichte 3·41—3·426.

Vor dem Löthrohr leicht schmelzbar (mit dem Grade 2), unter Grünfärbung der Flamme. Mit Soda auf Kohle leicht zu metallischem Kupfer unter Erglühen reducirbar. Im Kölbchen salpetrige Dämpfe und Wasser mit stark sauerer Reaktion entwickelnd. Löslich in verdünnten Säuren, unlöslich in Wasser.

Vorkommen. a) In **Arizona U. S. A.** auf den United Verde Copper Mines zu **Jerome** in Hohlräumen sehr reinen derben Cuprits zusammen mit nadeligen Malachit-Krystallen 4—6 mm grosse dunkelgrüne Krystalle vom Habitus der Fig. 675, *cpz* mit *mrs tuvwxy*; Dichte 3·426. Von GEO. J. BRUSH als neu erkannt und dann von WELLS u. PENFIELD (vgl. S. 2741 Anm. 2) untersucht und beschrieben; benannt zu Ehren von C. GERHARDT, der zuerst (Journ. pr. Chem. 1846, **39**, 136; Ann. chim. phys. 1846, **18**, 178; Compt. rend. **22**, 961) die Zusammensetzung des entsprechenden, künstlich dargestellten Salzes richtig bestimmt hatte. — Im Chase Creek Cañon bei Metcalf im **Clifton-Morenci**-District in Arizona zeigen die steilen Felswände des Granitporphyrs einen offenbar durch Einwirkung der Tagewasser auf den Kupfer-haltigen Fels entstandenen hellgrünen, bis zu einigen Millimetern dicken Ueberzug; die kleinen rauhen warzigen Gebilde bestehen aus einem Nitrat und einem Chlorid, wahrscheinlich Gerhardtit und Atacamit (LINDGREN u.

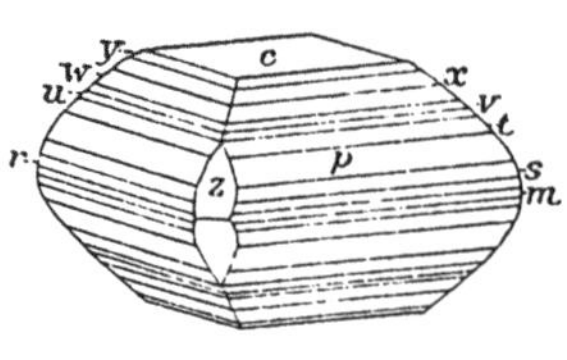

Fig. 675. Gerhardtit aus Arizona nach PENFIELD.

Hillebrand, Am. Journ. Sc. 1904, **18**, 460; U. S. Geol. Surv. 1905, Bull. **262**, 54; N. Jahrb. 1906, **1**, 174; Groth's Ztschr. **42**, 301; **43**, 382; **48**, 712).

b) **künstlich.** Graham (Phil. Trans. 1837, 57) stellte durch Erhitzen normalen Cuprinitrats ein Präparat dar, dessen Zusammensetzung Gerhardt (vgl. S. 2742) zu $N_2O_5 \cdot 4CuO \cdot 3H_2O$ ermittelte. Ebenso zusammengesetzt ist das basische Nitrat, welches durch Einwirkung von Silber- oder Kaliumnitrat auf Kupferoxyd oder Hydroxyd, oder durch Einleiten von N_2O_5 in eine Aufschlemmung von Kupferhydroxyd, auch durch Einwirkung von Alkalien, Ammoniak oder von Acetaten auf Kupfernitrat-Lösungen und noch verschiedene andere Methoden erhältlich ist. Bourgeois (Bull. soc. min. Paris 1890, **13**, 66; Groth's Ztschr. **21**, 265) erhielt blaugrüne dünne rectanguläre Täfelchen *c*(001) mit schmalen Randflächen aus den Zonen von (001) mit *a*(100), *b*(010), *m*(110), *mm* = 85° 30′, und zwar durch Erhitzen einer Lösung äquivalenter Mengen von Kupfernitrat und Harnstoff auf 130° C. im geschlossenen Rohr; optisch wie Gerhardtit, durch *c*(001) Austritt der Axen, $\varrho < v$, die Mittellinie senkrecht zu *c*(001); Dichte 3·41; Analysen III.—IV. Auch durch Erhitzen einer Lösung von normalem Kupfernitrat mit Kupferspänen auf 150° C. erhielt Bourgeois dieselben rhombischen Krystalle, und niemals die von Wells u. Penfield auf diese Weise erhaltenen monosymmetrischen (vgl. im Zusatz); die rhombischen auch durch einfaches fortgesetztes Erwärmen einer Lösung von Kupfernitrat und ebenso Michel (Bull. soc. min. Paris 1890, **13**, 270; Groth's Ztschr. **21**, 270) durch Berührung der Lösung (mehrere Jahre lang) mit Kalkspath-Stücken.

Analysen. a) Arizona. I.—II. Wells (u. Penfield), vgl. S. 2741 Anm. 2.
b) künstlich. III.—IV. Bourgeois, Bull. soc. min. Paris 1890, **13**, 68.

	N_2O_5	CuO	H_2O	Summe
Theor.	22·49	66·26	11·25	100
a) I.	[22·25]	66·26	11·49	100
II.	22·76	66·38	11·26	100·40
b) III.	22·20	66·10	[11·70]	100
IV.	22·30	66·00	[11·70]	100

Zusatz. Eine **monosymmetrische** Modification von $Cu_4N_2O_9 \cdot 3H_2O$ erhielt Wells (u. Penfield, vgl. S. 2741 Anm. 2) durch ein- oder mehrtägiges Erhitzen einer Lösung von normalem Nitrat mit metallischem Kupfer in zugeschmolzener Röhre auf etwa 150° C. in schön dunkelgrünen, bis 7—8 mm grossen tafeligen Krystallen *c*(001), *a*(100), *d*(101), *e*(011), *m*(110) (vgl. Fig. 676), zuweilen Zwillinge nach *c*(001). Aus *ac* (β) = (100)(001) = 85° 27′, *cd* = (001)(101) = 48° 25½′ und *ee* = (011)(01$\bar{1}$) = 82° 41′ berechnet *a b c* = 0·9178[1] : 1 : 1·1402, sowie *mm* = 84° 55′[2], *mc* = 86° 39′ und der einspringende *aa* = 9° 6′ am Zwilling.

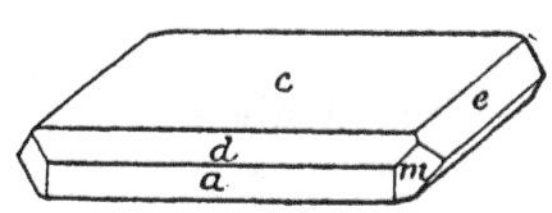

Fig. 676. $Cu_4N_2O_9 \cdot 3H_2O$ monosymm. Modific. nach Penfield.

Lebhaft glänzend; durchsichtig. Doppelbrechung negativ. Durch *c*(001) tritt eine optische Axe etwa 40° zur Normalen zu (001) geneigt aus, die andere ausser des Ge-

[1] So bei Dana (Min. 1892, 873) corrigirt aus 0·9190 im Original.
[2] Ebenso statt 84° 59′ im Original.

sichtsfeldes; die erste Mittellinie im stumpfen Axenwinkel $ac(\beta)$; Ebene der optischen Axen die Symmetrieebene. In Kaliumquecksilberjodid-Lösung (wie S. 2742) $2H$ = 59° 22′ für Gelb, 63° 50′ Grün. Pleochroïsmus wie bei den rhombischen Krystallen parallel 𝔟𝔟 grün und senkrecht dazu blau. Spaltbar nach $c(001)$ vollkommen, unvollkommen nach $a(100)$; spröde, aber nicht biegsam wie Gerhardtit. Dichte 3·378. Eine Analyse ergab N_2O_5 22·10, CuO 66·22, H_2O 11·57, Summe 99·89; eine andere CuO 66·29, H_2O 11·23.

Bis 5 cm lange Krystalle dieser monosymmetrischen Modification erhielt G. Rousseau (Compt. rend. 1890, **111**, 39; Groth's Ztschr. **21**, 265) durch Erhitzen von $CuN_2O_6 \cdot 6H_2O$ mit Marmor-Stücken im geschlossenen Rohr auf 220—225° C. während 24—48 Stunden.

Groth (Chem. Kryst. 1908, **2**, 125) meint, dass die rhombische (des Gerhardtit) und die monosymmetrische Modification „höchst wahrscheinlich im Verhältnisse der Polysymmetrie stehen, indem die rhombischen Krystalle aus feinsten Lamellen nach dem an den monoklinen beobachteten Zwillings-Gesetze bestehen, wofür nicht nur die Uebereinstimmung der Elemente und der Cohäsions-Verhältnisse, sondern auch die Bildung beider Formen bei derselben Temperatur sprechen". Dagegen spricht jedoch die nicht unerhebliche Verschiedenheit der Dichte beider Modificationen.

Isomorph mit der monosymmetrischen Modification ist das **überbasische Cuprichlorat $CuCl_2O_6 \cdot 3Cu(OH)_2$**, resp. $ClO_3Cu(OH) \cdot Cu(OH)_2$, von Bourgeois (Bull. soc. min. Paris 1898, **21**, 170; Groth's Ztschr. **32**, 642) erhalten durch langsames Erhitzen des bei 65° C. in seinem Krystallwasser geschmolzenen neutralen Salzes $CuCl_2O_6 \cdot 6H_2O$ über 100° C., sowie auch durch Erhitzen einer Lösung des neutralen Salzes mit Harnstoff oder mit Marmor-Stücken auf 130° C. im geschlossenen Rohr. Die (beim ersten Process zuweilen 1—2 mm grossen) schön grünen Täfelchen $c(001)$ begrenzt von $a(100)$ und $m(110)$; $mm = 85\frac{1}{2}°$ etwa; dazu eventuell Randflächen $(h01)$ und $(hh\bar{1})$, zu (001) 65° 38′ und 72° 55′ geneigt, zum Vergleich mit dem Nitrat als (201) und $(\bar{2}21)$ angenommen, für dieses zn 64° 10′ und 73° 57′ berechnet. Ebene der optischen Axen und erste, positive Mittellinie parallel der Symmetrieaxe, zweite Mittellinie nahezu senkrecht zu $c(001)$. Dichte 3·55. Unlöslich in Wasser, aber leicht löslich in den schwächsten Säuren. Wird beim Erhitzen schwarz und entwickelt Wasser, Chlor und Sauerstoff.

Lautarit (Calciumjodat). CaJ_2O_6.

Monosymmetrisch $a:b:c = 0{\cdot}6331:1:0{\cdot}6462$ Osann[1]
$\beta = 73° 38'$.

Beobachtete Formen: $b(010)\infty P\!\!\!/\infty$. $c(001)oP$. $m(110)\infty P$. $l(120)\infty P\!\!\!/2$. $q(011)P\!\!\!/\infty$. $n(\bar{1}01)+P\infty$. $r(101)-P\infty$.

$m:m = (110)(1\bar{1}0) = 62° 33'$	$q:q = (011)(0\bar{1}1) = 63° 36'$
$m:c = (110)(001) = 76\ \ 4$	$r:m = (101)(110) = 46\ \ 31$
$l:b = (120)(010) = 39\ \ 27\frac{1}{2}$	$r:q = (101)(011) = 47\ \ 26$

[1] Berechnet aus mm, mr und qq aus Messungen an natürlichen Krystallen (Groth's Ztschr. 1894, **23**, 586).

Habitus der Krystalle säulig nach der Verticalen. Auch radial angeordnet in sternförmigen Aggregaten.

Durchsichtig. Farblos bis gelblich, resp. hell weingelb. Nach DIETZE (GROTH's Ztschr. **19**, 448) rührt die gelbliche Farbe „von einer Einwirkung des Lichtes her", da einige, an den Basisflächen gelb gefärbte Krystalle in der Mitte noch wasserhell waren. Nach OSANN (vgl. S. 2744 Anm. 1) liegt aber eine Verunreinigung „durch irgend eine färbende Substanz" vor, da ein zonar gebauter Krystall einen gelben Kern mit allseitig geschlossener, nahezu wasserheller Hülle zeigte.

Ebene der optischen Axen die Symmetrieebene. Die Schwingungsrichtung $\mathfrak{a}$ bildet mit der Verticalen im stumpfen Axenwinkel $ac(\beta)$ 24—26° (OSANN).

Spaltbar ziemlich vollkommen nach $q(011)$, in Spuren auch nach $a(100)$ und $m(110)$ (OSANN). Härte zwischen 3—4, nahe an 4. Dichte 4·59.

Sehr wenig löslich in Wasser, bei 20° C. nur 0·22 g in 100 g Wasser, entsprechend 1·43 g Jod pro Liter; die wässerige Lösung ist farblos. In Salzsäure leicht unter starker Chlor-Entwickelung löslich; aus der stark gelb gefärbten Lösung von $CaCl_2 \cdot 2JCl_3$ fällt durch Ammoniak sofort der schwarze explosive Jodstickstoff. Beim Kochen mit Na_2SO_4 oder Na_2CO_3 geht die Jodsäure allmählich als Natriumjodat in Lösung, während $CaSO_4$, resp. $CaCO_3$ zurückbleibt (DIETZE,[1] GROTH's Ztschr. 1891, **19**, 448).

Vorkommen. a) **Chile.** Obschon lange der Jod-Gehalt des Caliche (vgl. unten Anm. 1) bekannt war (vgl. S. 2684 Anm. 5 u. 6, S. 2698 Anm. 1) und auch Jodaten zugeschrieben wurde, so war noch kein Jodat mineralogisch charakterisirt worden, bis DIETZE (vgl. oben, auch S. 2701 Anm. 3) ein solches als „jodsaurer Kalk" (Analyse I.) constatirte, und zwar „in besonders schön ausgebildeten Krystallen" in der Pampa del Pique III, zur Oficina **Lautaro** (daher der Name) im Chaco-Gebiet in **Taltal** (vgl. S. 2700) gehörig, doch auch „in anderen benachbarten Pampas, sowie in der zur Oficina Catalina (S. 2701) gehörigen Pampa Grove". „Alle diese Pampas haben den Charakter von sogenannten Chlorcalcium-Pampas", während in reinen Gyps-, Salz- oder Sulfat-Pampas[2] der Lautarit nicht vorzukommen scheint. An den bis 20 g schweren Krystallen, die sich am Besten ausgebildet am tiefsten Punkte der von der Pampa del Pique III gebildeten Mulde finden, in Gyps-Bändern eingebettet, welche den Caliche kurz und quer durchziehen, oder direct auf dem Gestein, meist in Spalten, in sternförmigen Aggregaten aufsitzend, beobachtete DIETZE „nur die Prismenflächen, sehr selten die der Basis"; Winkel der Prismenflächen 83° 30′, „mit dem Anlege-Goniometer gemessen", nach OSANN (vgl. S. 2744 Anm. 1) wohl dem Winkel $(110)(\bar{1}20)$ entsprechend, der etwa 82° beträgt (berechnet 81° 49′). Auch OSANN beobachtete die Krystalle stets säulig ausgebildet, meist $m(110)$ mit $l(120)$ im Gleichgewicht, $b(010)$ stets schmal. Die Prismenzone oft stark gerundet, die Flächen vertical gestreift. In der Endigung vorherrschend $c(001)$, sehr uneben; $q(011)$ und $r(101)$ selten und stets klein (vgl.

[1] Da das Jod im Meerwasser nach SONSTADT als Calciumjodat vorhanden sein soll, so sieht DIETZE im Vorkommen des Lautarit im „Caliche" (vgl. S. 2697) einen Fingerzeig für den „beiderseitigen Zusammenhang".

[2] Die Beinamen „von den Begleitsalzen des Rohsalpeters" entlehnt.

Fig. 677); $n(\bar{1}01)$ nur einmal gefunden und nicht mehr messbar, bestimmt aus den Zonen mq, $(\bar{1}10)(0\bar{1}1)$ und $(\bar{1}\bar{1}0)(011)$. Farbe und Optik vgl. S. 2745. Dichte 4·59 DIETZE. Der im Vergleich zu den begleitenden, stark hygroskopischen und an der Luft zerfliessenden Salzen sehr geringen Löslichkeit des Lautarit in Wasser schreibt DARAPSKY (Dep. Taltal, Berlin 1900, 136) den grossen Verlust an Jod in den Rückständen der Salpeter-Laugung zu.[1]

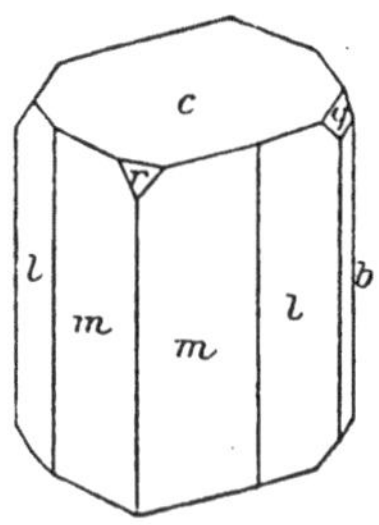

Fig. 677. Lautarit nach OSANN.

b) **künstlich.** Von A. DE SCHULTEN (Bull. soc. min. Paris 1898, **21**, 144; GROTH's Ztschr. **32**, 640) dargestellt durch Schmelzen von Natriumnitrat in einer Platin-Schale, Sättigung der Schmelze mit Calciumjodat[2] und sehr langsames Erkalten. Die 2—3 mm grossen Krystalle von CaJ_2O_6 (Analyse II.—III.) können durch rasches Lösen des Natronsalpeters (mit kaltem Wasser) von diesem befreit werden. Die Krystalle (Dichte 4·591) zeigen $c(001)$, $q(011)$, $m(110)$, $l(120)$, gewöhnlich herrschend ql, c oft fehlend; gemessen $mm = 62^\circ 37'$, $ll = 101^\circ 7'$, $mc = 76^\circ 7'$, $qq = 63^\circ 47'$.

Analysen. Theor. Ca 10·26, J 65·12, O 24·62.

a) I. DIETZE, GROTH's Ztschr. **19**, 447.

b) II.—III. SCHULTEN, Bull. soc. min. Paris **21**, 145.

	Theor.	I.	II.	III.
J_2O_5	85·64	[85·05][3]	85·46	85·55
CaO	14·36	14·95	14·31	14·38
Summe	100	100	99·77	99·93

Zusatz 1. Das **Baryumjodat** BaJ_2O_6 krystallisirt auch monosymmetrisch, aber verschieden vom Calciumjodat; asymmetrisch das **Strontiumjodat** SrJ_2O_6; beide Salze dargestellt von A. DE SCHULTEN (Bull. soc. min. Paris 1903, **26**, 107; GROTH's Ztschr. **41**, 181) nach derselben Methode[4] wie das Calciumjodat (vgl. oben).

Baryumjodat in säuligen Krystallen $m(110)$ mit $q(011)$ und $r(101)$, selten $b(010)$ und $a(100)$. Aus $mm = 94^\circ 26'$, $qq = 102^\circ 6'$ und $qr = 64^\circ 23'$ berechnet $abc = 1·0833 : 1 : 1·2403$, $\beta = 85^\circ 54'$, $mr = 58^\circ 22'$, $mq = 53^\circ 3'$ und $57^\circ 15'$. Dichte 4·998.

Strontiumjodat, säulig nach $a(100)$, $b(010)$ mit schmalem $n(2\bar{1}0)$, am Ende mit $r(101)$, $\varrho(\bar{1}01)$, $p(1\bar{1}1)$, $\pi(1\bar{1}\bar{1})$, $\omega(11\bar{1})$, $o(111)$. Aus $na(2\bar{1}0)(100) = 26^\circ 27'$, $nb(2\bar{1}0)(0\bar{1}0)$

[1] DARAPSKY meint übrigens: „ohne Zweifel giebt es auch jodsaure und überjodsaure Natron- und Magnesia-Verbindungen in der Natur, welche nur ihrer eminenten Löslichkeit wegen noch nicht individualisirt werden konnten“.

[2] Etwa 125 g von $CaJ_2O_6 \cdot H_2O$, erhalten durch Erhitzen des Niederschlages von $CaJ_2O_6 \cdot 6H_2O$ auf 100° C.

[3] J gefunden zu 64·70 und 64·62.

[4] Das Strontiumjodat krystallisirt auch aus salpetersaurer Lösung bei 60—70° C. Da aber so dargestellte Krystalle nicht gemessen sind, ist es noch nicht entschieden, ob dabei sich eine dem Calcium- oder dem Baryumsalz entsprechende Modification bildet (GROTH, chem. Kryst. 1908, **2**, 104).

$= 66^{0} 19'$, $ar(100)(101) = 58^{0} 18'$, $br(010)(101) = 83^{0} 37'$, $bp(0\bar{1}0)(1\bar{1}1) = 70^{0} 55'$ berechnet $abc = 0 \cdot 9697 : 1 : 0 \cdot 5346$, $\alpha = 92^{0} 23'$, $\beta = 95^{0} 18'$, $\gamma = 93^{0} 37'$, $nr(2\bar{1}0)(101) = 64^{0} 24'$, $rp(101)(1\bar{1}1) = 25^{0} 28'$, $pa(1\bar{1}1)(100) = 61^{0} 24'$, $pn(1\bar{1}1)(210) = 54^{0} 13'$. Ebene der optischen Axen nahezu $b(010)$; Auslöschung auf $a(100)$ nahezu parallel der Verticalen, auf $b(010)$ mit der Verticalen ungefähr 22° im stumpfen Winkel von (101)(100) bildend. Dichte 5·045.

Das monosymmetrische **Cuprijodat CuJ_2O_6**, dargestellt von GRANGER u. A. DE SCHULTEN (Bull. soc. min. Paris 1904, **27**, 143; GROTH's Ztschr. **42**, 109) durch Einengen einer gesättigten Lösung des Hydrats $CuJ_2O_6 \cdot H_2O$ in concentrirter Salpetersäure auf dem Wasserbade, stimmt in der Form weder mit dem Calcium- noch mit dem Baryumjodat überein. Die blassgrünen, lebhaft glänzenden durchsichtigen Krystalle sind tafelig nach $a(100)$, gestreckt nach der Symmetrieaxe, mit $m(110)$, $n(120)$, $c(001)$, $r(101)$, $\sigma(10\bar{2})$, und nicht bestimmbarem (hkl). Aus $am = 41^{0} 10'$, $ac(\beta) = 84^{0} 16'$, $a\sigma = 63^{0} 23'$ berechnet $abc = 0 \cdot 8788 : 1 : 1 \cdot 0520$, $ar = 37^{0} 30'$, $an = 60^{0} 14'$, $nc = 87^{0} 9'$. Ebene der optischen Axen die Symmetrieebene; Auslöschung auf (010) mit der Verticalen etwa 42° im spitzen Winkel $ac(\beta)$ bildend. Spaltbar nach $b(010)$. Dichte 5·241.

Zusatz 2. Das **Calciumjodat-Hexahydrat $CaJ_2O_6 \cdot 6H_2O$** krystallisirt in zwei verschiedenen rhombischen Modificationen.

a) Aus salpetersaurer Lösung von SÉNARMONT (bei RAMMELSBERG, die neuesten Forsch. in der kryst. Chemie; Suppl. zum Handb. der kryst. Chem. 1857, 21; kryst.-phys. Chem. 1881, **1**, 332) erhalten in dünnsäuligen Krystallen $m(110)$, $b(010)$ mit $c(001)$, $o(111)$, $k(031)$, $t(041)$, $x(331)$. Aus $mm = 47^{0} 5'$ und $oc = 52^{0} 38'$ berechnet $abc = 0 \cdot 4357 : 1 : 0 \cdot 5229$, $oo(111)(1\bar{1}1) = 37^{0} 0'$, $oo(111)(1\bar{1}\bar{1}) = 86^{0} 28'$, $ck = 57^{0} 30'$, $ct = 64^{0} 27'$, $xc = 75^{0} 43'$, $xb = 67^{0} 13'$, $xx(331)(\bar{3}31) = 54^{0} 40'$. MARIGNAC (Oeuvres **1**, 546; Ann. mines 1857, **12**, 71) bestätigte SÉNARMONT's Messungen und bestimmte die Zusammensetzung.

b) Aus einer Lösung mit Zusatz von etwas Calciumchromat bis zu schwach goldiger Färbung von EAKLE (GROTH's Ztschr. 1896, **26**, 581) erhalten in kurzsäuligen Krystallen $m(110)$, $b(010)$ mit $o(111)$, $x(131)$, $r(101)$ am einen Ende und unvollkommen rauhen Flächen $\omega(11\bar{1})$ und $\xi(13\bar{1})$ am anderen, oft nur einer einzigen Fläche ξ. Der Hemimorphie nach der Verticalen entsprechen auch die durch Eintauchen in Wasser bewirkten Aetzfiguren. Aus $mb = 57^{0} 7'$ und $mo = 62^{0} 59'$ berechnet $abc = 0 \cdot 64652 : 1 : 0 \cdot 27682$, $mx = 53^{0} 41'$, $xb = 52^{0} 38'$, $xo = 23^{0} 5'$. Spaltbar nach m unvollkommen. Doppelbrechung stark und positiv; Ebene der optischen Axen $c(001)$.

Gruppe der Alkalicarbonate.

1. Teschemacherit HNH_4CO_3 Rhombisch
2. Kalicinit $HKCO_3$ Monosymmetrisch
3. Trona $HNa_3C_2O_6 \cdot 2H_2O$ Monosymmetrisch
4. Thermonatrit $Na_2CO_3 \cdot H_2O$ Rhombisch
5. Soda $Na_2CO_3 \cdot 10H_2O$ Monosymmetrisch

1. Teschemacherit (Ammoniumbicarbonat). HNH_4CO_3.

Rhombisch $a:b:c = 0{\cdot}6726:1:0{\cdot}3998$ G. Rose.[1]
Beobachtete Formen: $a(100)\infty \bar{P}\infty$. $b(010)\infty \breve{P}\infty$. $c(001)oP$. $m(110)\infty P$. $q(011)\breve{P}\infty$. $r(101)\bar{P}\infty$.

$m:m = (110)(1\bar{1}0) =$	67° 51′	$r:r = (101)(\bar{1}01) =$	61° 27′
$q:q = (001)(0\bar{1}1) =$	43 35	$r:m = (101)(110) =$	64 55
$q:m = (011)(110) =$	78 04	$r:q = (101)(011) =$	37 02

Habitus der (künstlichen) Krystalle kurzsäulig nach der Verticalen. Die natürlichen Krystalle zeigen nur das (Spaltungs-)Prisma $m(110)$. In krystallinischen bröckeligen Massen.

Glasglänzend bis matt. Durchsichtig bis durchscheinend. Farblos, resp. weiss bis gelblich.

Spaltbar vollkommen nach $m(110)$. Härte zwischen 1—2. Dichte 1·45—1·57.

Doppelbrechung negativ. Ebene der optischen Axen die Längsfläche $b(010)$, erste Mittellinie die Brachydiagonale a. Von Des Cloizeaux (Ann. mines 1857, **11**, 331) zuerst $2E = 67°30'$ bis 68° angegeben, später (ebenda 1858, **14**, 376) zu 66° 35′ für Roth und 66° 41′ Violett; von Ditscheiner (vgl. unten Anm. 1) zu 67° 20′, „für rothes und violettes Licht nicht merklich verschieden"; von V. v. Lang (Sitzb. Ak. Wiss. Wien

[1] Berechnet aus *mm* und *mr* an künstlichen Krystallen (bei H. Rose, Pogg. Ann. 1839, **46**, 401). Nach Miller (Transact. Phil. Soc. Cambr. 1829, **3**, 367; Pogg. Ann. 1831, **23**, 558 Anm.) $mm = 68° 12'$, $qq = 44° 20'$, $rr = 62° 20'$; Deville (Ann. chim. phys. 1854, **40**, 93) $mm = 68° 34'$, $mr = 64° 20'$, $qr = 37° 30'$; Ditscheiner (bei Schrötter, Sitzb. Ak. Wiss. Wien 1861, **44**, 34) $mm = 68° 23'$, $qq = 45° 20'$, $rr = 63° 0'$; Rammelsberg (kryst.-phys. Chem. 1881, **1**, 545) $mm = 68° 30'$, $mr = 64° 20'$.

1862, **45**, 112) für Na-Licht $2E = 66^0 10'$, sowie $\alpha = 1{\cdot}4227$, $\beta = 1{\cdot}5358$, $\gamma = 1{\cdot}5545$, woraus $2V = 41^0 38'$.

An trockener Luft haltbar,[1] verdampft aber schon bei Zimmer-Temperatur erheblich.[2] Zerfällt bei 60° C. langsam in Kohlensäure, Ammoniak und Wasser, doch tritt beim Erkalten wieder Verdichtung zu HNH_4CO_3 ein; hieraus besteht auch bei theilweiser Verflüchtigung der trockene Rückstand. Beim Erhitzen über 60° wird der Retorten-Inhalt feucht, indem Kohlensäure fortgeht und der Rückstand eine andere Zusammensetzung annimmt.[3] Vor dem Löthrohr im Kölbchen grossentheils flüchtig, unter Entwickelung von Ammoniak-Geruch und Bildung eines weissen Sublimats von Ammoniumcarbonat, während sich reichlich Wasser im Kölbchen niederschlägt. Zeigt keinen Schmelzpunkt, da directer Uebergang in den dissociirten Dampf erfolgt.

Löslich in Wasser; nach Dibbits (Journ. pr. Chem. 1874, **10**, 439) in 100 g H_2O bei

0°	5°	10°	15°	20°	25°	30° C.
11·9	13·7	15·9	18·3	21·0	23·9	27·0 g HNH_4CO_3

Die wässerige Lösung verliert an der Luft rasch Kohlensäure, entwickelt Gasblasen schon bei gelindem Erhitzen, und beim Erhitzen mit einem fixen Alkali starken Ammoniak-Geruch. In Säuren unter Brausen löslich. Nicht löslich in Weingeist.

Historisches. Als Bicarbonate of Ammonia aus Guano-Lagern des südlichen Afrikas von E. F. Teschemacher (Phil. Mag. 1846, **28**, 548. 546; zweifach kohlensaures Ammoniak, Journ. pr. Chem. 1846, **39**, 209; Chem. Jahresber. 1847, **27**, 259; N. Jahrb. 1849, 98) beschrieben, von Ulex (Ann. Chem. Pharm. 1848, **66**, 45; Journ. pr. Chem. 1849, **46**, 409) aus einem Guano-Lager an der Westküste Patagoniens und von Phipson (Journ. chem. Soc. 1863, **16**, 74; Journ. pr. Chem. 1864, **91**, 190) von den Chincha-Inseln. Dana (Min. 1868, 705) führte den Namen **Teschemacherit** ein.[4] Die chemische Zusammensetzung (Analysen I.—III.) entsprach der des lange bekannten, künstlich dargestellten, zweifach kohlensauren („halbgesättigten") Ammoniaks, resp. Ammoniumbicarbonats[5],

---

[1] An feuchter Luft verlieren die Krystalle ihren Glanz und etwas Ammoniak.

[2] Wenn auch langsamer als das käufliche, an Kohlensäure ärmere Ammoniumcarbonat (flüchtiges Hirschhornsalz, sal volatile cornu cervi, sal volatile salis ammoniaci).

[3] Wird die Destillation so geleitet, dass sich etwas Wasserdampf verdichtet, bevor die Vereinigung der Gase erfolgt, so entsteht das sogenannte käufliche Ammoniumcarbonat (vgl. oben Anm. 2).

[4] Vorher von D. (Min. 1850, 185; 1855, 454) wie bei Teschemacher nur als Bicarbonate of Ammonia bezeichnet.

[5] Bei Groth (Chem. Kryst. 1908, **2**, 192) **Monoammoniumcarbonat.**

dessen Krystalle zuerst von MILLER (vgl. S. 2748 Anm. 1) gemessen wurden. Zwar glaubte H. ROSE (POGG. Ann. 1839, **46**, 403), dass die von seinem Bruder gemessenen Krystalle (vgl. S. 2748 Anm. 1) „ein halbes Atom Wasser mehr" enthalten, als das „gewöhnliche Bicarbonat". Jedoch zeigte H. SAINTE-CLAIRE DEVILLE (vgl. S. 2748 Anm. 1), dass die von ihm gemessenen und mit denen von MILLER u. G. ROSE identischen Krystalle HNH_4CO_3 sind; das wurde auch von MANDELBLÜH (bei SCHRÖTTER, Sitzb. Ak. Wiss. Wien 1861, **44**, 36) und RÜDORFF (Ber. d. chem. Ges. 1870, 228) für die von DITSCHEINER u. RAMMELSBERG (vgl. S. 2748 Anm. 1) gemessenen Krystalle bestätigt.

Das Kaliumbicarbonat (Kalicinit) krystallisirt monosymmetrisch,[1] aber GROTH (Chem. Kryst. 1908, **2**, 189) meint, zwischen dem Kalium- und Ammoniumsalz „wäre Isomorphie zu erwarten", und erinnert daran, dass H. ROSE (POGG. Ann. 1839, **46**, 395) einmal beim Verdunsten einer Lösung von „neutralem kohlensaurem Ammoniak" $(NH_4)_2CO_3$ unter der Luftpumpe das Bicarbonat „in grossen deutlichen Krystallen" erhalten habe von der Form[2] des „zweifach kohlensauren Kalis" $HKCO_3$ (wohl nach einer Bestimmung von G. ROSE), entsprechend den für dieses von LÉVY angegebenen Winkeln. Auch DEVILLE (Ann. Chim. phys. **40**, 96) beobachtete bei der in feuchter Atmosphäre stattfindenden Umwandelung von festem Sesquicarbonat $(NH_4)_2CO_3 \cdot 2HNH_4CO_3 \cdot H_2O$ in Bicarbonat die Bildung von anscheinend monosymmetrischen Krystallen. Danach meint GROTH, das Kalium- und Ammoniumsalz „stehen im Verhältnisse der Isodimorphie". Mischkrystalle sind noch nicht dargestellt.

Die wasserfreien normalen Carbonate $(NH_4)_2CO_3$, K_2CO_3 und Na_2CO_3 sind noch nicht in messbaren Krystallen[3] erhalten.

Vorkommen. a) **Südafrika.** In Guano-Lagern, wie an der **Saldanha**-Bay an der Westküste nach TESCHEMACHER (vgl. S. 2749) in krystallinischen Massen, mit einem Spaltungs-Prisma von 68°; Analyse I.

b) **Südamerika.** In einem Guano-Lager an der Westküste **Patagoniens** nach ULEX (vgl. S. 2749) in durchscheinenden gelblichen, nach zwei Richtungen spaltbaren Stücken; Dichte 1·45, II.

Auf den **Chincha**-Inseln nach PHIPSON (vgl. S. 2749) unter dem Guano als eine mehrere Zoll dicke Schicht in weisser krystallinischer, compacter bröckeliger Masse;

---

[1] Von diesem ganz verschieden das ebenfalls monosymmetrische Natriumcarbonat.

[2] FRANKENHEIM (POGG. Ann. 1854, **93**, 20) vermuthete, dass diese Form der niedrigeren Temperatur entspreche, da die rhombische beim Erhitzen keine Veränderung erfährt.

[3] Das schwer lösliche Lithiumcarbonat Li_2CO_3 krystallisirt monosymmetrisch nach MALLARD (Bull. soc. min. Paris 1892, **15**, 21; GROTH's Ztschr. **23**, 483), und auch das Thallocarbonat Tl_2CO_3 nach MILLER (Proc. Roy. Soc. Lond. 1865, **14**, 555; Phil. Mag. 1866, **31**, 149), sowie LAMY u. DES CLOIZEAUX (Ann. chim. phys. 1869, **17**, 319). Die krystallographischen Bestimmungen an Silbercarbonat Ag_2CO_3 von VOGEL (POGG. Ann. 1863, **118**, 150) und HAUSHOFER (Mikroskop. React., Braunschw. 1885, 119) sind unzureichend.

Analyse III. Als „amorph" bezeichnet Raimondi (Min. Pérou, trad. Martinet 1878, 27) das Chincha-Vorkommen (IV.) im Gegensatz zu dem „prismatischen" von krystallinischer Structur, durch organische Substanz gefärbten in Höhlungen des Guanos von den **Guañape**-Inseln (V.).

c) **künstlich.** Die von Miller (vgl. S. 2748 Anm. 1) gemessenen Krystalle hatten sich aus gesättigter Lösung in einem geschlossenen Gefässe gebildet; kurzsäulig *m*(110) mit *b*(010) und *r*(101), *q*(011), *c*(001). Die von G. Rose gemessenen (vgl. S. 2748 Anm. 1) hatte H. Rose (vgl. auch S. 2750) erhalten durch Lösen käuflichen Sesquicarbonats in der dazu gerade nöthigen Menge kochenden Wassers und Abkühlen in sorgfältig geschlossenem Gefäss, so dass kein Kohlensäure-Gas verloren gehen kann; herrschend *m* mit untergeordnetem *ab*, am Ende *qrc*; zuweilen auch stark verkürzt. Deville (vgl. S. 2748 Anm. 1) erhielt nach H. Rose's Methode Krystalle mit herrschendem *r* und untergeordnetem *mq*, und durch Sättigen einer concentrirten Lösung des Sesquicarbonats mit Kohlensäure *mqb* mit untergeordnetem *acr*. Ditscheiner's Krystalle (vgl. S. 2748 Anm. 1) hatten sich „schön nach allen Seiten ausgebildet" in einem 30·5 dm weiten gusseisernen Gasleitungs-Rohre durch Sublimation aus rohem Leuchtgas abgesetzt; Analyse VI. Auch Rammelsberg's Krystalle (vgl. S. 2748 Anm. 1) stammten aus Leuchtgas-Apparaten. — Dichte 1·573 (Schiff, Ann. Chem. Pharm. 1858, **107**, 64).

Analysen.

a) Saldanha-Bay. I. Teschemacher, Phil. Mag. 1846, **28**, 547.
b) Patagonien. II. Ulex, Ann. Chem. Pharm. 1848, **66**, 45.
Chincha-Inseln. III. Phipson, Journ. Chem. Soc. 1863, **1**, 74.
IV. Raimondi, Min. Pérou, trad. Martinet 1878, 27.
Guañape-Inseln. V. Derselbe, ebenda.
c) künstlich. VI. Mandelblüh bei Schrötter, Sitzb. Ak. Wiss. Wien 1861, **44**, 36.

	CO_2	NH_3	$(NH_4)_2O$	H_2O	Summe	incl.
Theor.	55·67	—	32·95	11·38	100	
	55·67	21·56	—	22·77	100	
a) I.	55·50	21·00	—	23·50	100	
b) II.	54·35	20·44	—	21·54	101·00	4·67 Unlösl.
III.	51·53	—	29·76	11·00	100	0·60 P_2O_5, 6·02 CaO,[1] 1·09 Harnsäure u. Alk.
IV.	55·70	21·50	—	22·80	100	
V.	55·90	21·90	—	[21·40]	100	0·70 $(NH_4)_3PO_4$, 0·10 $Ca_3P_2O_8$
c) VI.	55·58	—	32·27	[12·15]	100	

Zusatz. Das **Ammoniumsesquicarbonat**, resp. zweidrittel gesättigtes oder anderthalbfach kohlensaures Ammoniak (**Tetraammoniumtricarbonat-Dihydrat** bei Groth, Chem. Kryst. 1908, **2**, 195) $\mathbf{(NH_4)_2CO_3 \cdot 2HNH_4CO_3 \cdot 2H_2O}$ wurde von H. Sainte-Claire Deville (Ann. chim. phys. 1854, **40**, 90) erhalten durch Lösen von käuflichem Ammoniumcarbonat in concentrirtem Ammoniak-Wasser bei etwa 30° C. und Krystallisiren mit oder ohne Zusatz von Weingeist. Rhombisch; aus $oo = (111)(1\bar{1}1) = 41^\circ 20'$ und $(111)(\bar{1}11) = 64^\circ 15'$ berechnet $abc = 0{\cdot}6635 : 1 : 0{\cdot}4585$ und

[1] Nebst Spuren von MgO, SO_3 und Cl.

111)($\bar{1}\bar{1}1$) = 79° 20′. Durchsichtige Säulen *ab*(100)(010) mit Zuspitzung durch *o*(111). Wandeln sich an der Luft unter Verlust von Wasser und Ammoniak in Bicarbonat um.

2. Kalicinit (Kaliumbicarbonat). $HKCO_3$.

Monosymmetrisch $a:b:c = 2{\cdot}6770:1:1{\cdot}3115$ Brooke[1]
$\beta = 76° 35'$.

Beobachtete Formen: $a(100)\infty P\infty$. $c(001)oP$.
$\sigma(\bar{2}01) + 2P\infty$. $r(101) - P\infty$.
$m(110)\infty P$.

$\sigma: a = (20\bar{1})(100) = 52° 27'$	$m: c = (110)(001) = 69° 36'$
$r: c = (101)(001) = 23\ 10$	$m: r = (110)(101) = 77\ 40$
$m:m = (110)(\bar{1}10) = 42\ 00$	$m: \sigma = (110)(20\bar{1}) = 77\ 23$

Habitus der (künstlichen) Krystalle säulig nach der Symmetrieaxe. Natürlich nur als feinkrystallinisches Aggregat.

Glasglänzend bis matt. Durchsichtig bis durchscheinend. Farblos, resp. weiss bis gelblich.

Spaltbar nach *a*(100), *c*(001) und *r*(101). Dichte 2·16—2·18.

Ebene der optischen Axen die Symmetrieebene. Die erste Mittellinie bildet mit der Verticalen 30° im stumpfen Winkel $ac(\beta)$; $2V = 81\frac{1}{2}°$, $\beta = 1{\cdot}482$ nach Miller (Transact. Cambr. Phil. Soc. 1842, **7**, 212; Pogg. Ann. 1842, **55**, 628; bei Groth, chem. Kryst. 1908, **2**, 192).

Das natürliche Vorkommen giebt nach Pisani (Compt. rend. 1865, **60**, 919) Wasser ab und einen pflanzlichen Geruch. Färbt die Löthrohr-Flamme violett. Löslich in Wasser; die Lösung entwickelt beim Kochen Kohlensäure. Braust mit Säuren. Verändert sich an der Luft ebenso wenig wie das künstliche Kaliumbicarbonat, das nach H. Rose (Pogg. Ann. 1835, **34**, 149) im völlig trockenen Zustand über Schwefelsäure im Vacuum oder über Aetzkali haltbar ist. Nach Gautier (Compt. rend. 1876, **83**, 275) wird das trockene Salz im Vacuum zwar nicht bei 22—25° C. zersetzt, wohl aber in geringem Maasse bei 25—30°; das feuchte Salz verliert in trockener Luft etwas Kohlendioxyd und zersetzt sich schon bei 35° C. rasch. Bei 100° C. zersetzt sich das Salz nach Gautier sehr merklich, aber viel langsamer als Natriumbicarbonat. Geht durch Erhitzen schliesslich ganz in Kaliumcarbonat über. Nach Poggiale (Ann. Chim. phys. 1843, **8**, 468) lösen 100 Theile Wasser bei

0°	10°	20°	30°	40°	50°	60°	70° C.
19·61	23·23	26·91	30·57	34·15	37·92	41·35	45·24 Theile $HKCO_3$

[1] Berechnet aus *ca*, *cr* und *mm* an künstlichen Krystallen von „Bicarbonate of Potash“ (Ann. Phil. Lond. 1823, **22**, 42).

Nach DIBBITS (Journ. pr. Chem. 1874, **10**, 439) lösen 100 g Wasser bei

0°	10°	20°	30°	40°	50°	60° C.
22·5	27·7	33·2	39·0	45·3	52·2	60·0 g $HKCO_3$

Nach FORCRAND (Compt. rend. 1909, **149**, 719) enthält die gesättigte Lösung bei 20° auf 100 g Wasser 35·7 g Salz.

Vorkommen. a) **Schweiz.** Im **Wallis** bei **Chypis** unter einem alten Baumstumpf als durchscheinende gelbliche, sehr feinkrystallinische Masse mit Resten von Holzfasern vorgekommen, und in der Sammlung ADAM in Paris von PISANI (vgl. S. 2752) als „Carbonate de potasse" etikettirt vorgefunden, durch die Analyse (I.) als Kaliumbicarbonat erwiesen und **Kalicin** benannt, als Mineral-Neubildung[1] charakterisirt, analog wie der Struvit. **Kalicinit** bei GROTH (Tab. Uebers. 1898, 57), **Kalicit** bei LANDERO (Min. 1888, 255).

b) **Ungarn.** Nach OCHSENIUS (Ztschr. pr. Geol. 1893, 198) „in schwachen Mengen die Soda begleitend", und „giebt überall, wo natürlicher Kalisalpeter vorkommt, die Basis für denselben her".

c) **künstlich.** Zur Darstellung von Kaliumbicarbonat (**Monokaliumcarbonat** bei GROTH, chem. Kryst. 1908, **2**, 191) leitet man Kohlendioxyd in eine concentrirte Lösung von K_2CO_3, wo dann das schwerer lösliche $HKCO_3$ anschiesst, oder über schwach befeuchtetes festes Kaliumcarbonat, wo die Absorption rascher erfolgt. BROOKE (vgl. S. 2752 Anm. 1) bestimmte die Winkel der nach der Symmetrieaxe säuligen Krystalle $r[e](101)$, $c[T](001)$, $\sigma[f](\bar{2}01)$, $a[M](100)$ mit seitlicher Endigung $m[d](110)$, aber nur mit Buchstaben-Signatur. LÉVY (Quart. Journ. Sc. 1823, **15**, 286; bei H. ROSE,[2] POGG. Ann. 1839, **46**, 396) beschrieb Prismen $m(110)$ von 42° 10′, mit gewöhnlich starker Abstumpfung der scharfen Seitenkanten durch $a(100)$ und einer zu dieser 76° 19′ (ac) geneigten schiefen Endfläche. MILLER (vgl. Optik S. 2752) reproducirte BROOKE's Winkel (ohne Nennung des Autors) und wählte die Symbole $a[m](100)$, $c[t](001)$, $r[e]\{203\}$, $\sigma[f]\{\bar{1}01\}$, $m[d](110)$. DEVILLE (Ann. Chim. phys. 1854, **40**, 97) bestimmte an kleinen, aus einer mit Kohlensäure gesättigten Lösung des normalen Carbonats erhaltenen Krystallen ohne $c(001)$ die Winkel $mm = 42° 3'$ und $a\sigma = 53° 10'$, und theilte zugleich Messungen von SÉNARMONT an Krystallen mit, die sich durch Verdunsten der Lösung von käuflichem Bicarbonat gebildet hatten: $mm = 42°$ etwa, $ac = 76° 25'$, $rc = 23° 11'$, $\sigma a = 52° 20'$. RAMMELSBERG (kryst.-phys. Chem. 1855, 151; 1881, **1**, 547) giebt in einer der auf S. 2752 entsprechenden Aufstellung als beobachtet $mm = 42° 0'$, $ac = 77° 5'$, $ma = 68° 55'$, $ra = 52° 55'$, $\sigma a = 52° 22'$. — BREITHAUPT (Min. 1841, **2**, 82) erwähnt ein „Bicarbonat des Kali",[3] das nach FABRONI (Bull. sciences nat. 1827, Bd. 2) „holorhombisch" krystallisirt,[4] „nachdem die Flüssigkeit bis zum specifischen Gewicht 1·6 abgeraucht worden".

Ueber „Isodimorphie" mit dem Ammoniumbicarbonat vgl. S. 2750. Ganz ver-

[1] KENNGOTT (Uebers. min. Forsch. 1862—65, 32) sprach sich entschieden gegen die Auffassung als „Mineralspecies" aus, und nahm sie auch nicht in die Min. Schweiz (1866) auf.

[2] R. verglich damit die Form einer monosymmetrischen Modification des Ammoniumbicarbonats, vgl. S. 2750.

[3] „Welches als besondere Spezie" in das Genus Urao „gehören dürfte".

[4] Falls diese Bestimmung richtig, lag vielleicht Kaliumcarbonat-Trihydrat vor, vgl. S. 2754 im Zusatz.

schieden vom Kaliumbicarbonat krystallisirt das monosymmetrische Natriumbicarbonat. Ueber wasserfreie normale Alkalicarbonate vgl. S. 2750 Anm. 3.

Analysen. a) Wallis. I. PISANI, Compt. rend. 1865, **60**, 919.

	CO_2	K_2O	H_2O	$CaCO_3$	$MgCO_3$	Summe	incl.
Theor.	43·94	47·07	8·99	—	—	100	
a) I.	42·20	42·60	7·76	2·50	1·34	100	3·60 Sand u. org. Subst.

Zusatz. Ein **Kaliumsesquicarbonat $K_2CO_3 \cdot 2HKCO_3 \cdot 3H_2O$ (Tetrakaliumtricarbonat-Trihydrat** bei GROTH, chem. Kryst. 1908, **2**, 195), entstanden beim Abdampfen grosser Mengen Bicarbonat in einer Mineralwasser-Fabrik, wurde von RAMMELSBERG (Ber. d. chem. Ges. 1883, **16**, 273) als monosymmetrisch bestimmt. Aus $mm = (110)(\bar{1}10) = 42^\circ 28'$, $ac = (100)(001) = 75^\circ 5'$ und $ar = (100)(101) = 52^\circ 25'$ berechnet $abc = 2\cdot6635:1:1\cdot2952$ und $mc = 84^\circ 39'$, $mr = 78^\circ 55'$, $\sigma a = (20\bar{1})(100) = 53^\circ 30'$, $\sigma m = 77^\circ 34'$. Die Krystalle meist nach der Verticalen, seltener nach der Symmetrieaxe verlängert.

Von **wasserhaltigen Kaliumcarbonaten** sind zwei, mit $1\frac{1}{2}$ und mit $3H_2O$, und ein Natrium-Doppelsalz mit $12H_2O$ bekannt:

Kaliumcarbonat-Hemitrihydrat $2K_2CO_3 \cdot 3H_2O$, monosymmetrisch nach RAMMELSBERG (Suppl. kryst. Chem. 1857, 75;[1] 1881, **1**, 547). Bildet sich aus einer concentrirten Lösung von Kaliumcarbonat bei längerem Stehen. An den von RAMMELSBERG aus einer alkalischen Lösung bei der Darstellung von zinnsaurem Kali erhaltenen Krystallen herrschend $b(010)$, $\omega(\bar{1}11)$, $o(111)$ mit untergeordnetem $m(110)$, $\varrho(\bar{1}01)$, $q(011)$. Aus $mm = 83^\circ 30'$, $\omega\omega = 74^\circ 0'$, $m\varrho = 69^\circ 30'$ berechnet $abc = 0\cdot9931:1:0\cdot8540$, $\beta = 68^\circ 36'$, $oo = 54^\circ 40'$ $\omega m = 47^\circ 6'$, $om = 33^\circ 23'$, $\omega q = 38^\circ 27'$, $oq = 28^\circ 24'$, $qb = 51^\circ 31'$. MARIGNAC (vgl. unten Anm. 1) bestätigte RAMMELSBERG's Messungen, ohne seine eigenen anzugeben. An den von STÄDELER (vgl. unten Anm. 1) aus Lösungen mit kaustischem Alkali, oder aus der Mutterlauge (bei der Darstellung von Uroxansäure durch Einwirkung von Kalilauge auf Harnsäure) erhaltenen, besonders schönen langsäuligen Krystallen $mo\omega\varrho b$ mit einem steileren $(h0\bar{1})$ bestimmte KENNGOTT $mm = 83^\circ$, $\omega\omega = 71^\circ 45'$, $oo = 53^\circ 30'$; häufig Zwillinge nach $\omega(\bar{1}11)$. Dichte 2·043 (GERLACH, Chem. Centralbl. 1886, 786). Nach GROTH (Chem. Kryst. 1908, **2**, 198) gehören wahrscheinlich hierher auch die von HAUSHOFER (Mikrosk. React., Braunschw. 1885, 62) abgebildeten, bei manchen mikrochemischen Reactionen erhaltenen Krystalle.

Kaliumcarbonat-Trihydrat $K_2CO_3 \cdot 3H_2O$, rhombisch nach MOREL (Bull. soc. min. Paris 1892, **15**, 8; GROTH's Ztschr. **23**, 481). An den durch Abkühlen einer heiss gesättigten Kaliumcarbonat-Lösung unter 10° C. entstehenden, ziemlich luftbeständigen, dünnsäuligen Krystallen $m(110)$ mit $q(011)$ aus $mm = 74^\circ 20'$ und $qq = 42^\circ 0'$ berechnet $abc = 0\cdot744:1:0\cdot384$, $mq = 77^\circ 30'$. Vgl. auch S. 2753 Anm. 4.

Kaliumnatriumcarbonat (resp. **Natriumkaliumcarbonat** in GROTH's Ztschr. **18**, 329), oder **Kaliumtrinatriumcarbonat-Dodekahydrat $KNa_3C_2O_6 \cdot 12H_2O$** (bei GROTH, chem. Kryst. 1908, **2**, 199), monosymmetrisch nach MOREL (u. HUGOUNENQ, Compt. rend. 1888, **106**, 1158; Bull. soc. chim. Paris 1888, **49**, 740). An den durch

[1] Hier nur $\frac{2}{3}$ des dann von MARIGNAC (Ann. mines 1857, **12**, 54; Oeuvres **1**, 530) richtig gestellten und auch von STÄDELER (Ann. Chem. Pharm. 1865, **133**, 373) bestätigten Wassergehaltes angegeben.

Verdunsten einer Lösung von Natriumcarbonat, welche K_2CO_3, viel KJ, sowie Na_3PO_4 und NaCl enthielt, gebildeten grossen, leicht verwitternden, Oktaëder-ähnlichen Krystallen *m*(110), *q*(011), eventuell mit untergeordnetem *r*(101), $\varrho(\bar{1}01)$, *b*(010), aus $mm = 72^\circ 28'$, $qq = 77^\circ 41'$, $qm = (011)(\bar{1}10) = 77^\circ 38'$ berechnet $abc = 0 \cdot 7104 : 1 : 0 \cdot 7800$, $\beta = 75^\circ 35'$, $qm = (011)(110) = 58^\circ 48'$. Von Morel für isomorph erklärt mit den von Marignac (Ann. mines 1857, **12**, 57; Oeuvres **1**, 532) untersuchten Krystallen, erhalten nicht durch Verdunsten bei gewöhnlicher Temperatur, sondern durch Einengen einer Lösung von ungefähr gleichen Aequivalenten Natrium- und Kaliumcarbonat in der Wärme. Dieses, gewöhnlich (wie bei Rammelsberg, kryst.-phys. Chem. 1881, **1**, 552) als $K_2CO_3 \cdot Na_2CO_3 \cdot 12\,H_2O$ geschriebene Salz wurde auch untersucht von Knop (Ann. Chem. Pharm. 1864, **130**, 247) und an von Stolba (Journ. pr. Chem. 1865, **94**, 406) dargestellten Krystallen (Dichte 1·61—1·63) von v. Zepharovich (Sitzb. Ak. Wiss. Wien 1866, **52**, 237). Groth (chem. Kryst. 1908, **2**, 190) betont, dass bei diesem Salz keine directen Bestimmungen von K und Na gemacht wurden, und dass wahrscheinlich das älter bekannte Salz $KNaCO_3 \cdot 6\,H_2O$ mit dem Morel'schen identisch ist, dass aber bei der grossen Mannigfaltigkeit der Formen des älteren Salzes die Zurückführung auf die Formen des Morel'schen nur auf Grund der Cohäsions- und optischen Verhältnisse möglich wäre, die noch der Untersuchung bedürfen. An den flächenreichen Krystallen beobachtet *a*(100), *b*(010), *c*(001), *m*(110), *n*(210), *l*(120), *q*(011), *k*(021). $\varrho(\bar{1}01)$, $\sigma(\bar{2}01)$, $\omega(\bar{1}11)$, untergeordnet $\xi(\bar{2}12)$, $\eta(\bar{4}14)$. Der Habitus wechselt nach v. Zepharovich mit der Zusammensetzung der Lösung. Aus Lösungen mit 2—3 Gewichtstheilen Kaliumcarbonat auf 1 Theil Soda entstehen kurzsäulige Krystalle *mc* mit untergeordnetem $\omega\varrho$, selten *q*; bei höherem K-Gehalt tafelige *cm*, untergeordnet $a\sigma q b \omega \varrho$, dabei einmal η beobachtet; nur von Marignac $k\xi n l$ erwähnt. Aus Marignac's *mm*, *mc*, ωc berechnet $abc = 0 \cdot 9645 : 1 : 0 \cdot 8143$, $\beta = 48^\circ 12'$ und die in nachstehender Tabelle unter Marignac's Namen aufgeführten Winkel, denen die von Sénarmont (bei Marignac mitgetheilt), Zepharovich u. Knop (a. a. O.) beobachteten beigefügt sind:

Marignac	Sénarmont	Zepharovich	Knop
$m : m = (110)(1\bar{1}0) = 71^\circ 26'$	$71^\circ 43'$	$71^\circ 44'$	71° appr.
$m : c = (110)(001) = 57\ 14$	57 40	57 24	58 00
$n : a = (210)(100) = 19\ 47$	—	—	—
$l : a = (120)(100) = 55\ 11$	—	—	—
$q : a = (011)(100) = 55\ 16$	—	55 23	—
$q : c = (011)(001) = 31\ 15$	31 05	31 28	—
$k : c = (021)(001) = 30\ 31$	—	—	—
$\varrho : c = (\bar{1}01)(001) = 55\ 12$	—	55 00½	—
$\sigma : c = (20\bar{1})(001) = 84\ 19$	84 42	84 25	—
$\omega : a = (11\bar{1})(100) = 79\ 33$	—	79 40	—
$\omega : b = (11\bar{1})(010) = 51\ 37$	—	51 51	—
$\omega : c = (\bar{1}11)(001) = 63\ 25$	63 15	63 23	—
$\omega : \sigma = (11\bar{1})(20\bar{1}) = 53\ 24$	—	—	—
$\xi : b = (21\bar{2})(010) = 68\ 24$	—	—	—
$\eta : \varrho = (41\bar{4})(10\bar{1}) = 11\ 12$	—	11 13	—
$a : c = (100)(001) = 48\ 12$	—	48 11	49 30

3. Trona (Urao). $HNa_3C_2O_6 \cdot 2H_2O = HNaCO_3 \cdot Na_2CO_3 \cdot 2H_2O$.

Monosymmetrisch $a:b:c = 2{\cdot}8460:1:2{\cdot}9697$ v. ZEPHAROVICH[1]
$\beta = 77^0 23'$.

Beobachtete Formen: $a(100) \infty P \infty$. $c(001) o P$.
$e(101) - P\infty$. $\varrho(304) - \frac{3}{4} P\infty$. $(407) - \frac{4}{7} P\infty$.
$\beta(\bar{1}.0.18) \frac{1}{18} P\infty$. $\gamma(\bar{2}.0.13) \frac{2}{13} P\infty$. $(\bar{2}09) \frac{2}{9} P\infty$. $t(\bar{1}02) \frac{1}{2} P\infty$.
$s(\bar{3}02) \frac{3}{2} P\infty$.
$p(111) - P$. $r(211) - 2P2$. $o(\bar{1}11) + P$.

$e:a =$ (101)(100) = 37° 43′		$p:c =$ (111)(001) =	68° 12½′
$e:c =$ (101)(001) = 39 40		$p:p =$ (111)(1$\bar{1}$1) =	122 20
$\varrho:c =$ (304)(001) = 33 07		$r:a =$ (211)(100) =	52 59
$\beta:a =$ ($\bar{1}$.0.18)(100) = 80 40		$r:c =$ (211)(001) =	67 39
$\gamma:a =$ ($\bar{2}$.0.13)(100) = 86 36⅓		$r:r =$ (211)(2$\bar{1}$1) =	98 21
$t:c =$ ($\bar{1}$02)(001) = 29 53		$o:a =$ (11$\bar{1}$)(100) =	74 54
$s:c =$ ($\bar{3}$02)(001) = 66 41		$o:c =$ ($\bar{1}$11)(001) =	75 53½
$p:a =$ (111)(100) = 67 34½		$o:o =$ ($\bar{1}$11)(11$\bar{1}$) =	47 35½

Habitus der (natürlichen, wie der künstlichen) Krystalle gestreckt nach der Symmetrieaxe, meist mehr oder weniger tafelig nach $c(001)$. Die der Symmetrieaxe parallelen Flächen nach dieser gestreift. Auch stängelige oder faserige, bis derbe Aggregate und krystallinische Krusten.

Glasglänzend bis glitzernd. Durchsichtig bis durchscheinend. Farblos, resp. weiss, gelblichweiss bis gelb oder grau.

Spaltbar sehr vollkommen nach $a(100)$; in Spuren auch nach $o(\bar{1}11)$ und $c(001)$. Bruch uneben bis halbmuschelig. Härte über 2, bis 3. Dichte 2·1—2·2.

Doppelbrechung stark und negativ. Ebene der optischen Axen senkrecht zur Symmetrieebene, im stumpfen Winkel $ac(\beta)$ mit der Basis (001) (resp. der Klinodiagonalen) 5° 43′ für Gelb nach v. ZEPHAROVICH (vgl. unten Anm. 1) bildend; erste Mittellinie die Symmetrieaxe. Spaltungsblättchen nach $a(100)$ zeigen das Interferenzbild um die zweite Mittellinie, dessen Centrum um etwa 7° für Gelb von der Platten-Normale gegen $s(\bar{3}02)$ hin abweicht. In Anisöl (von $n_{Na} = 1{\cdot}5571$) für Gelb $2H_a = 73^0 25'$ und $2H_o = 99^0 10'$, für Roth $2H_o = 99^0 25'$. Daraus folgen die nachstehenden Werthe, denen die von DES CLOIZEAUX (Nouv. Rech. 1867,

[1] Berechnet (GROTH's Ztschr. 1887, **13**, 137; mit kleinen Correcturen von DANA, Min. 1892, 303) aus den Messungen *ca*, *ao* und *oo* an Krystallen aus einer Soda-Fabrik. Aus AYRES' (Am. Journ. Sc. 1889, **38**, 66) Messungen an künstlichen Krystallen $oo = 47^0 30'$, $oc = 76^0 0'$ und $oa = 75^0 7\frac{1}{3}'$ berechnet $abc = 2{\cdot}8426:1:2{\cdot}9494$, $\beta = 76^0 31'$.

693, Sep. 183; Min. 1874, **2**, 170) aus Messungen[1] an natürlichen Krystallen[2] von Lagunilla beigefügt sind, für

gelb	$2V = 76°16'$	$\beta = 1\cdot5073$	$2E = 137°\ 7'$	v. Zepharovich
roth	76 32	1·500	136 46	Des Cloizeaux
blau	76 47	1·514	140 12	Des Cloizeaux

Das Material von Lagunilla fluorescirt im ultravioletten Licht stark mit grünweisser Farbe (Engelhardt, Inaug.-Diss. Jena 1912, 20).

Verwittert nicht an der Luft.[3] Vor dem Löthrohr im Kölbchen viel Wasser gebend, unter Entwickelung von Kohlendioxyd; färbt auf Platindraht geschmolzen die Flamme gelb. Löslich in Wasser, leichter als Natriumbicarbonat und schwerer als Natriumcarbonat. Es lösen nach Poggiale (Ann. Chim. phys. 1843, **8**, 468) 100 Theile Wasser von wasserfrei gedachtem Salz $Na_4C_3O_8$ bei

0°	10°	20°	30°	40°	50° C.
12·63	15·50	18·30	21·15	23·95	26·78 Theile
60°	70°	80°	90°	100° C.	
29·68	32·55	35·80	38·63	41·59 Theile	

Die wässerige Lösung reagirt alkalisch und braust beim Zusatz einer Säure.

Historisches. Natürliche Natroncarbonate bei Wallerius (Min. 1747, 174; übers. Denso 1750, 228) als „Alkali orientale impurum terrestre“, „Natron“ oder „Nitrum veterum“ aufgeführt.[4] Romé de l'Isle (Cristallogr. 1783, **1**, 146) erwähnt das reichliche Vorkommen des „alkali fixe minéral“ im „règne minéral“, theils rein auf der Erdoberfläche,[5] theils in den Sanden am Rande von Salzseen,[6] und citirt das Vorkommen von **Trona**[7] nach Bagge (Act. Stockh. 1773, 140). Romé's Kry-

[1] In Oel von anderem, nicht speciell angegebenem Brechungsquotienten.

[2] An solchen von Fessan hatte Haidinger (Pogg. Ann. 1825, **5**, 368) durch die Fläche *ac* zwei Brechungsquotienten zu 1·43 und 1·52 angegeben.

[3] „Und kann lange Zeit hindurch ohne Veränderung in einer Atmosphäre aufbewahrt werden, die durch Berührung mit Kalk völlig trocken gemacht worden ist“ (Haidinger, Pogg. Ann. 1825, **5**, 375).

[4] „Es findet sich in Egypten, Syrien, Thessalonich und Babylonien“.

[5] In Ungarn „dans les environs de Debrezin“, nach Born (Lithoph. 1772, **1**, 53).

[6] „Ce dernier, qui paroît être ce que les Anciens appeloient nitre, est aujourd'hui connu sous le nom de natron ou soude blanche d'Egypte.“

[7] „Natron crystallinâ facie, crystallis prismaticis parallelis, aliquando obliquis, aliquando striatis, facie fere gypsi, reperitur maximâ copiâ in provinciâ Suckena regni Tripolitani, ad radicem montis, ubi ab Arabibus trona appellatur, ad saponificationes aptissimum.“

stallzeichnungen beziehen sich offenbar auf Soda. Beim „natürlichen Mineralalkali"[1] wird der Name Trona von EMMERLING (Min. 1796, **2**, 31; 1797, **3**, 301) nicht erwähnt[2] (Angabe einer Analyse von BERGMANN[3]); auch nicht von ESTNER (Min. 1799, **3**, 18) beim „kohlensauren Salz" **Natron.**[4] Ebenso wenig von HAÜY (Min. 1801, **2**, 373) beim „soude carbonatée", mit BERGMANN's Analyse (vgl. unten Anm. 3) und ROMÉ's Figuren (für Soda). KLAPROTH (Beitr. 1802, **3**, 87) analysirte dann das von BAGGE (vgl. S. 2757 Anm. 7) beschriebene „strahlige Natrum"[5] von Tripoli (resp. Sukena[6]), verglich damit „das Mischungsverhältnis[7] des gewöhnlichen[8] kohlensauren Natrum", und schrieb „dieser vollständigeren Sättigung mit der Kohlensäure" im „tripolitanischen Natrum" die Fähigkeit zu, „der Verwitterung zu widerstehen". Darauf trennte HAUSMANN (Min. 1813, **3**, 831) beim Nitrum[9] die Soda und Trona. LEONHARD (Oryktogn. 1821, 614) vereinigte beide wieder als „kohlensaures Natron", Krystallform „rhombisches Oktaëder".

MOHS (Grundr. Min. 1824, **2**, 35) erkannte die Soda als monosymmetrisch, nannte sie (vereinigt mit Trona) „hemiprismatisches Natronsalz" (mit KLAPROTH's Trona-Analyse, vgl. unten Anm. 5), und trennte davon ein „prismatisches" mit Bestimmung der Krystallform ab, welches sich „von dem hemiprismatischen vorzüglich durch eine geringere Menge von Wasser zu unterscheiden" scheint; von HAIDINGER (Best. Min. 1845, 487) Thermonatrit genannt. Von beiden aber unterschied HAIDINGER (Edinb. Journ. Sc. 1825, **2**, 325; POGG. Ann. 1825, **5**, 367; MOHS' Min. 1825, **3**, 164) als Trona „das natürliche kohlensaure Natron von Fezzan", dessen Analyse von KLAPROTH (vgl. unten Anm. 5) er mit einer von MARIANO DE RIVERO „eines natürlichen kohlensauren Natrons vom See Merida in Columbien" (Analyse XXI.) verglich, die übrigens von RIVERO u. BOUSSINGAULT (Ann. Chim. phys. 1825, **29**, 111) und dann allein von

---

[1] WERNER's Bezeichnung, auch noch im Letzt. Min.-Syst. (1817, 14), sowie bei HOFFMANN (u. BREITHAUPT, Min. 1816, 3a, 213).

[2] Aber als Fundorte „Tripoli, Egypten, Nubien, Teneriffa" u. s. w.

[3] Laugensalz 20, Luftsäure 16, Wasser 64 (Opusc. **1**, 18).

[4] Wo aber ausdrücklich die Provinz Sukena (vgl. S. 2757 Anm. 7) erwähnt wird.

[5] Krystallwasser 22·50, Kohlensäure 38, reines Natrum 37, schwefelsaures Natrum 2·50.

[6] HAÜY (Min. 1822, **2**, 208) bringt dann mit dieser Fundortsbezeichnung KLAPROTH's Analysen von „soude carbonatée naturelle" hinter der von BERGMANN, vgl. oben Anm. 3.

[7] Natrum 22, Kohlensäure 16, Krystallwasser 62; also gleich Soda.

[8] „Getrennt davon untersuchte KLAPROTH (Beitr. **3**, 80) das „ägyptische Natrum", eine „grauweisse, stellenweise hellbraun gefärbte, körnig-krystallinische Masse", offenbar ein Gemenge, mit: „trocknes kohlensaures Natrum" 32·6, „trocknes schwefelsaures Natrum" 20·8, „trocknes salzsaures Natrum" 15, Wasser 31·6, Summe 100.

[9] „Wesentliche Bestandtheile: gewässertes kohlensaures Natrum." Für „Nitrum" citirt PLIN. hist. nat. (**31**, cap. 10, 46); später (Min. 1847, 1410) auch HEROD. hist. (**2**, 87) und DIOSCOR. (**5**, 129), als Synonym für Soda.

BOUSSINGAULT (Ann. mines 1826, **12**, 278) für das Vorkommen von Lagunilla bei Merida, dort **Urao** genannt, publicirt wurde. HAIDINGER bestimmte die (natürlichen) Krystalle von Fezzan als „hemiprismatisch", Combination $a[M](100)$, $c[T](001)$, $o[n](\bar{1}11)$, $ac = 76^0 45'$, $co = 76^0 15'$, $oo = 47^0 30'$.

Noch weniger waren offenbar DES CLOIZEAUX's (vgl. S. 2757) Krystalle von Lagunilla, der die Spaltungsfläche $a[M]$ als Basis $[p]$ und $o[n]$ als Verticalprisma[1] $[m]$ nahm, zu genauen Messungen geeignet.

Weder die von HAIDINGER, noch die von DES CLOIZEAUX gemessenen Krystalle waren analysirt worden. KLAPROTH's Analyse (vgl. S. 2758 Anm. 5) deutete auf $2Na_2O \cdot 3CO_2 \cdot 4H_2O$, resp. $Na_2CO_3 \cdot 2HNaCO_3 \cdot 3H_2O$, während LAURENT (Ann. chim. phys. 1852, **36**, 348) aus RIVERO-BOUSSINGAULT's Analyse (XXI.) $3Na_2O \cdot 4CO_2 \cdot 5H_2N$ erschloss, also $Na_2CO_3 \cdot HNaCO_3 \cdot 2H_2O$. Durch v. ZEPHAROVICH (vgl. S. 2756 Anm. 1) wurde festgestellt, dass seine Krystalle aus einer Soda-Fabrik nahezu mit HAIDINGER's Angaben (vgl. oben) an denen von Fezzan übereinstimmen und die Zusammensetzung (nach Analyse XXII.) $Na_2CO_3 \cdot HNaCO_3 \cdot 2H_2O$ entspricht.[2] Deshalb meinte v. ZEPHAROVICH (GROTH's Ztschr. 1887, **13**, 140), dass die in der Zusammensetzung abweichenden, nicht krystallisirten natürlichen „Trona"-Vorkommen als Gemenge mit anderen Natriumcarbonaten zu betrachten seien. CHATARD (Am. Journ. Sc. 1889, **38**, 59; GROTH's Ztschr. 1891, **19**, 642) fand auch die Zusammensetzung mit $2H_2O$ für die aus der Verdunstung des natürlichen Wassers des Owens Lake in Californien an der Sonne gebildeten Salze, und constatirte, dass das Sesquicarbonat $Na_2CO_3 \cdot 2HNaCO_3 \cdot 3H_2O$ weder natürlich noch künstlich existirt,[3] und die anscheinende Zusammensetzung eines Sesquicarbonats nur durch einen Ueberschuss von $NaHCO_3$ hervorgebracht sei.

Das wasserfreie Natriumcarbonat Na_2CO_3 ist ebenso wenig wie K_2CO_3 und $(NH_4)_2CO_3$ in messbaren Krystallen erhalten worden (vgl. S. 2750 Anm. 3). Ueber Natriumbicarbonat $HNaCO_3$ vgl. im Zusatz.

Vorkommen und Bildung. G. BISCHOF (chem. u. phys. Geol. 1863, **1**, 73. 93) führt unter seinen empirischen Gesetzen für die Mineral-Verbindungen und Zersetzung auf, dass Natriumsilicat durch Kaliumcarbonat zersetzt wird unter Bildung von Kaliumsilicat und Natriumcarbonat, und ferner Chlornatrium durch Kalkcarbonat eine Zersetzung

[1] Ebenso RAMMELSBERG, der aber (krystallogr. Chem. 1855, 156) die Spaltungsfläche $a[M]$ als $[r'](\bar{1}01)$ und später (kryst.-phys. Chem. 1881, **1**, 551) als $[r](101)$ nahm.

[2] Ausser jenen beiden Hydraten (mit $3H_2O$ und $2H_2O$) des anderthalbfach kohlensauren (resp. zweidrittel-gesättigten) Natrons erschloss RAMMELSBERG (Mineralchem. 1875, 240) noch aus einer Analyse von POPP (III.) ein Hydrat mit $4H_2O$, entschied sich aber später (Mineralchem. 1895, 92) für das mit $2H_2O$. GROTH (chem. Kryst. 1908, **2**, 195) nannte dieses Natrium-$\frac{4}{3}$-Carbonat: **Trinatriumdicarbonat-Dihydrat.**

[3] Ueber Sesquicarbonate des Ammoniums und Kaliums vgl. S. 2751 u. S. 2754.

erleidet, resp. Kochsalz in Berührung mit feuchtem Kalkstein Efflorescenzen von Natriumcarbonat verursacht. Nach ROTH (Chem. Geol. 1879, 1, 463. 486) entsteht das Natriumcarbonat[1] meist durch Umsetzung von Natriumsulfat (vielleicht auch Chlornatrium) mit Kalkcarbonat, während Auslaugung vulcanischer Gesteine und Tuffe einen anderen Theil des Natriumcarbonats liefert.

BRAUNS (chem. Min. 1896, 335) betont, dass die Herkunft des Natriumcarbonats nicht immer ganz klar sei, da es sich auf verschiedene Weise bilden kann; ein Theil desselben sicher aus Natriumsilicaten, Bestandtheilen von vulcanischen Gesteinen und Tuffen, durch Verwitterung entstanden, durch fliessende Gewässer abflusslosen Seen zugeführt und hier durch die Verdunstung des Wassers angesammelt; jedoch sei die Hauptmasse wohl aber auf anderem Wege entstanden. Nach Untersuchungen von W. HILGARD (Ber. d. chem. Ges. Berl. 1891, **25**, 3624; Ztschr. pr. Geol. 1894, 66; GROTH's Ztschr. 1895, **24**, 425) können sich Alkalicarbonate aus Neutralsalzen wie Glaubersalz und Kochsalz durch deren Wechselwirkung mit Calciumcarbonat in Gegenwart von überschüssiger Kohlensäure bilden; je verdünnter die Lösung, desto vollständiger die Umsetzung. Nach Versuchen von H. SCHULZ (PFLÜGER's Arch. Physiol. 1882, **27**, 454) können aber auch ohne Calciumcarbonat[2] allein durch Kohlensäure Chloride in Carbonate[3] umgewandelt werden, wenn Kohlensäure gegenüber den gelösten Chloriden in solchem Ueberschuss vorhanden ist, dass sie eine Massenwirkung zu entfalten im Stande ist. Dann werden die Chloride der Alkalien und Erdalkalien in wässeriger Lösung durch Kohlensäure schon bei niederer Temperatur und Atmosphärendruck unter Bildung von Salzsäure und Alkali- oder Erdalkalicarbonat zerlegt.[4] Weiter berücksichtigte BRAUNS (chem. Min. 1896, 337) auch die Bildung von Natriumcarbonat durch Einwirkung von Kohlensäure auf Schwefelnatrium, entstanden aus Natriumsulfat durch reducirende organische Substanzen.[5] Das Natriumsulfat, aus dem durch

---

[1] Macht aber in den Natronseen nur selten die Hauptmasse aus, stets von Chlornatrium und Natriumsulfat begleitet, neben denen sich häufig andere Sulfate, Carbonate und Kieselsäure einfinden.

[2] Das scheint durch den geringen Gyps-Gehalt in den Absätzen der Natronseen bestätigt zu werden.

[3] OCHSENIUS (Ztschr. pr. Geol. 1893, 198) sagt allgemein: Natriumcarbonat „entsteht durch Einwirkung von „„condensirter““ Kohlensäure auf Chlornatrium“; fügt aber dann hinzu: „die ausnahmslos beobachtete Begleitung der natürlichen Soda-, Trona- etc. Betten von Chlorid und Sulfat, oft auch Borat und Silicat des Natriums ist kein Zufall, sondern eine Nothwendigkeit“.

[4] Dabei ist verschieden die Zerlegbarkeit, am geringsten die von Chlorbaryum, am grössten die von Chlornatrium.

[5] Wie HOOKER u. SICKENBERGER (Chemiker-Ztg. 1892, 1691) für die Bildung der ägyptischen Trona angenommen hatten unter Mitwirkung von Algen und Kohlensäure erzeugenden Mikroorganismen. Diese Erklärung auch von G. LUNGE (Ztschr. angew. Chem. 1893, 10; Handb. Soda-Ind. 1894, 2, 50) adoptirt. Schon früher dachten

Zutritt von Kohlensäure auf irgend eine Weise Natriumcarbonat gebildet wird, entsteht durch Umsetzung von anderen Sulfaten, wie Calciumsulfat, mit Chlornatrium.

Mit eingehender Berücksichtigung der Litteratur über die Genesis der Natriumcarbonate unterscheidet WEGSCHEIDER (bei DOELTER, Mineralchem. 1912, **1**, 144) sieben Gruppen der Reactionen für deren Bildung: 1) die Verwitterung Natrium-haltiger Silicate unter Mitwirkung von Kohlendioxyd; 2) die Zersetzung von Chlornatrium durch chemische Agentien unter HCl-Abspaltung bei hoher Temperatur und nachfolgende Einwirkung von CO_2; 3) die unmittelbare Einwirkung von CO_2 auf gelöstes NaCl; 4) die Umwandelung von Na_2SO_4 durch die Carbonate von Ca(Ba, Sr);[1] 5) die Umwandelung von NaCl durch Carbonate von Ca und Mg, ferner von Na_2SO_4 durch Mg-Carbonate; 6) die Reduction von Na_2SO_4 und Zerlegung der gebildeten Natriumsulfide durch CO_2, sowie Umwandelung von NaCl durch die Pflanzen; 7) die Umsetzung von Natriumsalzen mit Carbonaten von K und NH_4. Auf Grund eingehender Discussion[2] kommen aber nach WEGSCHEIDER für die Bildung der natürlichen Natriumcarbonat-Mineralien hauptsächlich in Betracht: für vulcanische Bildungen Zersetzung von NaCl durch Kieselsäure oder Thonerde und nachträgliche Einwirkung von CO_2; für andere Bildungen[3] die Verwitterung von Silicaten, die Reduction von Natriumsulfat durch Mikroorganismen mit nachfolgender Einwirkung von CO_2, die Einwirkung von Natriumsulfat auf Calciumcarbonat bei Gegenwart überschüssigen Kohlen-

---

RUSSEGGER u. KARSTEN (KARST. Arch. Min. 1842, **16**, 386) an verwesende organische Stoffe bei der Natriumcarbonat-Bildung, auch ABICH (Journ. pr. Chem. 1846, **38**, 13) und BRYANT (Journ. Soc. chem. ind. 1903, **22**, 786) an den Einfluss des Pflanzenlebens auf die Soda-Bildung, ebenso CHATARD (Bull. U. S. geol. Surv. 1890, **60**, 92) als Ergänzung der sonstigen Möglichkeiten, und REICHERT (Annal. Minist. Landw. Republ. Argentin. 1907, **2**, 2. Heft; GROTH's Ztschr. 1909, **47**, 207) besonders für die Soda-Lagerstätten von Antofagosta in Chile.

[1] Diese Bildungsweise ist früher schon von RUSSEGGER (KARST. Arch. Min. 1842, **16**, 386) und WACKENRODER (Arch. Pharm. 1843, **35**, 273), dann besonders, wie schon S. 2760 erwähnt, von ROTH und HILGARD, sowie weiter von TANATAR (Ber. d. chem. Ges. 1896, **29**, 1034; GROTH's Ztschr. 1898, **30**, 644) angenommen worden. Ueber die Arbeiten von HILGARD u. TANATAR Discussion von VATER (GROTH's Ztschr. 1898, **30**, 374. 384).

[2] So wird hervorgehoben, dass trotz der Häufigkeit von Natronsilicaten (vgl. oben Reaction 1) Soda-Vorkommen immerhin ziemlich selten sind und besonders das Meerwasser wenig davon enthält, weil die Gegenwart von Ca-, Mg- und Schwermetall-Salzen die Bildung unlöslicher Carbonate veranlasst. Die Bedingungen für eine Bildung von Natriumcarbonat unmittelbar aus gelöstem NaCl (vgl. oben Reaction 3) sind auf der Erdoberfläche oder in der Erdrinde nicht gegeben, weil nach BODLÄNDER u. BREULL (Ztschr. angew. Chem. 1901, 16 u. 17) in einer gesättigten NaCl-Lösung bei 20° C. erst unter einem CO_2-Druck von 3·3 Millionen Atmosphären so viel $NaHCO_3$ gebildet wird, dass die Lösung daran gesättigt ist.

[3] Ausser der Auflösung und Wiederabsetzung des in der Lava enthaltenen Natriumcarbonats.

dioxyds (oder auf $BaCO_3$), und schliesslich die Einwirkung von löslichen Natriumsalzen auf $MgCO_3$, insbesondere bei Gegenwart überschüssigen Kohlendioxyds, oder auch von NaCl auf $CaCO_3$ bei starkem CO_2-Druck. Für die Bildung an der Erdoberfläche mögen die biologische und besonders die Bildung aus Silicaten die Hauptrolle spielen, letztere speciell im Zusammenhang mit der vulcanischen Thätigkeit. Wenn die Hauptquelle für die Natriumcarbonate das Kochsalz ist, so wird dieses aber in der Hauptsache nicht direct (durch $CaCO_3$, $MgCO_3$ und CO_2) in Natriumcarbonate umgewandelt, sondern gelegentlich der vulcanischen Thätigkeit durch Kieselsäure, Thonerde und deren Verbindungen in Silicate und Aluminate von Na übergeführt; diese werden dann entweder noch während des vulcanischen Ausbruchs durch CO_2 zerlegt (vulcanische Soda), oder sie unterliegen später einer allmählichen Verwitterung, die zur Bildung des Natriumcarbonats führt.

Die natürlichen Natriumcarbonate Trona, Soda und Thermonatrit kommen gewöhnlich neben einander vor; in Quellen, in sogenannten Natronseen[1] (vgl. S. 2760 Anm. 1 u. 2) und in Lagern in abflusslosen Gebieten und Steppen. Trona scheint am Häufigsten im festen Zustande vorzukommen,[2] Soda in grossen Mengen gelöst, Thermonatrit aber verhältnismässig selten.

Wahrscheinlich ist, wie Wegscheider (bei Doelter, Mineralchem. 1912, **1**, 191) hervorhebt, dass die Bildung der Trona aus Lösungen nur oberhalb einer bestimmten, übrigens von der Zusammensetzung der Lösungen abhängigen Temperatur-Grenze möglich ist, gegeben durch das Gleichgewicht:

$$Na_2CO_3 \cdot 10H_2O + NaHCO_3 = Na_2CO_3 \cdot NaHCO_3 \cdot 2H_2O + 8H_2O,$$

da die Bildung in der Natur gewöhnlich aus Lösungen erfolgt, die Na_2CO_3 und $NaHCO_3$ enthalten, und aus $NaHCO_3$-Lösungen durch CO_2-Verlust oder aus Na_2CO_3-Lösungen durch CO_2-Aufnahme entstanden sein können.[3] Unterhalb einer bestimmten Umwandelungs-Temperatur wäre das Doppelsalz der Trona neben keiner Lösung seiner Bestandtheile stabil. Nach P. de Mondésir (Compt. rend. 1887, **104**, 1506) ist Trona nur über 25° C. und in Gegenwart eines grossen Ueberschusses von

[1] Nach einer Zusammenstellung von Analysen bei Roth (chem. Geol. 1879, **1**, 486) enthält der Laacher See in 1000 Theilen Wasser nur 0·218 Theile Salz, davon 0·1126 Na_2CO_3 und 0·054 $CaCO_3$; der Van-See in West-Armenien 17·202 Salz, mit 5·438 Na_2CO_3 und 8·107 NaCl; der Soda Lake in Nevada 112·58 Salz, mit 29·248 Na_2CO_3, 64·941 NaCl, 13·763 Na_2SO_4.

[2] Bei der nachfolgenden Aufzählung der Fundorte sind deshalb auch die von Natriumcarbonat ohne exacte Bestimmung angeführt, die zum Theil vielleicht später sich als Soda oder Thermonatrit erweisen werden.

[3] Wenn auch die Bildung aus festem Thermonatrit durch Aufnahme von CO_2 und H_2O, aus fester Soda unter CO_2-Aufnahme und H_2O-Abgabe, sowie aus $NaHCO_3$ unter CO_2-Abgabe und H_2O-Aufnahme nicht ausgeschlossen ist.

Na_2CO_3 beständig. Das erklärt das Vorkommen in wärmeren Ländern. Trona kann bei etwa 15—20° C. nur aus Lösungen mit einem ziemlich eng begrenzten Verhältnis zwischen Na_2CO_3 und $NaHCO_3$ entstehen, während bei höherer Temperatur dieses Verhältnis viel stärker wechseln darf.

Fundorte. a) **Afrika.** Aus **Tripolis**, resp. **Fessan** stammt das Original-Material von Trona, analysirt von Klaproth (vgl. S. 2758 Anm. 5) und gemessen von Haidinger (vgl. S. 2759), über dessen Herkunft sich Beide auf Bagge (vgl. S. 2757 Anm. 7) beziehen, „die Provinz Sukena, zwei Tagereisen von Fessan". Zepharovich (Groth's Ztschr. 1887, **13**, 135) bemühte sich um genauere Angaben: „Salzkrusten finden sich oberflächlich an zahlreichen Stellen der tripolitanischen Provinz Fezzan, u. a. auch an mehreren Stellen zunächst der Karawanen-Strasse zwischen Bû-N'dscheïm und der Stadt Sôqna (G. Nachtigal, Sahărâ und Sûdan 1879, **1**, 51. 55); von Bedeutung sind nur einige Seen, an deren Ufer sich Trona ausscheidet; nach H. Duveyrier (Les Touareg du Nord 1864, 31) liegen zehn Salzseen in der Edeyen genannten Dünen-Region, nordseits vom Wâdî-el-Gharbi (ca. 100 km von **Mursuk** N. W.), von welchen drei, der Nichnoûcha-See, der Ferêdrha-See und der Bahâr-et-Trona reich an Trona sind". Klaproth's Material (vgl. S. 2758 Anm. 5) bildete „eine krystallinische Rinde von der Dicke eines drittel bis halben Zolles, aus aufrecht stehenden parallelen Tafeln von blätterig-strahligem[1] Gefüge zusammengefügt". Haidinger (vgl. S. 2758) beschrieb aus Fessan „krystallinische Häutchen, aus vielen Krystallen bestehend", „gewöhnlich dünn und fast parallel, so dass sie sehr deutlich einen strahligen Bruch hervorbringen", und Krystalle *a*(100), *c*(001), *o*($\bar{1}$11) entsprechend Fig. 678, Winkel vgl. S. 2759; *ao* glatt, *c* gewöhnlich horizontal gestreift; Dichte 2·112; Optik S. 2757 Anm. 2. — Von Groth (Min.-Samml. 1878, 137) aus Fessan erwähnt „derb, in undeutlichen Krystallen mit Chlornatrium gemengt". — Aus dem Süden von Fessan das Material von Analyse I. in einer 2—3 cm dicken Schicht.

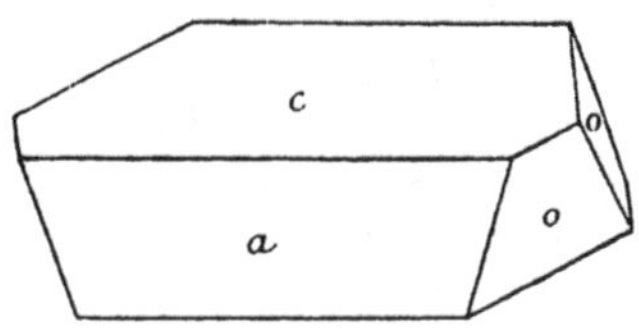

Fig. 678. Trona aus Fessan nach Haidinger.[2]

Aegypten. Aus den Natron-Seen in der **Libyschen** Wüste nordwestlich von Kairo beschrieb Couyat (Bull. soc. min. Paris 1908, **31**, 343; Groth's Ztschr. **48**, 317) Salzkrusten mit schönen gelblichen Trona-Krystallen und faserige Trona-Massen von langgestreckten nadeligen Krystallen; in den, jedenfalls durch Druckfehler entstellten Formen-Angaben scheinen die Flächen theils in der Aufstellung von Des

[1] Dieses „strahlige Natrum" (Trona) sei „solcher Verwitterung nicht unterworfen", wie das „frisch krystallisirte kohlensaure Natrum" (Soda) und das „natürliche Natrum zu Debrezin in Hungarn, am Monte Nuovo bei Neapel und an den übrigen Orten seines Vorkommens", das sich „gewöhnlich nur zu losem Staube verwittert" findet. „Das Natrum der ägyptischen Natrum-Seen kommt zwar oftmals in krystallinischen Massen von einer sehr beträchtlichen Festigkeit und Härte vor, so dass man sogar die Mauern von Qasrr (Cassr), einem eingefallenen Fort unweit den Natrum-Seen von dergleichen steinhartem Natrum erbauet hat (Journ. de Phys., Messidor An VIII. pag. 6), wovon aber das, solchem gewöhnlich noch beigemengte salzsaure Natrum die Ursache ist". Hierauf gründet sich wohl (mit Unrecht) die verbreitete Angabe, auch bei Bauer (Min. 1904, 604) und Klockmann (Min. 1912, 435), der Verwendung von Trona als Baustein (in Fessan).

[2] In der Reproduction bei v. Zepharovich (Groth's Ztschr. **13**, 137).

Cloizeaux (vgl. S. 2759), theils in der gewöhnlichen von Haidinger-Zepharovich (vgl. S. 2756) symbolisirt zu sein; Winkel fehlen. Ausdrücklich als „von den Mineralogen Trona genannt" bezeichnet Remy (Journ. pr. Chem. 1852, **57**, 321) seine hellgraue, krystallinische „natürliche ägyptische[1] Soda", mit H_2O 19·67, NaCl 8·16, Na_2SO_4 2·15, „kieselsaures Natron" 0·29, „einfach kohlensaures Natron" 18·43, „anderthalbfach kohlensaures Natron" 47·29, „zweifach kohlensaurer Kalk" 0·20, Spuren von „doppeltkohlensaure Magnesia, borsaures Natron, organische Materie", und unlöslicher Rückstand 4·10, Summe 100·29, umgerechnet als Analyse II.; von Rammelsberg (Mineralch. 1860, 231; 1875, 240) als Gemenge von Soda und Trona bezeichnet, wie in seinem Laboratorium Fleischer ein solches untersucht habe mit einfach kohlensaurem Natron 2·37, anderthalbfach kohlensaurem 26·53, sowie NaCl, Wasser und fremden Salzen 71·10. Popp untersuchte (III.—V.) ein Aggregat kleiner durchsichtiger Krystalle (III.) und krystallinische Massen mit weniger (IV.) oder nicht mehr unterscheidbaren (V.) Krystallen. Aus Aegyptischen Natronseen ferner das Material von Bryant (VI.—VIII.), und zwar sogenanntes gemeines Natron (VI.), ferner Trona Sultani (VII.), die Hauptmenge des Vorkommens, und Korcheff (VIII.), Incrustationen des Sandes am Rande der Seen, mit weniger CO_2, weil beständig der Sonne ausgesetzt. Vgl. auch S. 2760 Anm. 5. — Aus der „Berberei" (Barbarie) analysirte Beudant (Min. 1832, **2**, 313) ein Krystallaggregat (CO_2 39·27, Na_2O 37·43, H_2O 23·29) und grobfaseriges Material (CO_2 40·13, Na_2O 38·62, H_2O 21·24); ferner „Urao des murs du Cassar en Egypte" (vgl. S. 2763 Anm. 1) mit CO_2 33·53, Na_2O 32·67, H_2O 20·55, Na_2SO_4 1·96, NaCl 3·95, erdige Substanz 7·33.

In der **Algerischen Sahara** nordwestlich der **Tuat**-Oasen beim „Ksar de l'Oued-Mansour", im District von Tasfaout-Fenourin und in dem von Akabli (Flamand bei Lacroix, Min. France 1901, **3**, 789). Sonst Trona in der Sahara und im **Sudan** nach Lacroix[2] (a. a. O.) an unzähligen Stellen („points innombrables") als einfache Efflorescenzen, resp. als Verdunstungs-Product der Seen der Wüsten-Regionen, gewöhnlich als „Natron" (Soda) bezeichnet; zuweilen begleitet von etwas Thermonatrit, meist zusammen mit Thenardit und häufig auch etwas Chlornatrium. Auch vielorts, und besonders in der Nähe des **Tschad-See** in so dicken Schichten, dass sie die directe Ausbeute gestatten. In Hohlräumen drusiger Stücke säulige Krystalle $a(100)$, $c(001)$, $e(101)$, $s(\bar{3}02)$ mit seitlicher Endigung durch $o(\bar{1}11)$, $p(111)$, $r(211)$; zuweilen bedeckt mit einer zweiten Generation kleinerer, nach $c(001)$ tafeliger Krystalle mit einer spitzen, krummflächigen Hemipyramide. Einzeln werden von Lacroix[3] folgende Vorkommen im Sudan erwähnt:

In der **Bilma**-Oase werden Massen ausgebeutet, die aus Steinsalz, Thenardit und Trona, einzeln oder im Gemenge bestehen; Trona besonders zu Dirkou. — In **Borku** wichtige Lager zu Kirdimmi (30 km südlich von Faya), Timmerem (5 km südlich von Galaka) und Wouti Sirouac; zu Kirdimmi wird die Trona in wahren Brüchen ausgebeutet, und bildet derbe feinkörnige Massen mit undeutlichen kleinen Krystallen in nicht zahlreichen Hohlräumen. — In **Toro**, **Egeï**,[4] und **Bahr-el-Gazal** ist der Boden mit Efflorescenzen von Trona in feinen Nadeln imprägnirt, und viele Brunnen enthalten so viel Natriumcarbonat, dass das Wasser nicht trinkbar

[1] Ueber ägyptisches „Natron" auch Landerer (Journ. pr. Chem. 1854, **62**, 497).

[2] L. sagt (a. a. O. 784), dass Soda (Natron, $Na_2CO_3 \cdot 10H_2O$) in der Natur sich nur gelöst in Salz-Seen der Wüsten (im Sudan) und in Alkalicarbonat-Thermalquellen finde, und bei der Bildung durch Austrocknen sich sofort in Thermonatrit umwandeln müsse wegen seiner Temperatur-Grenze unterhalb + 20° C.

[3] Notizen auch in der Revue Coloniale, Conférence 11 Mars 1905, 21.

[4] Von hier auch bei Garde (Compt. rend. 1909, **149**, 1616; Groth's Ztschr. 1911, **50**, 294) erwähnt, krystallisirt auf dem Boden mancher Depressionen.

ist. — In **Kanem** sind berühmt die Natron-Brunnen von Leïné beim Dorfe Serese, Tinné (15 km südlich von Tigueï), Lechgour (oder Asfor) bei Rig Rig; Trona krystallisirt hier auf der Oberfläche des Bodens, und bildet mehr westlich bei Brindé Platten von mehreren Centimetern Dicke. In dem zwischen Kanem und dem Tschad-See gelegenen Lande Folc ähnliche Trona-Vorkommen. Schöne Stücke von Kilbouram. Trona ferner in der Gegend von Ouassadou, in den Lagunen des Grand-Baissé, von Tintérem und weiter östlich in denen von Redema. In der Lagune des Grand-Baissé werden nach Courtet[1] (bei Lacroix, Min. Fr. 1901, 3, 787) die am Rande zuerst auskrystallisirenden Krusten wesentlich von Trona gebildet und später erscheint ein Gemenge von Trona mit vorherrschendem Thenardit. Westlich vom Tschad-See, zwischen ihm und **Sinder** (Zinder) ein Salzgebiet von der Gestalt eines Dreiecks mit den Spitzen Ouacha (SSO. von Sinder, im Demagherim), Kakara (9° 4′ östl. Länge u. 14° 4′ nördl. Br.) und Adeber im Lande der westlichen Manga; die Sande der Wüste sind mit zahlreichen Lagunen bedeckt, die nach der Winterzeit mehr oder weniger vollkommen austrocknen und krystallinische Krusten hinterlassen, die besonders Steinsalz und Thenardit, aber auch Trona liefern. Die Centren der Gewinnung durch künstliche Verdunstung sind Gourselick, Adeber, Ouacha; hier finden sich Lager sehr reiner Trona.

In der Landschaft **Munio** soll ein Trona-See westlich bei Bune liegen (Dammer u. Tietze, nutzb. Min. 1913, 1, 472).

Im Gebiet des **Kilimandjaro** massenhafte Salz-Ausschwitzungen, die in der Hauptsache aus Natriumcarbonat mit beigemengtem Chlornatrium bestehen, das allein von den Eingeborenen gewonnen wird (Dammer u. Tietze a. a. O). Nordwestlich vom Kilimandjaro liegt nach Tornau (Ztschr. d. geol. Ges. 1907, Monatsber. 73) der sogenannte (grosse) Natron-See im ostafrikanischen Graben, und zwar mit Ausnahme eines kleinen, meist trockenen Zipfels im deutschen Gebiet, aber das Salz hauptsächlich in gelöster Form enthaltend, und nur in der Nähe des Südwest-Ufers des Sees sollen Ansammlungen von Natron-Schollen vorhanden sein; eine Probe enthielt Na_2CO_3 68·5, H_2O 29·2, 2·3 Unlösliches. Die gelöste Soda müsste also in Salzgärten gewonnen werden. In dem 2 Tagemärsche nördlich der Grenze auf englischem Gebiet gelegenen (kleinen) Natron-See Magadi oder Magati tritt die „Soda" in Schollen auf und ist daher leicht zu gewinnen. Im nördlichen Deutsch-Ostafrika scheidet ein Natron-See am Vulcan Doenje-Ngai (westlich vom Kilimandjaro) ein Salz mit 45 % Na_2CO_3 und 38 % $NaHCO_3$ aus, das frei von Schwefel- und Salpetersäure den Salzen aus Fessan und Unter-Aegypten nahe steht (Schmeisser, Verh. deutsch. Kolonialkongr. Berlin 10. Oct. 1902; bei Macco, Ztschr. pr. Geol. 1903, 198). Ein von Peters im Kilimandjaro-Gebiet entdecktes Natron-Lager führt ein Salz mit 47·1 % Na_2CO_3 und 36·3 % $NaHCO_3$, frei von Salpeter- und fast frei von Schwefelsäure (Schmeisser u. Macco a. a. O.). Südwestlich vom Kilimandjaro der seit lange als Natron-See bekannte Manjara-See (Dammer u. Tietze a. a. O.).

b) **Asien.** Ueber den ganzen Continent breiten sich Natriumcarbonat-Ablagerungen, dem Reichthum an Steppenboden entsprechend, aus, von Arabien bis zur Mandschurei. Doch liegen wenig, zur näheren Bestimmung des Materials geeignete Angaben vor. Nach Dammer u. Tietze (nutzb. Min. 1913, 1, 469) findet sich in **Arabien** bei Aden ein Lager einer fetten Masse von Seifen-artigem Geruch, genannt Dukduka, Huska oder Karra, benutzt zur Verstärkung des Schnupftabaks und auch zum Waschen, etwa 50 % Soda enthaltend. Natron-Seen in **Kleinasien, Armenien, Persien.** Soda-Lager in der **Mongolei** und **Tibet**; von hier begleiten

[1] C. berichtete auch selbst (Compt. rend. 1905, **140**, 316; Groth's Ztschr. 1906, **43**, 513; N. Jahrb. 1907, **1**, 41) über die Salze des Tschad-Gebietes.

die Natron-Seen den Indus über die chinesich-britische Grenze bis in die Districte Ladak und Kleintibet. In ganz **Indien** finden sich Salz-Auswitterungen am Boden, genannt Dhobis-Erde, seit alter Zeit benutzt zum Waschen, Färben, zur Fabrikation von Glas und Seife. In den nordindischen Bazars wird als Sajji-Mati ein Salz verkauft, das oft aus mehr Sulfat und Chlorid als Carbonat besteht. In Südindien im District von **Salem** ein Gemenge von Natriumcarbonat mit Sand, etwas organischer Substanz und Kochsalz; nach Analysen von HOOPER mit 18·11 bis 57·19 % Na_2CO_3. WALLACE analysirte (IX.—XI.) Sedimente ostindischer Seen, und zwar lichtbraune oder grünliche Krystalle (IX.) von Dulla Khar, unkrystallinisches Material (X.) von Papree, und von erdigem Aussehen (XI.) von Blooskee. In **Nizam's** Reich findet sich im Schlamm des Loonar-Sees nach dem Eintrocknen in der heissen Jahreszeit ein festes Salz mit 67 % Natronsesquicarbonat, 31 % H_2O und 2 % NaCl (BRADLEY u. REYNOLDS, Chem. Jahresb. 1853, 852); Discussion darüber von KENNGOTT (Uebers. min. Forsch. 1853, 15).

c) **Australien.** In **Queensland** als Absatz der heissen Quellen beim Saxby-Fluss, Analyse XII.

d) **Nordamerika.** Die bedeutendsten Ablagerungen natürlichen Natriumcarbonats in den **U. S. A.** In den westlichen Staaten werden alle Salz-Ablagerungen Alkali, die Seen Alkali Lakes genannt, und darunter Carbonat, Chlorid und Sulfat verstanden, die meist mit einander gemengt vorkommen; das Carbonat besonders an den Osthängen der Sierra Nevada.

In **Washington** gehört noch der Soap Lake in Douglas Co. zu den Natron-Seen, enthält aber nur eine verhältnismässig schwache Lösung (DAMMER u. TIETZE, nutzb. Min. 1913, **1**, 474). — In **Oregon** enthalten die Natron-Seen Summer und Albert Lake Natriumcarbonat, Glaubersalz und Kochsalz. In **Nevada** in der Black Rock Desert Natron-Seen bis nach Oregon hin. Bei **Ragtown** in Churchill Co.[1] in alten Kratern der Big und der Little Lake; der Big Lake enthält hauptsächlich Kochsalz, aber auch ziemlich viel Glaubersalz und Carbonat, am Ufer Trona-Felder (XIII.); Oberflächen-Kruste vom Little Lake XIV. Viel Carbonat auch im Mono Lake bei Bodie in **Mono Co.**, doch nur auf Chlorid ausgebeutet (DAMMER u. TIETZE a. a. O.). An der Grenze zwischen Nevada und **Utah** im Deep Creek Valley (40° n. Br.) Absätze, die nach WOODWARD (bei ROTH, chem. Geol. 1879, **1**, 488) 37·09 % Natriumsesquicarbonat, 38·25 Chlornatrium, 17·54 Natriumsulfat und 4·71 Kaliumsulfat, sowie Borsäure enthalten. — In **Wyoming** in Sweetwater Co. beim Independence Rock Natriumcarbonate wie Trona u. a., resp. Trona-Efflorescenzen beim Sweatwater River in den Rocky Mountains[2] gemengt mit Natriumsulfat und Kochsalz (DANA, Min. 1892, 1091. 304). Analyse XV. an Boden-Bedeckung von der Omaha Soda Mine, Sweetwater Valley in Carbon Co. Ziemlich reich an Na_2CO_3 (133 g im Liter Wasser) sind die vier Dupont-Seen, 50 km nördlich von Rawlins (DAMMER u. TIETZE, nutzb. Min. 1913, **1**, 473).

In **Californien** in Inyo Co. der **Owen's Lake**, der bedeutendste Natron-See der Erde, der das Salz-reiche Wasser des Owen's River aufnimmt und verdunstet. CHATARD analysirte (Am. Journ. Sc. 1888, **36**, 146) das Wasser[3] und dann (ebenda 1889, **38**, 62; U. S. geol. Surv. 1890, Bull. **60**, 76) auch Trona-Absätze daraus, und

---

[1] Aus Churchill Co. das Material einer Analyse von RODMAN (bei DES CLOIZEAUX, Min. 1874, **2**, 170): CO_2 38·70, Na_2O 39·97, H_2O 19·42, Na_2SO_4 0·39, NaCl 1·88, SiO_2 0·13, Summe 100·49.

[2] Dieses Vorkommen von GALE (Am. Journ. Sc. 1853, **15**, 434) untersucht.

[3] Dieses auch E. LE NEVE FOSTER (Proc. Colo. Sc. Soc. 1890, **3**, 245; GROTH's Ztschr. **20**, 631).

zwar XVI. an einer Graswurzel in einer Lagune an der Ostseite des Sees, XVII. aus einer anderen, benachbarten Lagune, XVIII. aus einem am Strand eingegrabenen Fasse, das sich durch Einsickern vom umgebenden Boden füllen konnte, und schliesslich (XIX.—XX.) aus einer künstlich hergestellten Bodengrube zur Verdunstung des Seewassers. Bei diesem Verdunsten war der erste Absatz krystallinisch-körnig und enthielt noch viel Mutterlauge, nach deren Entfernung die körnige Masse wieder in Seewasser so viel wie möglich gelöst wurde; aus dieser neuen Lösung bildeten sich viel grössere und reinere Krystalle in einem etwa 2 Zoll dicken Absatz, dessen oberste Schicht (XIX.) gute durchscheinende Krystalle (Dichte 2·1473 in Benzol bei 21·7° C.) in Hahnenkamm-förmigem radialstängeligem Aggregat enthielt, die unterste Schicht ähnliche, aber viel kleinere Krystalle, während die mittlere Schicht aus durchscheinenden Krystall-Absätzen und weissem feinkörnigem Material (XX.) bestand, dem ungelösten Antheil des ersten Products. Nach Abzug der Verunreinigungen ergeben die Analysen XVI.—XX. auf 10⁰ berechnet:

	Theor.	XVI.	XVII.	XVIII.	XIX.	XX.
Na_2CO_3	46·90	46·76	50·35	46·65	46·57	47·20
$NaHCO_3$	37·17	37·04	32·53	36·83	37·03	36·22
H_2O	15·93	16·20	17·12	16·52	16·40	16·58

Das in nächster Nähe gelegene Mojave Sink, auch Soda Lake genannt, ist während des grössten Theiles des Jahres mit einer Kruste von Natriumcarbonat und Gyps bedeckt (Dammer u. Tietze, nutzb. Min. 1913, 1, 474). — Am **Borax Lake** in San Bernardino Co. schöne Krystalle mit Hanksit, Glauberit, Thenardit (Dana, Min. 1892, 304); Ayres (Am. Journ. Sc. 1889, **38**, 65) beobachtete bis 15 mm lange rauhflächige, mit Salzkrusten bedeckte Tafeln *c*(001) mit undeutlichen, stark gestreiften Orthodomen mit seitlicher Endigung *o*($\bar{1}$11).

Mexico. An den Ufern der Lagunen von Cuenca de **Sayula** und des Lago de **Texcocó** Trona nach Landero (Min. 1888, 474). Am Texcocó und anderwärts in Mexico nach Dana (Min. 1892, 1050; Naturaleza 1875, **3**, 239) als Efflorescenz das als **Tequezquit**, verstümmelt aus Tequixquitl bezeichnete Gemenge verschiedener Salze, besonders Natriumcarbonat und Chlornatrium. Natriumcarbonat auch in den zahlreichen Seen zwischen San Luis Potosi und Zacatecas (Dammer u. Tietze, nutzb. Min. 1913, 1, 474). Erhebliche „Soda"-Ablagerungen an der Bay von **Adair** am californischen Golf, wo sich unter der glühenden Sonne aus dem Wasser von Natron-Seen zwischen Sanddünen zahllose Krystalle von Natriumcarbonat ausscheiden, so dass die Seen aussehen wie grosse Massen von Schnee und Eis (Ztschr. pr. Geol. 1907, 69); möglicherweise Thermonatrit.

Nicaragua. Stark „Soda"-haltig der Manaqua- und Nejapa-See (Dammer a. a. O.).

e) **Südamerika.** In **Venezuela** auf dem Boden des Sees von **Lagunilla**, 48 (engl.) Meilen von Merida, krystallisirt im Sommer das als Urao (vgl. S. 2759) bezeichnete Salz aus, das von den Indianern alle zwei Jahre mit einer von Boussingault (Ann. mines 1826, **12**, 278; Ann. chim. phys. 1826, **31**, 270; Pogg. Ann. 1826, **7**, 97. 102) beschriebenen Tauch-Methode unter einer Thonschicht mit Gaylussit-Krystallen hervorgeholt wird. Des Cloizeaux (vgl. Optik S. 2757) untersuchte von Boussingault mitgebrachtes Material in stängeligen Massen von mehr oder weniger dicken Krystall-Nadeln (vgl. S. 2759) *c*(001), *a*(100), *o*($\bar{1}$11) mit unsicher bestimmten Flächen $a^{3/2}$(407) und $a^{3/4}$($\bar{2}$09); gemessen $ac = 76^0\,45'$, $oo = 47^0\,30'$, $oa = 74^0\,49'$, $aa^{3/2} = 50^0\,40'$ und $aa^{3/4} = 89^0$ appr.

In **Peru** nach RAIMONDI (Min. Pér. trad. MARTINET 1878, 279. 288) Urao[1] an vielen Punkten der Küste; so zwischen **Pacasmayo** und Chiclayo, beim Dorfe **Chilca** in der Provinz Cañete und in der Schlucht der Bäder von Yura bei Arequipa, sowie besonders in

Chile in der Provinz **Tarapacá**.[2] Ebenso gehören zu Chile die von DAMMER u. TIETZE (nutzb. Min. 1913, 1, 476) Argentinien zugeschriebenen Vorkommen von „Soda" bei Antofagasta de la Sierra in Puna, Ausblühungen in einer Ausdehnung von etwa 1500 qm und südlich davon eine 30 cm dicke Schicht auf den dort anstehenden Tuffen; ein weiteres Lager in der Laguna Blanca bei Antofagasta und das Salz auch an dem Ufer vieler Salaren, wie am Salar von Arizaro, bei Pastos Grandes und in Checce am Salar von Rincon.

f) **Europa.** Natriumcarbonat ausser in natürlichen Quellen (wie Carlsbad, Aachen, Vichy) besonders in den Steppen von **Ungarn**, wo es sich aber hauptsächlich um Thermonatrit und Soda handelt, vgl. deshalb dort. Dagegen ist Trona, ebenso wie Thermonatrit und Soda nachgewiesen in

Italien am Vesuv. Aeltere Nachrichten über Natriumcarbonat am Vesuv vgl. unter Thermonatrit und Soda. MATTEUCCI (Rend. Accad. Sc. Napoli 1897, 3, 223; GROTH's Ztschr. **31**, 400) fand in einem weissen pulverigen Salzgemenge auf Laven von 1895 im Fosso Grande ein Natriumbicarbonat, ohne dessen Identität mit Trona sicher nachweisen zu können. ZAMBONINI (Atti Acc. Sc. Nap. 1908, **13**, No. 8, 38; Min. Ves. 1910, 94. 357; GROTH's Ztschr. 1908, **44**, 646; PANEBIANCO, Riv. min. Ital. 1912, **41**, 81) erkannte als Trona (und bestätigte als solche auch das Material von MATTEUCCI) sehr zerbrechliche, weissliche Krystalle und Krusten, zusammen mit weissen Thermonatrit-Krusten in Höhlungen von blasigen Leukotephrit-Stücken, die im August 1906 in der Nähe der Lava von 1895 im Atrio del Cavallo gefunden wurden und vielleicht Fragmente der Lava von 1895 waren, vielleicht aber beim Ausbruch von 1906 ausgeworfen wurden. Die nach der Symmetrieaxe nadeligen Krystalle zeigten mehr oder weniger herrschend $c(001)$, mit $a(100)$, auch $e(101)$ und $t(\bar{1}02)$; als Begrenzung $o(\bar{1}11)$; gemessen $tc = 29^\circ 48'$, $ta = 72^\circ 43'$; spaltbar nach $a(100)$. Rückstand beim Glühen 69·86 %, berechnet 70·36 %; mit kleinen Mengen von Chloriden und Sulfaten. In Bezug auf die Bildung[3] schliesst sich ZAMBONINI der auch mit der Anschauung BUNSEN's (POGG. Ann. 1851, **83**, 238) übereinstimmenden Ansicht MATTEUCCI's an: Einwirkung des Kohlendioxyds der Laven auf das durch Wasserdampf bei hoher Temperatur aus NaCl gebildete Natriumhydrat.

Am **Aetna** ist Trona noch nicht mit Sicherheit nachgewiesen, ebenso wenig wie Thermonatrit; über Natriumcarbonat vom Aetna vgl. unter Soda.

g) **künstlich.** Aus Lösungen, welche Na_2CO_3 und $HNaCO_3$ enthalten, können unter Umständen diese Salze getrennt oder als Trona auskrystallisiren. Die Bildung aus Lösungen von $HNaCO_3$ durch Einkochen und Abkühlen oder Verdunsten über Schwefelsäure beruht auf dem Verlust von CO_2. Von den zahlreichen Angaben

[1] Ohne exacte Bestimmungen; auch synonymisirt RAIMONDI den Namen Urao mit „carbonate de soude naturel", und erwähnt keine Vorkommen von Soda, geschweige Thermonatrit. DOMEYKO (Min. 1879, 449) unterscheidet zwar Urao und Soda (Natron), giebt aber von Urao für Peru (und Chile) nur Angaben von RAIMONDI wieder, von Soda nur das Vorkommen in Aegypten, Ungarn und Mexico.

[2] Angebliche Trona-Krystalle von hier mit Glauberit und Hayesin erwiesen sich durch die Analyse von BROOKE (Phil. Mag. Mai 1853, 373; N. Jahrb. 1854, 449) als Thenardit.

[3] LACROIX (Bull. soc. min. Paris 1907, **30**, 247) meint, dass das Natriumcarbonat im wasserfreien Zustande aus der Tiefe kommt, und nicht einer secundären oberflächlichen Reaction zugeschrieben zu werden braucht.

über die Darstellung[1] kann hier abgesehen werden, soweit nicht durch exacte Untersuchung der Producte deren Identität mit den natürlichen Krystallen (aus Fessan, vom Borax Lake in Californien, aus Venezuela und vom Vesuv) gewährleistet ist. Ohne exacten Nachweis pflegt[2] die Identität angenommen zu werden von HERMANN's (Bull. soc. Moscou 1857, **30**, 545; N. Jahrb. 1859, 446) Material: aus einer grösseren Menge von Natriumbicarbonat wurde durch starkes Erhitzen in eisernem Kessel das Wasser und ein Theil der Kohlensäure ausgetrieben; die formlose Masse war durch Stehen im Keller und Anziehen von Wasser durch und durch krystallinisch geworden und zeigte in den Höhlungen grosse Krystalle. In der Soda-Fabrik in Ebensee hatten sich die von V. v. ZEPHAROVICH (vgl. S. 2756 Anm. 1) untersuchten Krystalle (Fig. 679) in grossen, vor Abkühlung geschützten eisernen Gefässen aus einer nahezu gesättigten Lösung von Natriumcarbonat bei Anwesenheit von viel NaCl und Na_2SO_4 bei einer Temperatur zwischen 50° und 85° C. gebildet: Combinationen von $c(001)$, $a(100)$, $o(\bar{1}11)$ mit mehreren Hemidomen, unter denen $\varrho(304)$ fast constant und breit erscheint, die übrigen schmal und „in vielfachem Wechsel" alternirend; $\beta(\bar{1}.0.18)$, $\gamma(\bar{2}.0.13)$, $s(\bar{3}02)$; bis 15 mm lang und 6 mm breit, zuweilen in feinsten Nadeln. Optik S. 2756. Dichte 2·14 bei 15° C. nach REINITZER, Analyse XXII. Die Zusammensetzung wurde durch Bestimmungen von KACHLER (bei v. ZEPHAROVICH, GROTH's Ztschr. **13**, 139) bestätigt: gefunden Na_2O 41·12—41·14 und Glührückstand 70·37 bis 70·22, sowie auch von CL. WINKLER (Ztschr. angew. Chem. 1893; GROTH's Ztschr. 1895, **25**, 614). An von CHATARD (Am. Journ. Sc. 1889, **38**, 63) durch freiwillige Verdunstung einer Lösung von Na_2CO_3, $HNaCO_3$ und NaCl erhaltenen Krystallen beobachtete AYRES (vgl. S. 2756 Anm. 1) *aceso*, sowie $e(101)$, $p(111)$, $r(211)$, Zonen *arpo* und *cpo*; 8—15 mm lang und etwa 1 mm dick; häufig gruppirt zu kleinen strahlenförmigen Büscheln. Die besten Krystalle (Analyse XXIII.) waren aus einer Lösung von 10·5 g $NaHCO_3$, 53 g Na_2CO_3 und 58·5 g NaCl gebildet; NaCl war zugefügt worden, weil es einen günstigen Einfluss auf die Krystallisation der gemischten Carbonate auszuüben schien; doch ist seine Gegenwart nicht absolut nöthig, da auch gute Krystallisation von Urao ohne NaCl erhalten werden können, sogar aus einer Lösung von reinem Na_2CO_3, wenn sie an der Luft CO_2 absorbiren kann; bei zuviel $HNaCO_3$ scheidet sich vor der Bildung des Urao der Ueberschuss aus.

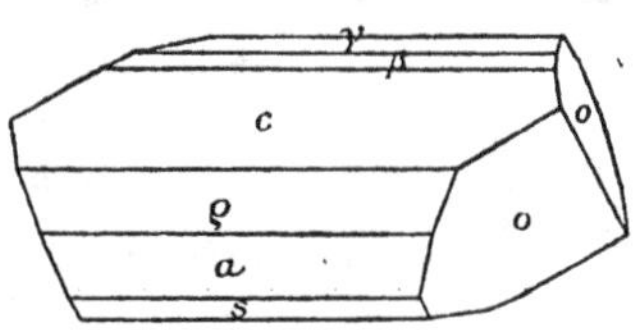

Fig. 679.
Trona nach V. v. ZEPHAROVICH.

Analysen. Vgl. S. 2758 Anm. 5, S. 2764, S. 2765, S. 2766 Anm. 1, S. 2767.

a) Fessan. I. JOFFRE, Bull. soc. chim. 1869, **12**, 102; bei DOELTER, Mineralchem. 1912, **1**, 187.

Aegypten. II. REMY (vgl. S. 2764), umgerechnet WEGSCHEIDER bei DOELTER, a. a. O.

III.—V. POPP, LIEB. Ann. Chem. Pharm. 1870, **155**, 348.

VI.—VIII. BRYANT, Soc. chem. Ind. 1903, **22**, 785.

b) Ostindien. IX.—XI. WALLACE, Chem. News 1873, **27**, 205.

c) Queensland. XII. FLIGHT bei DAINTREE, Chem. Jahresber. 1873, 1194.

---

[1] Zusammenstellung von WEGSCHEIDER (bei DOELTER, Mineralchem. 1912, **1**, 190).

[2] Wie bei FUCHS (künstl. Min. 1872, 122) und FOUQUÉ u. MICHEL-LÉVY (Synth. Min. 1882, 212).

d) Ragtown, Nevada. XIII. ALLEN bei CHATARD, U. S. geol. Surv. 1890, Bull. **60**, 51.
XIV. HAGUE bei CHATARD a. a. O. 46.
Sweetwater Valley, Wyoming. XV. Weeks, U. S. geol. Surv., Min. resources, 1885, 553.
Owen's Lake, Cal. XVI.—XX. CHATARD, Am. Journ. Sc. 1889, **38**, 62.
e) Lagunilla, Venez. XXI. RIVERO u. BOUSSINGAULT, Ann. chim. 1825, **29**, 111.
g) Ebensee. XXII. REINITZER bei v. ZEPHAROVICH, GROTH's Ztschr. 1887, **13**, 139.
künstlich. XXIII. CHATARD, Am. Journ. Sc. 1889, **38**, 64.

	CO_2	Na_2O	H_2O	Cl	SO_3	Unlösl.	Summe	abz. O[1]	incl.
Theor.	38·91	41·14	19·95	—	—	—	100	100	
a) I.	39·60	39·90	19·52	0·28	0·19	0·53	100·06	100	0·03 CaO, 0·01 Fe_2O_3
II.	32·16	39·04	19·67	4·95	1·21	4·11	101·36	100·24	0·08 CaO, 0·14 SiO_2
III.	33·15	36·34	22·50	5·11	1·65	1·65	100·95	99·80	0·55 CaO
IV.	16·55	43·68	8·87	20·25	13·53	1·35	104·23	99·66	Spur CaO
V.	13·50	43·10	4·05	1·58	37·56	0·40	100·19	99·83	
VI.	35·42	39·25	20·18	1·11	1·08	3·19	100·23	99·98	
VII.	30·27	38·79	18·75	5·11	2·87	5·38	101·17	100·02	
VIII.	23·78	34·01	16·65	4·54	3·74	18·30	101·02	100	
b) IX.	34·52	38·50	23·20	0·86	0·50[2]	1·80	100·19	100	0·18 K_2O, 0·28 MgO[3]
X.	18·57	41·63	16·05	23·78	0·50[2]	3·95	105·37	100	0·09 K_2O, Spur MgO[4]
XI.	12·48	25·11	20·13	12·23	0·30[2]	30·16[5]	102·76	100	Spur MgO, 2·35 org. Subst.
c) XII.	33·74	34·63	27·79	3·37	Spur	—	100·13	99·37	0·60 SiO_2
d) XIII.	36·86	40·55	19·90	0·98	0·73	0·80	99·82	99·60	
XIV.	[6]	39·78	[6]	0·67	0·56	—	100·15	100	
XV.	28·47	41·39	12·23	1·29	14·51	2·61	100·50	100·21	
XVI.	35·24	40·22	18·31	2·73	0·76	2·92	100·37	99·76	0·05 SiO_2, 0·14 org. Subst.
XVII.	37·50	40·08	19·94	0·21	0·63	0·40	99·05	99·00	0·09 SiO_2, 0·12 org. Subst.[7]
XVIII.	35·10	39·36	18·58	1·83	0·84	4·10	100·12	99·71	0·04 SiO_2, 0·27 org. Subst.
XIX.	38·13	41·00	20·07	0·19	0·70	0·02	100·11	100·07	

[1] Abzüglich der dem Chlor-Gehalt entsprechenden Sauerstoff-Menge.
[2] Al_2O_3 mit Calciumphosphat.
[3] Dazu organische Substanz 0·35. [4] Ebenso 0·80 %.
[5] Enthält Ca, Mg, Fe, Al, SiO_2, CO_2.
[6] Na_2CO_3 66·27, H_2O und freies CO_2 28·83.
[7] Dazu CaO 0·06, MgO 0·02, K_2O Spur.

	CO_2	Na_2O	H_2O	Cl	SO_3	Unlösl.	Summe	abz. O [1]	incl.
d) XX.	37·00	41·26	19·62	1·57	0·79	0·22	100·56	100·21	0·10 SiO_2
e) XXI.	39·00	41·22	18·80	—	—	0·98	100	100	
g) XXII.	38·93	40·77	19·96	—	—	—	99·86	99·86	0·20 Na_2SO_4
XXIII.	37·76	39·85	19·42	—	—	—	99·91	99·91	2·88 NaCl

Zusatz. Das (wasserfreie) **Natriumbicarbonat**, resp. zweifach kohlensaure oder halbgesättigte Natron **$HNaCO_3$ (Mononatriumcarbonat** bei GROTH, chem. Krystallogr. 1908, **2**, 191), Natriumhydrocarbonat bei WEGSCHEIDER (DOELTER's Mineralchem. 1912, **1**, 192), krystallisirt monosymmetrisch, aber ganz verschieden vom Kaliumbicarbonat (Kalicinit, vgl. S. 2752). SCHABUS (Best. Krystallgestalten, Preisschr. Ak. Wiss. Wien 1855, 97) beobachtete $b(010)$, $a(100)$, $r(101)$, $m(110)$, $o(111)$, $i(121)$, $\omega(\bar{1}11)$; aus $mm = 75^0 4'$, $ra = 62^0 12'$ und $\omega\omega = 36^0 36'$ berechnet $abc = 0{\cdot}7645:1:0{\cdot}3582$, $\beta = 86^0 41'$, $oo = 35^0 10'$, $ib = 57^0 38'$. Habitus tafelig nach b, gestreckt nach der Verticalen, seltener säulig durch Vorherrschen von m. Häufig Zwillinge nach $r(101)$, verwachsen mit einer dazu senkrechten Fläche. Spaltbar nach r vollkommen, nach o ziemlich vollkommen, nach a unvollkommen; Bruch muschelig. Glasglänzend, besonders auf Spaltungs-Flächen; sonst auf Krystall-Flächen zuweilen fettartig. Härte über 2, unter 3. Dichte 2·221 nach STOLBA (Journ. pr. Chem. 1866, **97**, 503). Die Krystalle bleiben an trockener Luft unverändert, an feuchter allmählich trübe und undurchsichtig werdend. Löslichkeit in 100 Wasser nach POGGIALE (Am. chim. phys. 1843, **8**, 468) und DIBBITS (Journ. pr. Chem. 1874, **10**, 439) bei

0°	10°	20°	30°	40°	50°	60°	70° C.	
7·92	8·88	9·84	10·80	11·76	12·72	13·68	14·64 Theile	POGG.
6·9	8·2	9·6	11·1	12·7	14·5	16·4	g Salz	DIBB.

Nach BALMAIN (Ber. d. chem. Ges. Berl. 1872, **5**, 121) wird die Löslichkeit durch NaCl oder Na_2SO_4 sehr vermindert, deren gesättigte Lösungen oder Gemenge beider das $HNaCO_3$ kaum noch lösen. Löslichkeit bei 20° C. unter CO_2-Druck einer Atmosphäre bei Gegenwart von NaCl (g für 100 g Wasser) nach BODLÄNDER und BREULL (Zeitschr. angew. Chem. 1901, **15**, 381):

NaCl	0	0·586	1·173	2·95	5·95	12·3	25·5	35·9
$HNaCO_3$	9·49	9·10	8·61	7·43	5·88	3·80	1·763	1·076

[1] Abzüglich der dem Chlor-Gehalt entsprechenden Sauerstoff-Menge.

4. Thermonatrit. $Na_2CO_3 \cdot H_2O$. (Natriumcarbonat-Monohydrat.)

Rhombisch $a:b:c = 0·8268:1:0·8089$ MARIGNAC.[1]
Beobachtete Formen: $a(100)\infty \bar{P}\infty$. $b((010)\infty \breve{P}\infty$. $c(001)oP$. $m(110)\infty P$. $u(101)\bar{P}\infty$. $g(102)\frac{1}{2}\bar{P}\infty$. $e(021)2\breve{P}\infty$. $p(122)\breve{P}2$.

$m:m = (110)(1\bar{1}0) =$	$79^0\,10'$	
$u:\ a = (101)(100) =$	$45\ \ 37\frac{1}{2}$	
$g:\ a = (102)(100) =$	$63\ \ 56$	
$e:\ b = (021)(010) =$	$31\ \ 43\frac{1}{4}$	
$p:\ a = (122)(100) =$	$69^0\,10\frac{1}{2}'$	
$p:\ b = (122)(010) =$	$35\ \ 59$	
$p:\ c = (122)(001) =$	$43\ \ 23\frac{1}{2}$	
$p:m = (122)(110) =$	$49\ \ 34$	

Habitus der (künstlichen) Krystalle tafelig nach $c(001)$ oder $a(100)$, sowie auch säulig nach der Brachydiagonalen. Natürlich nur in Krusten und Efflorescenzen.

Glasglänzend. Durchsichtig bis durchscheinend. Farblos, resp. weiss, graulich oder gelblich.

Spaltbar unvollkommen nach $b(010)$. Etwas schneidbar. Härte 1 bis etwas darüber. Dichte 1·5—1·6.

Ebene der optischen Axen $c(001)$; die erste, negative Mittellinie senkrecht zu $a(100)$; $2E = 80^0$ etwa (LACROIX, Min. France **3**, 782; **4**, 901).

Verwittert nicht an der Luft.[2] Schmilzt nicht beim gelinden Erwärmen, sondern verliert sein Wasser und geht in Na_2CO_3 über, zu zartem Pulver zerfallend. Vor dem Löthrohr die Reactionen auf Natron.

---

[1] Aus *mm* und *ag* an künstlichen Krystallen (Ann. mines 1857, **12**, 55; Oeuvres **1**, 530). MOHS u. HAIDINGER (S. 2758) gaben für ihr „prismatisches Natronsalz" ganz andere Winkel (und Formen), die auch von DES CLOIZEAUX (Min. 1874, **2**, 167) für den Thermonatrit mit der Annahme der Formel $Na_2CO_3 \cdot H_2O$ adoptirt wurden und ebenso von RAMMELSBERG (krystallogr. Chem. 1855, 153), der aber dann (Suppl. 1857, 75; krystallogr.-phys. Chem. 1881, **1**, 548) auf die Aehnlichkeit der MOHS-HAIDINGERschen Winkel mit der Form des Salzes $Na_2CO_3 \cdot 7H_2O$ hinwies. Auch LACROIX (Min. France 1901, **3**, 782) hielt die Richtigkeit dieser Deutung für wahrscheinlich, wenn nicht etwa das Salz $Na_2CO_3 \cdot H_2O$ dimorph wäre. HAIDINGER (POGG. Ann. 1826, **6**, 87) hatte das Wasser im „prismatischen Natronsalz" zu 17·74 % bestimmt, also zwar zu hoch für $1H_2O$, etwa $\frac{5}{4}H_2O$ entsprechend, aber viel zu niedrig für $7H_2O$; das (wohl unreine Präparat) sei erhalten „bei der Abkühlung einer gesättigten Auflösung von kohlensaurem Natron" bei 20° bis 30° R., oder durch längeres Erwärmen der Lösung, oder durch Schmelzen von Soda (mit $10H_2O$) in ihrem Krystallwasser.

[2] Etwas aber das Material von MOHS (vgl. S. 2758), „doch nicht so leicht und schnell", wie Soda; „wenn beide in dem käuflichen Salze mit einander gemengt sind, so findet man oft in den Drusenräumen die Krystalle des prismatischen Natronsalzes vollkommen frisch, während" die Soda „beinahe gänzlich verwittert ist"; jedoch vgl. oben Anm. 1.

Löslich in Wasser, die Lösung reagirt alkalisch; jedoch nimmt nach LOEWEL (Ann. chim. phys. 1851, **33**, 380; 1855, **44**, 327) die Löslichkeit mit der Temperatur nicht zu.[1] Auf 100 g Wasser enthält die Lösung bei

15° bis 20°	29·86°	31·80°	35·37°	40·93° C.
52·41	50·53	50·31	49·67	48·52
43·94°	50°	70°	88·4°	104·75° C.
47·98	47·5	45·8	45·2	45·1 g Na_2CO_3

Historisches. Ueber die Abtrennung von Soda durch MOHS und Bezeichnung als **Thermonatrit** durch HAIDINGER vgl. S. 2758; **Thermonitrit** bei HAUSMANN[2] (Min. 1847, **2**, 1411). Die von MOHS darin vermuthete „geringere Menge von Wasser" (als in der Soda), wurde von HAIDINGER (vgl. S. 2772 Anm. 1) zum „achten Theil des Wassers" (in der Soda) bestimmt. SCHINDLER (Mag. Pharm. 1831, **33**, 14) stellte für künstliches Material die Formel $Na_2CO_3 \cdot H_2O$ auf, die von LOEWEL (vgl. oben) und Späteren bestätigt wurde. Dieselbe Zusammensetzung fand BEUDANT (Min. 1832, **2**, 310) für „Natron" (Soda[3]) aus Ungarn (I.—II.), Aegypten (IV.) und vom Vesuv (III.). MOHS sagt: „es scheint, dass beide Arten (Thermonatrit und Soda) gleich häufig in der Natur sich finden", und „beide künstlich sehr leicht sich darstellen" lassen, hat aber offenbar seine näheren Bestimmungen an künstlichem Material ausgeführt (Dichte 1·562); über seine Krystall-Bestimmungen und die von MARIGNAC vgl. S. 2772 Anm. 1.

Vorkommen und Bildung vgl. S. 2759—2762. Aus der künstlichen Darstellung (vgl. S. 2775) ergiebt sich, dass wie WEGSCHEIDER (bei DOELTER, Mineralchem. 1912, 1, 183) hervorhebt, Thermonatrit aus Soda-Lösungen sich durch Krystallisation oberhalb 35·4° C., bei Gegenwart anderer Salze (wie aus Salzseen) auch bei niedrigerer Temperatur bilden kann, aus wasserfreiem Na_2CO_3 durch Wasser-Anziehung (bei vulcanischen Vorkommen), aus fester Soda durch Verwitterung, aus festem Natriumbicarbonat oder Trona durch Abgabe von CO_2 in daran genügend armer Luft; die Bildung aus fester Soda oder Trona dürfte vielfach bei den Auswitterungen eine Rolle spielen. Natürliches Vorkommen niemals in einheitlichen Krystallen, sondern in Gemengen von

[1] Da sich beim Abkühlen im verschlossenen Gefäss ein Theil des bei Siedehitze abgesetzten Salzes mit $1 H_2O$ wieder auflöst.

[2] Vorher schon von HAUSMANN (Min. 1813, 832) als „zerfallene" von der frischen Soda unterschieden.

[3] „Soude; soude carbonatée; sous-carbonate de soude". Material aus der „Barbarie" mit CO_2 35·5, Na_2O 43·6, H_2O 16·7, NaCl 4·2 gedeutet als „Natron" 59·7, Urao 35·8, NaCl 4·2 und hygroskopisches Wasser 0·2.

Thermonatrit mit Wasser-reicheren[1] Natriumcarbonaten, auch mit Trona und anderen Salzen.

Fundorte (vgl. auch S. 2763—2768).[2] a) **Harz.** Hierher gestellt von LUEDECKE (Min. Harz 1896, 346; BLUM, Min. 1874, 156) die von F. A. ROEMER (N. Jahrb. 1850, 682) erwähnte und W. KAYSER analysirte, von KENNGOTT (Uebers. min. Forsch. 1850—51, 22) unter Soda aufgeführte „Salzkruste“, als Verwitterung auf dem Gang-Thonschiefer[3] der Bleiglanz-Grube Neue Margarethe bei Clausthal, mit Na_2CO_3 92·07, $MgCO_3$ 3·32, $CaCO_3$ 1·81, $FeCO_3$ 0·19, H_2O 1·85, Summe 99·24. Von WEGSCHEIDER (bei DOELTER, Mineralchem. 1912, **1**, 178) als wasserfreies Na_2CO_3 angesehen.

b) **Tirol.** Im Salzberge von **Hall** wird von GASSER (Min. Tir. 1913, 492) ausdrücklich das Vorkommen von Thermonatrit mit Soda in deren erdigen, gelblichweissen Krusten und Beschlägen als Efflorescenz auf den Eisenreifen der die Salzsoole leitenden Holzröhren erwähnt. Die mikroskopische Untersuchung dieser Efflorescenzen von verschiedenen Stellen des Salzberges durch M. SIMON (N. Jahrb. 1914, **1**, 1) ergab ein mit Soda übereinstimmendes monosymmetrisches Material.

c) **Ungarn.** Von den reichlichen Soda-Vorkommen (vgl. dort) zeigen einige Analysen die Zusammensetzung des Thermonatrits, wie schon BEUDANT (vgl. S. 2773) aussprach: Material von I. von den Ufern des „Lac Blanc“ und II. die Handels-Soda („Natron du commerce“) von Debreczin. Auch DAMMER u. TIETZE (nutzb. Min. 1913, **1**, 468) betonen, dass es sich bei den Natriumcarbonat-Vorkommen von Szegedin und Debreczin auf beiden Ufern der Theiss vorzugsweise um Soda und Thermonatrit handelt. Hierher stellt WEGSCHEIDER (bei DOELTER, Mineralchem. 1912, **1**, 182) auch L. SCHMIDT's (bei MOSER, Verh. Ver. Naturk. Pressburg 1858, **3**, 71; bei KENNGOTT, Uebers. min. Forsch. 1860, 15) Analyse einer Soda-haltigen Auswitterung des Bodens von St. Andreae am Neusiedler See: Na_2O 8·03, K_2O 3·12, CaO 2·72, MgO und Cl Spur, Fe_2O_3 und Al_2O_3 2·33, CO_2 8·79, SiO_3 3·48, SiO_2 1·04, in NO_3H Unlösliches 54·99, organische Substanz und Verlust (H_2O) 15·50, Summe 100.

d) **Italien.** Vom **Vesuv** von BEUDANT (vgl. S. 2773) durch Analyse III. angegeben. Schon vorher war Natriumcarbonat von MONTICELLI u. COVELLI (bei MONTICELLI, Opere, Napoli 1842, **2**, 192; „storia del fenom. del Ves. avvenuti negli anni“ 1821 bis 1823) in den Fumarolen vom 28. Februar bis 16. März 1822 beobachtet, und von PILLA (Spettatore del Ves. e dei Campi Flegrei 1833) als Salzkruste auf einer Bombe von 1833 gefunden worden. PALMIERI (Rend. Accad. Sc. Nap. 1873, 92) berichtete von Alkalicarbonaten in löcherigen Stalaktiten in einem Hohlraum der Lava von 1872. In diesen Stalaktiten bestimmte A. SCACCHI (Atti Acc. Sc. Nap. 13. dic. 1873 [1875], **6**, No. 9, 25) auch quantitativ das Verhältnis der mit Chlor, Schwefel- und Kohlensäure verbundenen Alkalien (K, Na), und auch deren Verhältnis. In weissen Salzkrusten in der Lava von 1859 im Fosso Grande constatirte E. SCACCHI (Rend. Acc. Sc. Nap. 1888, 486; GROTH's Ztschr. **18**, 100) Thermonatrit durch eine CO_3-Bestimmung von 35·44 % und die Abwesenheit von Kali. ZAMBONINI (vgl.

[1] Thermonatrit kann bei 20° C. in $Na_2CO_3 \cdot 7H_2O$ übergehen, wenn die relative Luft-Feuchtigkeit 66 % übersteigt.

[2] Die Zugehörigkeit zum Thermonatrit in Ermangelung genauerer Angaben meist nur aus den Analysen geschlossen.

[3] Deshalb von WEGSCHEIDER (bei DOELTER, Mineralchem. 1912, **1**, 148 Anm. 4) aufgeführt als Beispiel der Bildung von Natriumcarbonat aus Silicat (vgl. S. 2761), obgleich der Thonschiefer nur 1·6 % Na_2O nach W. KAYSER (bei F. A. ROEMER a. a. O.) enthielt.

S. 2768[1]) fand dieselbe Substanz zusammen mit Trona in 1906 gesammelten Leukotephrit-Stücken im Atrio del Cavallo.

Am **Aetna** Thermonatrit noch nicht nachgewiesen; vgl. S. 2768 und bei Soda.

e) **Afrika.** Aus **Aegypten** schon von Beudant (vgl. S. 2773) durch Analyse IV. constatirt. — Material von **Borku** (vgl. S. 2764), wie es auf den Märkten von Bagirmi verkauft wird, von Wegscheider (bei Doelter, Mineralchem. 1912, **1**, 182) hierher gestellt (Analyse V.). Lacroix (Min. France 1901, **3**, 787. 783) erwähnt ebenfalls den Thermonatrit als Begleiter der Trona (vgl. S. 2764) und meint, dass er in den Salzkrusten der Wüsten-Regionen des **Sudan** sich hauptsächlich durch Verwitterung aus der Soda, aber auch direct (aus wässeriger Lösung von Natriumcarbonat oberhalb 25° C.) gebildet habe.

f) **Asien.** Wegscheider (vgl. oben) stellt hierher die Analysen von Material von der Küste östlich von **Aden** (VI.), Salzkrusten des Sees Tasch-burun beim **Ararat** (VII.), von „Soda" aus **„Ostindien"** (VIII.), sowie aus

g) **Südamerika** Efflorescenzen am Bett des Rio Hualfin zur Zeit des niedrigen Wasserstandes, 4 Jahre aufbewahrt (IX.) und zu anderer Zeit frisch gesammelte Probe (X.), ferner „Soda" von Antofagasta (XI.), sowie aus

h) **Nordamerika,** resp. **Californien** als Boden-Auswitterung im San Joaquin-Thal (XII.—XIII.). — Vgl. S. 2767 die Krystall-Ausscheidungen an der Bay von **Adair** in **Mexico.**

Antillen. Auf **Guadeloupe** auf Lava nach Des Cloizeaux (Min. 1874, **2**, 168); Lacroix (Min. Fr. 1901, **3**, 784) vermuthet ähnliche Bildung wie im Sudan (vgl. oben unter e).

i) **künstlich.** Das von Mohs u. Haidinger (vgl. S. 2772 Anm. 1) dargestellte Präparat entsprach nicht $Na_2CO_3 \cdot 1H_2O$, sondern wahrscheinlich $Na_2CO_3 \cdot 7H_2O$. Das Heptahydrat geht nach Schindler (Mag. Pharm. 1831, **33**, 15) bei 35·37° C. in das Monohydrat über, so dass man also Thermonatrit durch Einengen von Natriumcarbonat-Lösungen oberhalb 35·4° erhält; Schindler schreibt Krystallisiren bei 75° bis 87·5° C. vor, Marignac (Jahresber. Chem. 1857, 137) bei ungefähr 80°. Wird in dieser Weise auch bei der technischen Soda-Fabrikation gewonnen, und zwar als Zwischen-Product beim Leblanc-Process (aus der Rohsoda-Lauge) oder zum Verkauf als Krystallcarbonat.[2] Bei Gegenwart anderer Salze krystallisirt Thermonatrit auch bei niedrigerer Temperatur, nach Marignac bei gewöhnlicher Temperatur in Gegenwart von viel Kaliumcarbonat. Nach Schindler krystallisirt auch das Monohydrat aus, wenn man das Dekahydrat (Soda) im Krystallwasser schmilzt und einige Zeit geschmolzen erhält; und ebenso bildet sich das Monohydrat aus Soda durch Verwitterung bei 32·5—37·5° C.

Marignac (vgl. S. 2772 Anm. 1) erhielt bei gewöhnlicher Temperatur aus einer Lösung von äquivalenten Mengen Natrium- und Kaliumcarbonat dünne Lamellen *c*(001) mit *m*(110), *a*(100), *u*(101) und einigen nicht näher bestimmten Formen der Zone *mu*; aus reiner Soda-Lösung bei 80° C. nach *a*(100) tafelige Krystalle, meist nur noch mit *cm*, seltener mit *g*(102) und *p*(122); aus Lösungen mit K_2CO_3 und NaCl in der Wärme säulige, brachydiagonal gestreckte Krystalle mit *c*(001), *b*(010), *e*(021), *m*(110), *a*(100).

---

[1] Lacroix (vgl. S. 2768 Anm. 3) erinnert daran, dass zuerst Fouqué (Arch. miss. sc. et litt. 1866, **3**, 165) zuerst das Vorkommen eines Carbonats in Fumarolen mit Salzen von K und Na bei der Eruption des Aetna von 1865, und zwar sowohl in denen der Kratere, als auch in den bei hoher Temperatur ausgeworfenen Blöcken angegeben habe.

[2] Wie Wegscheider (bei Doelter, Mineralchem. 1912, **1**, 183) berichtet nach einem (anonymen) Citat im Jahresb. Chem. 1888, 2688.

Analysen. Vgl. auch S. 2772 Anm. 1, S. 2773 Anm. 3 u. S. 2774.
c) Ungarn. I.—II. Beudant, Min. 1832, **2**, 310.
IIa. berechnet von Wegscheider bei Doelter, Mineralchem. 1912, **1**, 181.
d) Vesuv. III. Beudant a. a. O.
e) Aegypten. IV. Derselbe ebenda.
IVa. berechnet von Wegscheider[1] a. a. O.
Borku. V. Hébert, Bull. soc. chim. 1905, **33**, 317; bei Wegscheider a. a. O.
f) Aden. VI. Haines, Jahresber. Chem. 1863, 1079; do.
Ararat. VII. Abich, Journ. pr. Chem. 1846, **38**, 5; do.
Ostindien. VIII. Pfeiffer, Journ. pr. Chem. 1854, **61**, 440; bei Gorup-Besanez, Ann. Chem. Pharm. 1854, **89**, 219; N. Jahrb. 1856, 42.
g) Rio Hualfin. IX.—X. Schickendantz, Ann. Chem. Pharm. 1870, **155**, 359.
Antofagasta. XI. Reichert, Groth's Ztschr. **47**, 297; bei Wegscheider a. a. O.
h) San Joaquin-Thal. XII.—XIII. Hilgard, Ber. d. chem. Ges. 1892, **25**, 3629; Ztschr. pr. Geol. 1894, 68; Groth's Ztschr. **24**, 425; berechnet von Wegscheider a. a. O.

		CO_2	Na_2O	H_2O	Cl	SO_3	Summe	abz. O[2]	incl.
	Theor.	35·45	50·03	14·52	—	—	100	100	
c)	I.	35·10	50·20	14·70	—	Spur	100	100	
	II.	30·40	43·20	13·80	2·20[3]	10·40[4]	100	100	
	IIa.	30·50	48·80	13·80	1·30	5·90	100·30	100	
d)	III.	32·30	46·70	14·00	2·70[3]	Spur	101·00	101·00	5·30 Unlösl.
e)	IV.	30·90	43·80	13·50	3·10[3]	7·30[4]	100	100	1·40 „
	IVa.	31·00	48·60	13·50	1·90	4·20	99·20	98·80	
	V.	32·42	43·01	21·14	0·80	—	99·15	98·97	0·15 K_2O, 1·63 Unlösl.
f)	VI.	21·18	43·09	19·66	15·13	Spur	103·41	100	4·35 Sand
	VII.	9·51	47·71	9·88	31·23	9·04	107·37	100·32	
	VIII.[5]	16·00	22·59	17·59	0·79	4·01	100·08	99·90	2·65 K_2O, 0·30 MgO[6]
g)	IX.	24·14	41·94	21·48	3·82	1·92	100·18	99·32	0·54 „ , Spur „ [7]
	X.	23·94	36·50	31·93	2·11	0·85	100·17	99·69	Spur „ , 0·26 „ [8]
	XI.[9]	14·14	36·20	16·98	9·53	11·97	102·39	100·24	3·85 Al_2O_3 + Fe_2O_3, 0·85 MgO, 8·87 Unlösl.
h)	XII.	11·79	38·21	17·43[10]	7·40	13·28	101·67	100	1·76 K_2O, 0·45 NH_3, 10·42 N_2O_5, 0·93 P_2O_5
	XIII.	16·77	27·21	38·42[10]	1·50	6·43	100·04	99·70	6·77 K_2O, 0·34 MgO, 2·60 P_2O_5

[1] W. stellt hierher auch eine Analyse von Reicherdt (bei Rammelsberg, Mineralchem. 1875, 239) an „Soda" aus „Aegypten": Na_2CO_3 14·83, Na_2SO_4 31·11, NaCl 45·77, H_2O 4·22, Summe 99·53.

[2] Abzüglich der dem Chlor-Gehalt entsprechenden Sauerstoff-Menge.

[3] NaCl. [4] Na_2SO_4.

[5] Na_2CO_3 52·89, Na_2SO_4 11·44, NaCl 0·77, K_2CO_3 6·65, H_2O 28·25, Summe 100 (bei Rammelsberg, Mineralchem. 1875, 239).

[6] Nebst CaO 0·16, Al_2O_3 0·26, Fe_2O_3 1·08, „Kieselerde und Sand" 34·65.

[7] Nebst CaO Spur, org. Substanz 0·55, Unlösl. 5·79.

[8] Nebst 0·09 org. Substanz, Unlösl. 4·49.

[9] Na_2CO_3 34·05, Na_2SO_4 18·22, NaCl 15·71, $MgSO_4$ 2·55, Fe_2O_3 + Al_2O_3 3·85, H_2O 16·98, Unlösl. 8·87, Summe 100·23 im Original.

[10] Incl. org. Substanz.

Zusatz. Zwischen dem Monohydrat (Thermonatrit) und dem Dekahydrat (Soda) sind krystallographisch noch bestimmt:

1. **Natriumcarbonat-Hemipentahydrat $Na_2CO_3 \cdot \frac{5}{2} H_2O$**, rhombisch nach MOREL (Bull. soc. min. Paris 1889, **12**, 546; GROTH's Ztschr. **20**, 283). Erhalten bei langsamer Verdunstung einer ziemlich concentrirten Lösung von SOLVAY-Soda bei einer Temperatur zwischen 18—25° C. in bis 15—20 mm langen und bis 1—2·5 mm dicken, meist aber dünneren Säulen *m*(110) mit *q*(011), zuweilen auch schmalen, zu *a*(100) vicinalen Flächen; statt *q* zuweilen ein sehr steiles Brachydoma. Aus *mm* = 71° 54′ und *qq* = 47° 26′ berechnet MOREL *abc* = 0·794 : 1 : 0·439 und *mq* = 75° 46′. Dasselbe Salz bildet sich spontan unterhalb 15° C. in gemischten Lösungen von in Krystallwasser geschmolzenem gewöhnlichem Natriumphosphat und Carbonat, die man durch langsame Verdunstung der Concentration überlässt. Jedoch macht WEGSCHEIDER (Ztschr. anorg. Chem. 1911, **73**, 257) darauf aufmerksam, dass dem Verhältnis *a* : *b* = 0·794 : 1 ein Winkel *mm* = 76° 54′ entspricht, der dem am Thermonatrit (79° 10′, vgl. S. 2772) so nahe kommt, dass eine Identität beider Hydrate wahrscheinlich, und die Existenz des Hemipentahydrats nicht sicher sei.

2. **Natriumcarbonat-Heptahydrat $Na_2CO_3 \cdot 7H_2O$**, rhombisch nach RAMMELSBERG (kryst.-phys. Chem. 1881, **1**, 548; Suppl. 1857, 75). Erhalten[1] durch langsames Abkühlen einer durch Schmelzen des Dekahydrats (Soda) gewonnenen Lösung, sowie aus Mutterlaugen von Natriumjodat, in rectangulären Tafeln *b*(010) mit *k*(021), *a*(100), *o*(111), *n*(210), *l*(230), *x*(121). Aus *bl* = 41° 36′ und *kk* = 71° 34′ berechnet *abc* = 0·7508 : 1 : 0·3604 und *nb* = 69° 25′, *ob* = 72° 0′, *oa* = 65° 42′, *xb* = 56° 59′, *xa* = 68° 44′. MARIGNAC (Ann. mines 1857, **12**, 56; Oeuvres **1**, 531) erhielt besonders schöne Krystalle durch Zusatz von NaCl oder $NaNO_3$ zum Carbonat, beobachtete ausser RAMMELSBERG's Formen noch *p*(120), *z*(131), *v*(221), doch ohne Angabe von Messungen. Wie schon S. 2772 Anm. 1 erwähnt wurde, wies RAMMELSBERG auf die Uebereinstimmung der Winkel *ll* und *kk* mit den von MOHS (vgl. S. 2758) für sein „prismatisches Natronsalz", resp. von HAIDINGER (S. 2758) und DES CLOIZEAUX (vgl. S. 2772 Anm. 1) für den Thermonatrit gegebenen Winkeln *ll*[*oo*] = 83° 50′ und *kk*[*dd*] = 72° 10′. MOHS zeichnet (vgl. Fig. 680) die Combination von *b*[*p*] mit *kl*[*do*] und einer Pyramide [*P*], mit den Winkeln 38° 12′, 127° 51′, 34° 8′, von DES CLOIZEAUX (Min. 1874, **2**, 167) als Grundform [*b*½] genommen, mit den aus *ll*[*oo*] = 83° 50′ und *kk*[*dd*] = 72° 10′ berechneten Winkeln 38° 12′, 127° 49′, 34° 10′; bei DES CLOIZEAUX *b*[*p*] als [*h*′](100), *l*[*o*] als primäres [*m*](110), *k*[*d*] als [*a*½](201). Bei GROTH (chem. Kryst. 1908, **2**, 197) wird MOHS' [*P*] = DES CL. [*b*½] als *y*(233) gedeutet, mit den aus RAMMELSBERG's Axenverhältnis berechneten Winkeln 37° 54′, 128° 32′, 33° 30′, entsprechend *yb* = 71° 3′, *yl* = 64° 16′, *ya* = 73° 15′. TRAUBE (GROTH's Ztschr. 1893, **22**, 145) erhielt aus gemischten Lösungen mit Natriumsulfit[2] nach *b*(010) dünntafelige Krystalle mit *a*(100), *o*(111), *k*(021), *l*(230); Dichte 1·521—1·531; mit einem Gehalt von 0·07 bis 0·45 Mol. $Na_2SO_3 \cdot 7H_2O$ auf $1Na_2CO_3 \cdot 7H_2O$; bei vorherrschendem Sulfit nehmen die Mischkrystalle die monosymmetrische Form des Natriumsulfit-Heptahydrats[3] an.

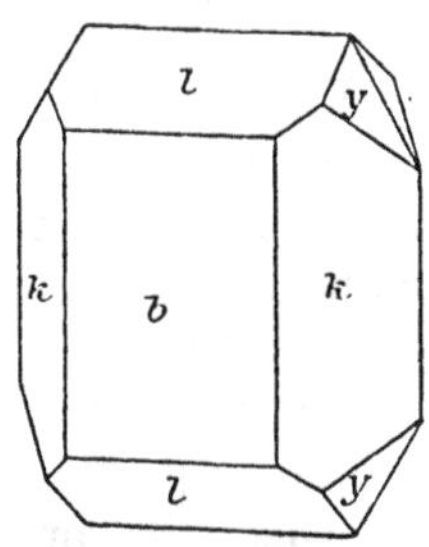

Fig. 680. „Prismatisches Natronsalz" nach MOHS.

[1] Zuerst von CLARKE (Ann. Phil. Dec. 1825, **10**, 442; POGG. Ann. 1826, **6**, 84) beobachtet in den Siedepfannen der TENNANT'schen Soda-Fabrik in Glasgow, „mit 7 oder 8 At. Wasser", und oberflächlich von THOMSON (ebenda) beschrieben; Dichte 1·51.

[2] TRAUBE stellte auch Mischkrystalle der Dekahydrate dar.

[3] Von den Natriumsulfiten mit $7H_2O$ und mit $10H_2O$ ist keine mit der der Carbonate übereinstimmende Krystallform bekannt.

Da das Natriumcarbonat-Heptahydrat[1] bei geeigneter Luft-Feuchtigkeit sowohl aus Thermonatrit als auch aus Soda entstehen kann, so ist es, wie WEGSCHEIDER (bei DOELTER, Mineralchem. 1912, **1**, 185) bemerkt, wahrscheinlich, dass das Heptahydrat einen Bestandtheil der natürlichen Natriumcarbonat-Vorkommen bildet, deren Wasser-Gehalt meist zwischen dem des Monohydrats und Dekahydrats liegt.

5. Soda (Natron, Natrit). $Na_2CO_3 \cdot 10\,H_2O$. (Natriumcarbonat-Dekahydrat.)

Monosymmetrisch $a:b:c = 1{\cdot}4828:1:1{\cdot}4001$ MOHS[2]
$\beta = 58^0\,52'$.

Beobachtete Formen: $a(100)\infty P\infty$. $b(010)\infty P\infty$. $c(001)oP$. $m(110)\infty P$. $e(011)P\infty$. $s(\bar{1}01)+P\infty$. $p(\bar{1}12)+\frac{1}{2}P$.

$m:m = (110)(1\bar{1}0) = 103^0 32'$	$s:a = (10\bar{1})(100) = 63^0 29'$
$m:c = (110)(001) = 71\ 20$	$s:c = (\bar{1}01)(001) = 57\ 39\frac{1}{3}$
$e:e = (011)(0\bar{1}1) = 100\ 19$	$p:p = (\bar{1}12)(\bar{1}\bar{1}2) = 69\ 55$
$e:m = (011)(110) = 36\ 5$	$p:c = (\bar{1}12)(001) = 43\ 43$

Habitus der Krystalle mehr oder weniger tafelig nach der Symmetrieebene, mit ungefähr gleicher Ausdehnung von $m(110)$ und $e(011)$.[3] Zwillingsbildung nach $c(001)$. In der Natur gewöhnlich nur in krystallinischen, körnigen bis stängeligen Krusten, als mehliger Beschlag, in Efflorescenzen.

Glasglänzend, bis matt und erdig. Durchsichtig bis durchscheinend. Farblos, resp. weiss; durch Verunreinigung grau oder gelblich.

Ebene der optischen Axen senkrecht zur Symmetrieebene, mit der Verticalen im stumpfen Winkel $ac(\beta)$ für mittlere Farben $41^0\,8'$ bildend, mit geringer (gekreuzter) Dispersion; erste, negative Mittellinie die Sym-

---

[1] Dessen Zusammensetzung von LOEWEL (Ann. chim. phys. 1851, **33**, 383) festgestellt wurde.

[2] Aus den Winkeln (Grundr. Min. 1824, **2**, 34) *ac*, *mm* und *ee* berechnet von DANA (Min. 1892, 301). Die Winkel von MOHS unverändert von HAIDINGER (Edinb. Journ. Sc. 1825, **2**, 326; POGG. Ann. 1825, **5**, 369; MOHS' Min. 1825, **2**, 27) übernommen. Bei MOHS u. HAIDINGER *e* übrigens als $[P](111)$ genommen mit $\beta = 87^0$. Bei MILLER (PHILLIP's Min. 1852, 599) *m* als (110), aber *e* als (121), resp. $c[p]$ als (101). RAMMELSBERG (kryst. Chem. 1855, 155) nahm *e* als $[p](110)$ und *m* als $[o'](\bar{1}11)$, ebenso SCHRAUF (Sitzb. Ak. Wiss. Wien 1860, **38**, 907) und GROTH (Tab. Uebers. 1874, 29; 1882, 48; Chem. Kryst. 1908, **2**, 197). Die obige (DANA'sche, auch Min. 1855, 455 u. 1868, 705) Aufstellung auch bei GOLDSCHMIDT (Index 1891, **3**, 139); bei DES CLOIZEAUX (Min. 1874, **2**, 168) ebenso, nur *e* als $[e^{1/2}](012)$, resp. *p* als $[b^{1/2}](\bar{1}11)$.

[3] Weshalb die Krystallform noch von ROMÉ DE L'ISLE und HAÜY (vgl. S. 2758) für rhombisch gehalten wurde.

metrieaxe; $2E = 112^0 48'$ für Roth und $112^0 42'$ Gelb bei 14° C. nach DES CLOIZEAUX (Min. 1874, 2, 168[1]).

Spaltbar deutlich nach $c(001)$, undeutlich nach der Symmetrieebene $b(010)$, in Spuren nach $m(110)$. Bruch muschelig. Spröde, aber schneidbar. Härte 1 bis etwas darüber. Dichte 1·42—1·48.

Kubischer Ausdehnungs-Coëfficient[2] zwischen —188° und +17° C. nach DEWAR (Chem. Centralbl. 1905, 1, 1689) 0·0001563.

An der Luft rasch unter Wasser-Verlust verwitternd, durch Umwandelung in Thermonatrit. Schmilzt bei mässiger Wärme[3] in seinem Krystallwasser, unter Ausscheidung von Thermonatrit. Vor dem Löthrohr Reaction auf Natron. Leicht löslich in Wasser; die Lösung reagirt alkalisch und braust mit Säuren. Die Löslichkeit nimmt mit der Temperatur zu. Die Lösung[4] enthält (vgl. LANDOLT-BÖRNSTEIN, phys.-chem. Tab.) auf 100 g Wasser bei

—2·1°	0°	10°	20°	25°	27·84°	30·35°	31·72°	32·06° C.
6·3	7·1	12·6	21·4	29·8	34·20	40·12	44·21	45·64 g Na_2CO_3

Während aber das wasserfreie Na_2CO_3 sich in Wasser unter Freiwerden von Wärme löst, so das Dekahydrat unter Wärme-Absorption. Nach RÜDORFF (Ber. d. chem. Ges. 1869, 2, 68) sinkt beim Vermischen von

[1] Offenbar in Ergänzung der Beobachtungen von SÉNARMONT (Ann. chim. phys. 1854, 41, 338; bei RAMMELSBERG, kryst. Chem. Suppl. 1857, 75; kryst.-phys. Chem. 1881, 1, 550).

[2] Die Volumen-Aenderungen beim Erwärmen auch von E. WIEDEMANN (Ann. Phys. Chem. 1882, 17, 561; GROTH's Ztschr. 9, 635) studirt.

[3] Das Dekahydrat verändert sich bis 32° C. nicht, zerfällt dann aber in Heptahydrat (vgl. S. 2777) und gesättigte Lösung, die auf 100 g Wasser 45·4 g Na_2CO_3 enthält. Da aber das Dekahydrat auf 100 g Wasser 58·84 g Na_2CO_3 enthält, reicht das vorhandene Wasser nicht aus, um alles Natriumcarbonat in Lösung zu bringen. Man erhält aus 286 g Soda rund 171 g gesättigte Lösung und 115 g festes Heptahydrat, also eine trübe Schmelze. Das Natriumcarbonat ist fast zu gleichen Theilen auf Lösung und Krystalle vertheilt. Bei weiterem Erhitzen geht mehr Heptahydrat in Lösung. Bei 35·37° C. hat man nur noch 88 g festes Heptahydrat und daneben 198 g Lösung, die auf 100 g Wasser 49·67 g Na_2CO_3 enthält. Nun aber geht das Heptahydrat in Monohydrat über (nach SCHINDLER, vgl. S. 2775). Man hat dann 265 g Lösung und 21 g Monohydrat; etwa ein Sechstel des Natriumcarbonats ist im festen Salz. Bleibt beim Erhitzen des Dekahydrats die Bildung des Heptahydrats aus, so kann bei 32·96° C. der unmittelbare Uebergang in das Monohydrat erfolgen. Dabei bilden sich aus 286 g Dekahydrat 266 g Lösung (mit 50·1 g Na_2CO_3 auf 100 g Wasser) und 20 g Monohydrat. Wenn aber auch die Umwandelung in Monohydrat ausbleibt, schmilzt das Dekahydrat zu einer klaren Flüssigkeit (WEGSCHEIDER bei DOELTER, Mineralchem. 1912, 1, 176).

[4] Nach KREMANN u. ZITEK (Mon. f. Chem. 1909, 30, 311. 317) wird die Löslichkeit durch $NaNO_3$ vermindert, aber durch Zusatz von Salzen, welche wie K_2CO_3 mit Na_2CO_3 Doppelsalze geben, erhöht.

40 Theilen Soda-Krystallen mit 100 Theilen Wasser von 10·7° C. die Temperatur um 9·1° auf 1·6°, aber nicht unter 2°, wenn die Anfangs-Temperatur 0° war, weil bei — 2° der Gefrierpunkt der gesättigten Lösung erreicht ist.

Historisches. Der Name **Soda** kommt bereits im 17. Jahrhundert vor (KOBELL, Gesch. Min. 1864, 408); um 1759 wurde von MARGGRAF das Natrum als fixes mineralisches Alkali vom Kali[1] (fixes vegetabilisches Alkali) unterschieden. Nachdem aber KLAPROTH (Beitr. 1797, **2**, 39) im Leucit das „Pflanzenalkali" nachgewiesen hatte, schlug er (a. a. O. 61) vor, für dieses „den Namen Kali festzusetzen, und statt der, dem alkalisch-salzigen Grundtheile des Kochsalzes beigelegten Benennungen: Mineralalkali, Soda u. s. w. zu dessen älterem Namen Natron zurück zu kehren". — Ueber die Bezeichnung Natron und Nitrum für Carbonate vgl. S. 2758 und dort Anm. 9.

ROMÉ DE L'ISLE (Cristallogr. 1783, **1**, 149) hatte in seinen „cristaux d'alkali fixe minéral" offenbar das Dekahydrat in Händen; *me* gedeutet als „octaëdre rhomboïdal" mit gleichen Neigungswinkeln *mm* = *ee* = 104°, die ebenen Winkel auf *b* zu 60° und 120° (= *β*) angenommen. HAÜY (Min. 1801, **2**, 374) reproducirt für „soude carbonatée"[2] ROMÉ's Angaben, mit einer Analyse von BERGMANN;[3] giebt aber später (Min. 1822, **2**, 207) die Winkel des „octaèdre rhomboidal" genauer zu 143° 8′ (= *me*) und 113° 54′ an, letzteres offenbar Druckfehler für 103° 54′ (= *mm*).

BROOKE (Ann. Phil. 1823, **6**, 287) giebt für das „subcarbonate of Soda" ROMÉ's Figur der Combination *bme* wieder, vermehrt durch *a*(100), sowie *bmea* auch mit *c*(001), und constatirt „the primary form an oblique rhombic prism", mit *mm* [*MM'*] = 103° 48′, *ee* [*ee'*] = 100° 16′, *mc* [*MP*] = 71° 17′, *ac* [*hP*] = 58° 40′. Allgemein aber wurden dann die Messungen von MOHS (vgl. S. 2778 Anm. 2) am „hemiprismatischen Natronsalz" angenommen,[4] wenn auch in verschiedener Aufstellung (vgl. ebenda) der Krystalle, deren Form eben die Identität mit dem Dekahydrat gewährleistet. MOHS (Grundr. Min. 1824, **2**, 37) gab dazu noch die Trona-Analyse von KLAPROTH (vgl. S. 2758 Anm. 5), vor der mineralogischen Abtrennung der Trona, während KLAPROTH schon gleichzeitig die Zusammensetzung des Dekahydrats für das „gewöhnliche kohlensaure Natrum" (vgl. S. 2758 Anm. 7) angegeben hatte (ebenso wie BERGMANN, vgl. S. 2758 Anm. 3). Die theoretische Zusammensetzung des Deka-

[1] WALLERIUS (Min., übers. DENSO 1750, 225. 545) sagt, dass Soude = Soda „von dem Kraute Kali gemacht wird", resp. „einer Pflanze, die Kali heisset, die an dem Seeufer wächset, und folglich mehr Kochsalz als andere Pflanzen in sich hält".

[2] „Abonde en Egypte, dans une vallée, que l'on appelle la Vallée des Lacs de Natron" (vgl. auch S. 2757 Anm. 6); auch das massenhafte Vorkommen in den „plaines de Debreczin en Hongrie" nach BORN (catal. RAAB 1790, **2**, 69) erwähnt.

[3] Identisch mit der S. 2758 Anm. 3 mitgetheilten; vgl. auch dort Anm. 7.

[4] Nur bei SÉNARMONT (bei RAMMELSBERG, vgl. S. 2779 Anm. 1) *mm* = 100° 19′ statt 100° 20′.

hydrats später natürlich auch bei MOHS (u. ZIPPE, Min. 1839, 2, 29) für das „hemiprismatische Natronsalz". Dafür der alte Name **Natron**[1] beibehalten bei NAUMANN (Min. 1828, 247), MILLER (PHILLIPS' Min. 1852, 598), DANA (Min. 1850, 190; 1892, 301), DES CLOIZEAUX (Min. 1874, 2, 168), ZIRKEL (NAUMANN's Min. 1907, 548), LACROIX (Min. France 1901, 3, 783), während **Soda** von HAUSMANN (Min. 1813, 832; 1847, 1410), KOBELL (Char. Min. 1830, 74; Grundz. Min. 1838, 172), RAMMELSBERG (Mineralchem. 1841, 154; 1875, 239), QUENSTEDT (Min. 1855, 435; 1877, 635), GROTH (Tab. Uebers. 1874, 28; chem. Kryst. 1908, 2, 197), BAUER (Min. 1904, 604), TSCHERMAK (Min. 1905, 481), KLOCKMANN (Min. 1912, 434) vorgezogen wurde. WEISBACH (Synops. Min. 1875, 7; 1897, 3) bildete die Form **Natrit.**

Vorkommen und Bildung vgl. S. 2759—2762 u. 2773. Das Dekahydrat ist in der Natur selten,[2] und das natürliche Natriumcarbonat fast immer Wasser-ärmer, da wie auch BRAUNS (chem. Min. 1896, 350) betont,[3] die Lösungen (in Natronseen, vgl. S. 2762) noch andere Salze enthalten und diese die Abscheidung von an Wasser ärmerem Salz begünstigen,[4] und überdies das Dekahydrat (Soda) nur bei niedrigerer Temperatur und in feuchter Luft beständig ist, bei über 37° C. aber und in trockener Luft zerfällt, und in Monohydrat (Thermonatrit) übergeht. Nicht bei allen nachstehend aufgeführten Fundstellen ist chemisch und physikalisch das Dekahydrat sicher gestellt, wie andererseits auch viele der S. 2763—2768 genannten Vorkommen früher als solche von „Soda" galten.

a) **Deutschland.** Aus **Mecklenburg** wurde „mehlartige Soda" von Horst bei Satow beschrieben (VORTISCH, N. Jahrb. 1864, 98). — In **Hannover** in unterirdischen Gewölben von Erzen (Aerzen) bei Hameln „kohlensaures Natron" (LEONHARD, top. Min. 1843, 398). Ueber die „Salzkruste" von der „Neuen Margarethe" bei Clausthal vgl. S. 2774. — Aus **Pr.-Hessen** untersuchte UNGAR (Journ. pr. Chem. 1852, 57, 379) eine „rohe Soda" von Ringkuhl bei Gross-Almerode, mit Na_2CO_3 37·8, NaCl 0·4 und diversen Beimengungen, leider ohne Berücksichtigung des Wasser-Gehalts, wie auch KENNGOTT (Uebers. min. Forsch. 1852, 14) monirt.

b) **Böhmen.** In der Gegend von **Bilin**, besonders am Wege zum Sauerbrunn und am Hradischt-Berge als Efflorescenz-Rinde auf Gneiss und auf Wiesen (ZEPHAROVICH, Lex. 1859, 419).

Mähren. Um Neusiedl und Guttenfeld als krystallinische Kruste des Ackerbodens; um den Galgenberg südlich von Nikolsburg, Tieschan, Frainspitz und Höflein, als mehliger Beschlag des Ackerbodens (ZEPHAROVICH a. a. O. 420).

---

[1] Resp. kohlensaures Natron bei LEONHARD (Oryktogn. 1821, 614; 1826, 149).

[2] Es krystallisirt bei Zimmer-Temperatur aus Natriumcarbonat-Lösungen, und entsteht aus an Wasser ärmeren Hydraten durch Wasser-Aufnahme an feuchter Luft.

[3] Und (a. a. O. 355), dass auch die Boden-Ausblühungen aus ihren Lösungen durch Verdunsten des Wassers zur Abscheidung gekommen sind.

[4] Durch mitgelöste Salze wird die Temperatur, bis zu welcher Soda neben Lösung bestehen kann, herabgedrückt.

c) **Ungarn.** Im Tieflande vielorts bei feuchter Witterung auf sandigem Boden efflorescirend (vgl. S. 2718 Anm. 2). Nach KVASSAY (Jahrb. geol. Reichsanst. 1876, **26**, 444; bei ZEPHAROVICH, Lex. 1893, 234) durch Einwirkung des $CaCO_3$ im Boden auf NaCl entstanden, das aus den karpathischen Salz-Lagern[1] der Ebene zugeführt wurde; in den trockenen Jahren erscheint die Soda[2] nicht, tritt aber, wenn durch andauernd feuchte Witterung die Boden-Feuchtigkeit stark zunimmt und das Grundwasser hoch liegt, plötzlich und massenhaft auf, sogar den Rasen bedeckend. In den einen grossen Theil der Comitate Nord-Bihar (mit **Debreczin**), Szabolcs (mit **Nagykalló**) und Szathmar einnehmenden Ebenen des Landstrichs **Nyír** zahlreiche[3] Natron-Seen (weisse Teiche, Fejér-Tó), welche das Rohproduct für die einst in Ungarn so wichtige Soda-Industrie lieferten. Neben Natriumcarbonat enthalten diese Teiche auch Chlorid und Sulfat, sind nur 1—1·5 m tief und trocknen in der heissen Jahreszeit fast vollständig aus, und die weisse Soda bleibt auf der vom Wasser verlassenen Fläche zurück. Die von RÜCKERT (CRELL's chem. Ann. 1793, **1**, 525) ausgesprochene Ansicht, dass die Ausscheidung durch Uebersättigung stattfindet, wurde auch von BEUDANT (Voy. Hongrie **2**, 336; bei G. VOM RATH, Niederrhein. Ges. Bonn 1876, 182) getheilt; jedoch ist nach SZABÓ (Jahrb. geol. Reichsanst. 1850, **1**, 333) der Salz-Gehalt jener Seen so gering, „dass man eine Soda-Bildung unter dem Wasser selbst geradezu absprechen muss", und vielmehr ist die Soda durch Vermittelung des Regenwassers in die Teiche gekommen, und stammt aus den umliegenden Districten; nur würde die Feuchtigkeit des vom See verlassenen Grundes die Efflorescenz des Natriumcarbonats aus dem Boden begünstigen. Das stimmt mit KVASSAY's Angaben überein. Nach G. VOM RATH (a. a. O.) sind im Lande jenseits der Theiss als besonders Soda-reich ausser der Umgebung von Debreczin[4] zu erwähnen die Hajduken-Städte Hajdu-Böszörmeny, H.-Dorogh, H.-Nanas; Nyiregyhaza. Ähnliche Natron-Seen finden sich in der Sandwüste von Kleinkumanien zwischen **Szegedin**, Kecskemet und Baja[5] (Kis Körös, Vadkert, Majsa, Halas, Dorozsma u. a.). ZEPHAROVICH (Lex. 1859, 420) erwähnt um Szegedin die Vorkommen von Félegyháza, Maisa, Kis-Telek,[6] sowie bei Szlankament (in der früheren Militärgrenze). — Ferner nach ZEPHAROVICH (a. a. O. 419) Soda-Kehrplätze in der Nähe des östlichen Ufers vom **Neusiedler** See; Material von St. Andreae vgl. S. 2774.

---

[1] OCHSENIUS (Ztschr. pr. Geol. 1893, 200) sagt: „Mutterlaugenreste der colossalen karpathischen Steinsalzflötze liefen von Norden und Osten her in das Tiefland, junge und jüngste vulcanische Gesteine sind längs der Nord- und Ostseite überaus häufig, Kohlensäure-Entwickelungen noch im Gange".

[2] In Ungarn versteht man nach KOHL (Hundert Tage auf Reisen in den öst. Staaten; 4. Theil, Reisen in Ungarn; 1842, 326) unter **Szék** die mit Natriumcarbonat bedeckte Erde; nach B. v. INKEY (Jahrb. ung. geol. Anst. 1898, **11**, 371) ist Szék oder Szik ein undurchlässiger unfruchtbarer Boden, Sziksó das auswitternde Salz.

[3] TEMPLE (Jahresb. Wetterauische Ges. Hanau 1864, 95; N. Jahrb. 1865, 629) zählte 20—25 (davon 13 im Biharer Comitat); die Zahl wechselt, da mehrere oft längere Zeit völlig eintrocknen.

[4] In „natürlicher Soda" von Debreczin fand WACKENRODER (Arch. Pharm. 1843, **35**, 271; N. Jahrb. 1845, 691) Na_2CO_3 89·84, NaCl 4·34, Na_2SO_4 1·63 und andere Beimengungen.

[5] Zwischen Kecskemet und Baja ist Kalocsa gelegen, von wo das Material von Analyse I. bei WEGSCHEIDER (DOELTER, Mineralchem. 1912, **1**, 184) hierher gestellt wird.

[6] Ueber die Sodaböden der Umgebung von Szeged und Kistelek: TREITZ (Erläut. agrogeol. Spezialkarte Ung. 1905, Zone 20; Ztschr. pr. Geol. 1906, 58).

Siebenbürgen. Im Erbstollen von Thorda als Ueberzug des Kalkstein-Gewölbes (ZEPHAROVICH, Lex. 1893, 234).

d) **Oesterreich.** Im Salzberge von **Hallstatt** findet sich nach SIMONY (TSCHERM. Mitth. 1871, 59; ZEPHAROVICH, Lex. 1873, 302; bei COMMENDA, Min. Oberöst. 1866, 26) das von den Bergleuten zum Unterschied vom „saueren Haarsalz" (dendritischen Steinsalz) als „bitteres Haarsal " bezeichnete Natriumcarbonat in Ausblühungen und Stalaktiten überall da, wo der Mörtel der Stollen-Mauerung mit Salz-führendem Haselgebirge zusammentrifft, und lockert die Mauerung auf, wie im Steinberg.

Tirol. Am Salzberge von **Hall** nach LIEBENER u. VORHAUSER (Min. Tir. 1852, 195) „als theils erdiger, krustenartiger, gelblichweisser, salzartiger Ueberzug, schimmernd bis matt, auf den Eisenreifen der hölzernen Röhre (Strehne genannt), womit die Salzsoole zur Salzsiederei geleitet wird"; ebenso bei ZEPHAROVICH (Lex. 1859, **1**, 419) u. GASSER (vgl. S. 2774). SIMON (N. Jahrb. 1914, **1**, 1) beobachtete weisse, feinen Asbest-Fäden ähnliche Ausblühungen in einzelnen Stollen auf eisernen Wasser-Röhren, sowie auf Reifen von hölzernen Röhren und auch an den Schienen der Grubenbahn, durch quantitative Analyse (II.—IV.) von 3 Proben als Dekahydrat erwiesen: von Röhren im Kaisersberger Hauptstollen (II.) und Braunschacht (III.), sowie von Schienen der Pillersdorf-Schachtrichtung (IV.), entsprechend 94·46 % $Na_2CO_3 \cdot 10H_2O$ mit 1·30 % $HNaCO_3$ (II.), 95·69 mit 1·41 % (III.) und 94·97 mit 0·95 % (IV.), nebst kleinen Beträgen von Gyps, Bittersalz, Bischofit und Steinsalz aus der Salzsoole. Die Proben zeigten mikroskopisch ein Gewirr von Fäden oder Nadeln und dichteren Stücken; an einzelnen säuligen Krystallen die Kante *mm* zur Kante *ee* mit Fadenkreuz zu 123° gemessen (121° 8' S. 2778). Auch die optische Orientirung der Soda entsprechend. Genetisch dadurch erklärt, dass NaCl (oder eventuell Na_2SO_4) „in Lösung mit Eisen zusammengebracht basische Eisen-Verbindungen ergiebt unter Freiwerden der entsprechenden Hydroxyd-Menge, die sich dann durch vorhandene Kohlensäure zu Carbonat vereinigt".

e) **Schweiz.** Im Canton **Bern** bei Schwarzenburg auf den Wänden von Höhlen in Sandstein (G. LEONHARD, top. Min. 1843, 398; KENNGOTT, Min. Schw. 1866, 417).

f) **Italien.** In der **Lombardei** in der Provinz **Mailand** an den Mauern in den unterirdischen Räumen eines alten Schlosses bei San Colombano am Lambro (in der Umgegend von Lodi) reichlich als pulveriger Beschlag (ZEPHAROVICH, Min. Lex. 1859, 419; JERVIS, tesori sotterr. Ital. 1873, **1**, 213). — In **Toscana** in der Prov. **Arezzo** bei Laterina als Efflorescenz auf Macigno-Sandstein (JERVIS a. a. O. 1874, **2**, 370); in der Prov. **Siena** auf Thon bei Asciano und Rapolano (D'ACHIARDI, Min. Tosc. 1872, **1**, 202). — In den **Abruzzen** in der Prov. **Teramo** auf Pliocän-Mergel im Fosso Cupo bei Notaresco (JERVIS a. a. O. **2**, 238).

In der Prov. **Neapel** am **Vesuv** von A. SCACCHI (Napoli e i luoghi celebri delle sue vicinanze 1845, **2**, 409) als Efflorescenz auf Lava-Schlacken der Monte Somma beobachtet, und später von E. SCACCHI (Rend. Accad. Sc. Nap. 1888, 486; GROTH's Ztschr. **18**, 100) in der Lava von 1859 im Fosso Grande zusammen mit Thermonatrit (vgl. S. 2774) farblose durchsichtige Körnchen, sowie aus solchen zusammengesetzte, 1—2 mm dicke Krusten, an der Luft trübe werdend, Analyse V. — Auf **Ischia** bei Casamicciola spärlich als Efflorescenz (JERVIS a. a. O. **2**, 549).

Sicilien. In der Prov. **Catania** am **Aetna** beobachtete SILVESTRI (i fenom. vulc. present dall Etna nel 1863 etc., Atti Acc. Gioenia, Catania 1867, ser. 3, vol. 1; bei G. VOM RATH, N. Jahrb. 1870, 259) bei der Eruption von 1865 auf frisch ergossenen Laven eine weisse, wegen ihrer leichten Löslichkeit schnell vergängliche Rinde von Natriumcarbonat, gemengt mit wenig NaCl, KCl und Spuren der Sulfate. „Diese Soda, welche von der Oberfläche der Ströme bald verschwindet, findet sich dann wohl in kleintraubigen Massen auf der Unterseite der oberflächlichen Schlackenschicht.“ SILVESTRI nimmt die Entstehung durch Zersetzung des NaCl durch Wasserdampf in der Glühhitze unter Bildung von HCl und NaOH an, wobei letzteres sich sofort mit der Kohlensäure der Luft (und vielleicht auch der Fumarolen) verbindet (vgl. auch S. 2761). Ausser den Soda-Rinden auf der Lava finden sich auch mannigfache Gemenge von NaCl mit Soda, wie die nachstehenden 3 Analysen

	NaCl	KCl	Na_2CO_3	Na_2SO_4	H_2O	Summe
1.	50·19	0·50	11·12	1·13	37·06	100
2.	63·02	0·27	6·49	Spur	30·22	100
3.	76·01	0·03	2·11	0·75	21·10	100
4.	41·00	0·91	55·33	2·76	—	100

zeigen, während die vierte sich auf eine weisse traubige Concretion in einem 12 Monate nach der Eruption zerschlagenen Block bezieht. Die ersten beiden Analysen umgerechnet zu VI.—VII., während das Material der vierten von WEGSCHEIDER (bei DOELTER, Mineralchem. 1912, **1**, 178) als Repräsentant von wasserfreiem Na_2CO_3 angesehen wird (wie Material von Clausthal, vgl. S. 2774). SILVESTRI erinnert daran, dass so „bedeutende Soda-Massen“ schon im Strom von Catania 1669 und von Bronte 1843 vorkamen, dass sie technische Verwendung fanden. JERVIS (tesori sotterr. Ital. 1881, **3**, 302. 303. 307. 311. 312) erwähnt „Natrone“ (Na_2CO_3) aus der Gegend von **Catania** als Krusten und pulverige Massen bei Bronte nach den Eruptionen von 1669 und 1843; bei Nicolosi während der Eruption von 1669 in so grosser Menge gebildet, dass davon noch ein Jahrhundert später gefunden wurde; bei Zaffarana Etnea als Efflorescenz auf der Lava von 1865; auf dieser Lava auch in der Gegend von **Acireale** bei Mascali und bei Piedimonte Etneo. STELLA STARRABBA (PANEBIANCO, Riv. Min. Ital. 1914, **42**, 41) gab eine Zusammenstellung der älteren italienischen Litteratur, und untersuchte Material aus einem Lava-Hohlraum von 1669: eine krystallinische farblose Masse zeigte mikroskopisch-säulige Krystalle mit einer optischen Auslöschung bis zu 40° zur Säulen-Richtung; Analyse VIII. In demselben Lava-Block fand STARRABBA im inneren dichten Theil eine möglicherweise das Heptahydrat $Na_2CO_3 \cdot 7H_2O$ repräsentirende Substanz mit einem Glühverlust von 52·73 %, und in anderen Stücken auch Material, das (ebenso fraglich) Trona sein könnte.

g) **Spanien.** Ueber weite Strecken in **Valencia, Murcia** und **Almería**, von der Mancha bis zur Mittelmeer-Küste „la región de las tierras barrilleras“ (barrilla = Soda); verbreitet als erdige und flockige Ausblühung des Bodens.[1] Hier kommen auch viele „Natron-Pflanzen“ (mehr als 200 Species) vor, aus denen (salsola sativa) Soda durch Verbrennen und Auslaugen der Asche gewonnen wurde. In einigen Seen der Prov. Valladolid in Alt-**Castilien**, besonders denen von Gomez-naharro, während in anderen das Carbonat gegen das Natriumsulfat und Chlorid zurücktritt (CALDERÓN, Min. Esp. 1910, **2**, 128).

h) **Frankreich.** In der **Auvergne** nach GONNARD (Min. Puy-de-Dôme 1876, 113) weisse Efflorescenzen auf den Kalken an den Ufern des Allier zwischen Dallet und Pont-du-Château; ebenso auf dem Plateau Saint-Martial bei den Eaux du Tambour, und auf dem Travertin der rothen Thone von Barre bei Saint-Germain-Lembron. Keines dieser Vorkommen von LACROIX (Min. Fr. 1901, **3**, 784) erwähnt.

[1] Ein dem in Ungarn ähnliches Vorkommen „in Spanien“ schon von HARTMANN (Min. 1843, **2**, 267) erwähnt, das auch TENNE (u. CALDERÓN, Min. Iber. 1902, 181) citirt.

i) Auf **Cypern** ist ein Theil der Ebene von Trichomo mit einem Niederschlag bedeckt, der zu zwei Drittel aus reiner Soda, im Rest aus Magnesiumsulfat und anderen Salzen besteht (DAMMER u. TIETZE, nutzb. Min. 1913, **1**, 469). — In der Gegend von **Ephesus und Smyrna** (G. LEONHARD, top. Min. 1843, 398).

k) In **Transkaukasien** im Kreise Ratscha, Gouv. **Kutais** (DAMMER u. TIETZE a. a. O.).

Armenien. In der **Araxes**-Ebene (früher) in grosser Menge. Das beste Material zeigte nach ABICH (Bull. Acad. St. Pétersb. **8**, 333; N. Jahrb. 1851, 90) auf frischem Bruche eine dichte, sehr wenig poröse dunkelgraue Masse von schwarzen kohligen Theilen durchzogen, die zuweilen noch pflanzliche Gestalt erkennen lassen. Wird an der Luft bald lichtgrau und bedeckt sich mit einem feinen Ueberzug von Natriumcarbonat. Enthält Na_2CO_3 28·79, NaCl 14·36, Na_2SO_4 2·33, Aetznatron 6·64, KCl 16·79, K_2CO_3 14·00, H_2O 5·57 u. s. w.

Für das übrige **Asien** vgl. S. 2765 u. 2775. Für die **Mandschurei** erwähnen DAMMER u. TIETZE (nutzb. Min. 1913, **1**, 469) das Vorkommen von Soda in der Ebene zwischen dem Sungari und seinem Nebenflusse Nonni, sowie auch an den Ufern der kleineren Seen; ein besonders reiches Lager „soll sich“ 50 km südöstlich von Tsitsikar (Zizichar) befinden.

l) **Afrika.** Vgl. S. 2763—2765 u. 2775 (auch S. 2758 Anm. 8). — Auf **Teneriffa** auf Klüften und Späten der Lava am Pico de Teyde (G. LEONHARD, top. Min. 1843, 394; DES CLOIZEAUX, Min. 1874, **2**, 169).

m) **Nordamerika.** In **British Columbia** den Boden des Goodenough Lake, 20 miles von **Clinton** im Lilloet-District bedeckend (G. C. HOFFMANN, Ann. Rep. Geol. Surv. Can. 1898, **11**, R; GROTH's Ztschr. **34**, 209); Analyse IX. eines farblosen durchscheinenden Stückes, mit directer Bestimmung von H_2O.

U. S. A. Vgl. S. 2766. In **Wyoming** in Carbon Co. die **Omaha** Soda Mine, Analyse X. an Material der Boden-Bedeckung (vgl. auch XV. S. 2766). In **Nevada** kommt am Little Lake bei **Ragtown** (vgl. S. 2766) nach CHATARD (U. S. Geol. Surv. 1890, Bull. No. **60**, 50) verhältnismässig reines Dekahydrat vor. — In **Californien** Soda-Gewinnung besonders aus dem stark alkalischen Wasser des **Owen's Lake** in Inyo Co., vgl. S. 2766. In San Bernardino Co. am **Borax Lake** (HANKS, Am. Journ. Sc. 1889, **37**, 66).

Mexico. LANDERO (Min. 1888, 349) erwähnt zwar die Beimengung des Dekahydrats zu anderen Natriumcarbonaten (Trona vgl. S. 2767) in manchen Efflorescenzen, nennt aber keine speciellen Vorkommen.[1] Vgl. S. 2767 die Krystall-Ausscheidungen an der Bay von **Adair.**

Nicaragua. Vgl. S. 2767.

Antillen. Das von DES CLOIZEAUX (Min. 1874, **2**, 169) angegebene Vorkommen auf **Guadeloupe** auf Lava ist nach LACROIX[2] (Min. France 1901, **3**, 784) wahrscheinlich ein Thermal-Absatz.

n) **Südamerika.** Vgl. S. 2768 u. 2775. Analysen von Natriumcarbonaten bei BRACKEBUSCH (Min. Argent. 1879, 70).

o) **Australien.** In New South Wales ein Lager (angeblich des Dekahydrats) am Mud Wells im Namoi Scrub (LIVERSIDGE, Min. N. S. W. 1887, 107).

p) **künstlich.** Krystallisirt bei Zimmer-Temperatur aus den wässerigen (nicht zu concentrirten) Natriumcarbonat-Lösungen, fabrikmässig als Krystallsoda; reiner und in grösseren Individuen durch Auflösen jener Krystalle und langsames Ver-

---

[1] In Thermalwässern, speciell denen von der Barranca de la Soledad und der Hacíenda de la Labor, im Valle de Ameca im Staat Jalisco.

[2] L. erkennt überhaupt kein natürliches Vorkommen des Dekahydrats an, vgl. S. 2764 Anm. 2.

dunsten. Aus concentrirten Lösungen durch Abkühlung, während aus heisser gesättigter Lösung die Hydrate mit geringerem Wasser-Gehalt sich bilden.

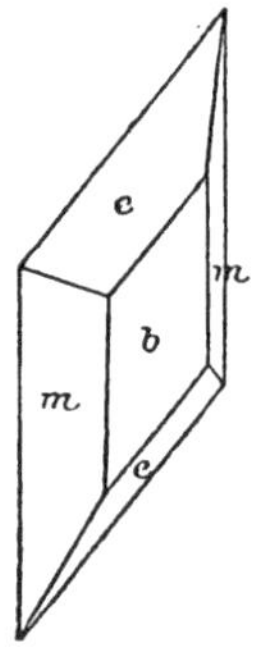

Fig. 681.
Soda nach MOHS.

Die Angaben von ROMÉ DE L'ISLE, HAÜY und BROOKE vgl. S. 2780, MOHS S. 2778 Anm. 2 und ebenda die verschiedenen Aufstellungen. MOHS beobachtete *b*(010) mit *m*(110) und *e*(011) (vgl. Fig. 681), sowie auch *a*(100), *c*(001) und *s*($\bar{1}$01); DES CLOIZEAUX (Min. 1874, **2**, 168) auch *p*($\bar{1}$12), sowie Zwillings-Bildung nach *c*(001). Dichte 1·423 nach MOHS; höher nach den bei GMELIN-KRAUT (Anorg. Chem. 1886, **2**, 150) zusammengestellten Angaben von STOLBA 1·4402 bei 16° C., JOULE u. PLAYFAIR 1·454, FAVRE u. VALSON 1·456 bei 19°, BUIGNET 1·463, SCHIFF 1·475; nach SCHRÖDER (Ber. d. chem. Ges. 1879, **12**, 119) 1·478, nach DEWAR (chem. Centralbl. 1902, **2**, 333; 1905, **1**, 1689) 1·4460 bei 17° und 1·4926 bei − 188° C.

TRAUBE (GROTH's Ztschr. 1893, **22**, 144) stellte auch Mischkrystalle mit $Na_2SO_3 \cdot 10H_2O$ von der Form der Fig. 681 dar. An solchen (Dichte 1·501, Analyse XI.) mit 0·133 Mol. des Natriumsulfit-Dekahydrats auf 1 Mol. des Carbonats *mm* = 103° 8′ und *ee* = 99° 40′, und an solchen (Dichte 1·5025, XII.) mit 0·182 Mol. des Sulfits *mm* = 103° 10′ und *ee* = 99° 44′. Aus einer Lösung, welche auf 1 Mol. Na_2CO_3 0·875 Mol. Na_2SO_3 enthielt, konnten bei 20° C. Krystalle mit $10H_2O$ nicht erhalten werden. Vgl. S. 2777 die Mischkrystalle mit Natriumsulfit-Heptahydrat.

Analysen. Vgl. auch S. 2758 Anm. 3 u. 7, sowie S. 2784.

c) Kalocsa. I. SCHAFFINGER, DINGLER's polyt. Journ. 1868, **189**, 495; Chem. Jahresber. 1868, 931; bei WEGSCHEIDER, vgl. S. 2782 Anm. 5.

d) Hall, Tirol. II.—IV. SIMON, N. Jahrb. 1914, **1**, 5.

f) Vesuv. V. E. SCACCHI, vgl. S. 2783.

Aetna. VI.—VII. SILVESTRI, vgl. S. 2783 (N. Jahrb. 1870, 260); berechnet von WEGSCHEIDER bei DOELTER, Mineralchem. 1912, **1**, 184.

VIII. STELLA STARRABBA, PANEB. Riv. Min. Ital. 1914, **42**, 50.

m) Goodenough Lake, Brit. Col. IX. JOHNSTON bei HOFFMANN, vgl. S. 2785.

Omaha, Wyom. X. WEEKS, U. S. geol. Surv. Min. Res. 1885, 553; bei WEGSCHEIDER a. a. O.

p) Mischkrystalle mit Natriumsulfit-Dekahydrat. XI.—XII. TRAUBE, vgl. oben.

	CO_2	Na_2O	H_2O	Cl	SO_3	Summe	abz. O[1]	incl.
Theor.	15·38	21·70	62·92	—	—	100	—	
c) I.	12·15	33·39	39·04	18·80	0·07	104·08	99·84	0·22 CaO, 0·41 Unlösl.
d) II.	15·76[2]	21·09	61·75	0·48	0·58	100·11	100·00	0·22 CaO, 0·23 MgO
III.	16·21[2]	21·27	61·49	0·28	0·58	100·35	100·29	0·36 CaO, 0·16 MgO
IV.	15·66[2]	21·50	61·69	0·41	0·83	100·42	100·33	0·18 CaO, 0·15 MgO
f) V.	15·91	22·15	61·68[3]	—	—	100·15	—	0·41 K_2O

[1] Abzüglich der dem Chlor-Gehalt entsprechenden Sauerstoff-Menge.

[2] Davon beim Trocknen 0·34 (II.), 0·37 (III.), 0·25 (IV.).

[3] Nach anderen Bestimmungen 62·07, 62·74, 63·04, 63·33.

	CO_2	Na_2O	H_2O	Cl	SO_3	Summe	abz. O[1]	incl.
f) VI.	4·62	33·61	37·06	30·68	0·64	106·92	100	0·31 K_2O
VII.	2·69	37·22	30·22	38·35	Spur	108·65	100	0·17 „
VIII.	15·56	21·93	62·51	—	—	100	—	
m) IX.	15·46	21·36	63·03	0·01	0·08	99·96	99·96	0·01 SiO_2, 0·01 P_2O_5[2]
X.	5·01	18·52	56·30	0·17	14·61	95·13	95·13	0·52 Unlösl.
p) XI.	13·61	21·53	62·25	—	—	100	—	2·61 SO_2
XII.	13·01	21·46	62·33	—	—	100	—	3·20 SO_2

Gaylussitgruppe.

1. Pirssonit $Na_2CaC_2O_6 \cdot 2H_2O$ Rhombisch
2. Gaylussit $Na_2CaC_2O_6 \cdot 5H_2O$ Monosymmetrisch

1. Pirssonit (Natriumcalciumcarbonat-Dihydrat).[3] $Na_2CaC_2O_6 \cdot 2H_2O$.

Rhombisch (hemimorph) $a:b:c = 0{\cdot}56615:1:0{\cdot}3019$ PRATT.[4]
Beobachtete Formen: $b(010)\infty \breve{P}\infty$. $m(110)\infty P$.
$p(111)$ an beiden Polen.
$e(131)3\breve{P}3$ und $x(311)3\bar{P}3$ nur an dem einen Pol.

$m:m = (110)(1\bar{1}0) = 59^0\ 2'$	$e:e = (131)(1\bar{3}1) = 77^0 16'$
$p:p = (111)(1\bar{1}1) = 29\ 50$	$x:x = (311)(3\bar{1}1) = 18\ 10\frac{1}{2}$
$p:p = (111)(\bar{1}11) = 54\ 6$	$x:m = (311)(110) = 36\ 15\frac{1}{3}$
$p:p = (111)(\bar{1}\bar{1}1) = 63\ 0$	$x:m = (311)(110) = 49\ 24$

Habitus der Krystalle säulig nach der Verticalen, oder auch verkürzt, und mehr tafelig nach der Längsfläche.

Glasglänzend. Farblos bis trübe weiss; oft durch Verunreinigungen dunkel gefärbt.

[1] Abzüglich der dem Chlor-Gehalt entsprechenden Sauerstoff-Menge.
[2] Nebst wenig NH_3 und Spuren B_2O_3.
[3] Bei GROTH (chem. Kryst. 1908, **2**, 217. 219), Calciumnatriumcarbonatdihydrat bei WEGSCHEIDER (DOELTER, Mineralchem. 1912, **1**, 199).
[4] Aus den Messungen *mm* und *pp* $(111)(\bar{1}\bar{1}1)$ an natürlichen Krystallen vom Borax Lake (Am. Journ. Sc. 1896, **2**, 126; GROTH's Ztschr. 1896, **27**, 420).

Ohne deutliche Spaltbarkeit. Bruch muschelig. Sehr spröde. Härte 3 und etwas darüber. Dichte 2·352.

Doppelbrechung stark und positiv. Ebene der optischen Axen die Basis *c*(001), erste Mittellinie die Makrodiagonale. An einer Tafelfläche *b*(010) bestimmte PRATT (vgl. S. 2787 Anm. 4) durch Totalreflexion in α-Bromnaphtalin (von $n_{Na} = 1 \cdot 6588$ bei 23° C.)

für Na-Gelb $\alpha = 1 \cdot 5043$ $\beta = 1 \cdot 5093$ $\gamma = 1 \cdot 5751$
daraus berechnet $2V = 32^0 48'$;

ferner β und γ an einem Prisma von 56° 41′, dessen Flächen annähernd parallel (110) und ($\bar{1}$10) waren, sowie $2E$ bei 25° C. an einer Platte nach *b*(010)

	für Li	für Na	für Tl
β	1·5056	1·5084	1·5115
γ	1·5710	1·5747	1·5789
$2E$	47° 45′	48° 14′	48° 22′
$2V$	31 11·5	31 26	31 27

$2E$ aber mit der Temperatur schwankend, für Na bei

20° C.	30° C.	40° C.	50° C.	60° C.	70° C.	90° C.
48° 16′	48° 10′	48° 4′	47° 55′	47° 50′	47° 45′	47° 38′

Pyroëlektrisch: nach mässigem Erhitzen zeigt während des Abkühlens der die Pyramide *e*(131) tragende Pol negative Elektricität.

Vor dem Löthrohr decrepitirend. Grad der Schmelzbarkeit 2—2·5. Die Flamme intensiv gelb färbend. Nach dem Erhitzen alkalisch reagirend. Im geschlossenen Rohr decrepitirend und Wasser abgebend. Lufttrockenes Pulver giebt bis 100° C. nichts ab, nach 10 Stunden bei 150° 13·85 % H_2O, dazu nach 3 Std. bei 200° 0·37 %, 6 Std. bei 250° 0·36 %, bei schwacher Rothgluth noch 0·16 %, zusammen 14·74 % H_2O. In kalter verdünnter Salzsäure und Salpetersäure unter Aufbrausen löslich.

Vorkommen. a) **California, U. S. A.** Am **Borax Lake** in der Nordwestecke von San Bernardino Co., nahe der Inyo Co.-Linie, (nur) in einem als New Well bezeichneten Bohrloch, welches auch Northupit lieferte, wie dieser meist in isolirten Krystallen, nur selten mit Northupit verwachsen, wahrscheinlich aus einer Thon-Schicht in ungefähr 450 Fuss Tiefe stammend. Von PRATT (vgl. S. 2787 Anm. 4) untersucht und zu Ehren von PIRSSON benannt. Die grösseren, bis 15 mm langen Krystalle *m*(110) zeigen an beiden Polen *p*(111), oder auch nur an dem einen, und am anderen *p* neben herrschendem, oder auch allein ausgebildetem *e*(131), ohne oder mit *b*(010). Die kleineren Krystalle, mehr tafelig nach *b* und gestreckt nach der Brachydiagonale, mit verkürztem *m*, zeigen am Ende entweder auch beiderseits *p*, oder nur *p* an dem einen, und *ep* oder nur *e* an dem anderen Pol. Nur einmal *x*(311) an einem unvollständigen Krystall beobachtet. Analysen I.—II., III. unter Abzug der Verunreinigungen und Einsatz von Na für K.

b) **künstlich.** Beim Erwärmen einer Lösung von $CaCl_2$ mit einem grossen Ueberschuss von Na_2CO_3 wandelt sich der anfangs entstandene amorphe Niederschlag in ein Aggregat kleiner glänzender Krystalle (Härte 3—4, Dichte 2·349) *bpm* um, welche ihr Wasser erst über 130° C. abgeben, bei längerem Liegen in Wasser aber in $CaCO_3$ und Na_2CO_3 zerfallen. Wenn man zu einer Lösung von 150 g NaCl und 50 g Na_2CO_3 eine Lösung von 6 g $CaCl_2$ und 10 g $MgCl_2 \cdot 6H_2O$ hinzufügt und einige Stunden auf dem Wasserbade erwärmt, so bilden sich Oktaëder von Northupit, feine Nadeln von Gaylussit und bei weiterer Concentration auf Kosten des Gaylussit auch Krystalle von Pirssonit, sowie einzelne Rhomboëder von $Na_2MgC_2O_6$ (A. de Schulten, Compt. rend. 1896, **123**, 1023; Groth's Ztschr. **29**, 415). Bütschli (Journ. pr. Chem. 1907, **75**, 557; Groth's Ztschr. **47**, 692) erhielt schöne Krystalle von Pirssonit-Zusammensetzung durch Behandelung von gefälltem trockenem $CaCO_3$ mit einem Gemenge von 35 %iger Natronlauge und gesättigter Soda-Lösung bei 40—50° C.; bei 105° nicht verwitternd, sondern erst bei viel höheren Temperaturen Wasser abgebend. Wegscheider u. Walter (Sitzb. Ak. Wiss. Wien 1907, **116**, 533; Monatsh. Chem. 1907, **28**, 633. 649. 662; Ann. Chem. **351**, 87; Groth's Ztschr. **47**, 696) untersuchten die Existenz-Bedingungen der Calciumnatriumcarbonate, resp. die Gleichgewichte im System $H_2O \cdot CaCO_3 \cdot Na_2CO_3$. Ob das Doppelsalz mit $2H_2O$ (als Pirssonit) oder $5H_2O$ (Gaylussit) auftritt, hängt von der Temperatur und dem Salz-Gehalt der Lösung ab; Pirssonit wurde aus Gaylussit aus reiner oder NaHO-haltiger Soda-Lösung bei 40° C. und darüber, sowie CaO und Soda-Lösung erhalten.

Analysen. a) Borax Lake. I.—III. Pratt, vgl. S. 2788.

	CO_2	Na_2O	K_2O	CaO	H_2O	SiO_2	Al_2O_3	Summe
Theor.	36·34	25·64	—	23·15	14·87	—	—	100
a) I.	36·23	25·69	0·17	23·28	14·74	0·36	—	100·47
II.	35·91	25·71	0·13	23·48	14·73	0·22	0·13	100·31
III.	36·08	25·80		23·39	14·73	—	—	100

Zusatz 1. Das wasserfreie **Natriumcalciumcarbonat** $Na_2CaC_2O_6$ wird nach Berthier (Ann. chim. phys. 1828, **38**, 248), H. Rose (Pogg. Ann. 1854, **93**, 611), Le Chatelier (Compt. rend. 1894, **118**, 415. 350; Groth's Ztschr. **26**, 107) und Lebeau (Compt. rend. 1904, **138**, 1497) durch Zusammenschmelzen der beiden Carbonate erhalten, ebenso wie nach Le Chatelier auch die entsprechenden Doppelsalze von Na und K mit Ca, Sr, Ba, und zwar in Oktaëder-ähnlichen Combinationen eines Rhomboëders mit der Basis, nach dieser vollkommen spaltbar; optisch einaxig negativ.

Zusatz 2. **Pseudo-Pirssonit** (Stolley, Meddels. Dansk. geol. Foren. Kopenhag. 1909, **3**, No. 15, 351; N. Jahrb. 1910, **1**, 174; Groth's Ztschr. 1911, **50**, 238). Für spindelförmige Pyrit-Körper im obercambrischen Alaunschiefer auf **Bornholm** im Gebiete der Laesaa, sowohl bei Limensgade als auch nördlich von Vasagaard, in einem Horizont zwischen der Peltura-Zone und dem Dictyonema-Schiefer, hatte Johnstrup (4. Jahresb. Geogr. Ges. Greifswald 1891, 21) „unzweifelhaft einen organischen Ursprung" angenommen. Deecke (geol. Führer Bornh., Berlin 1899, 106) hatte sie als Pseudomorphosen von Pyrit nach Gyps gedeutet, da manche in einem inneren Hohlraum Reste späthigen Gypses erkennen liessen. Dieser Gyps ist nach Stolley aber erst secundär aus der Zersetzung des Pyrits entstanden. In den Anthrakonit-Knollen der Peltura-Zone kommen ähnliche, aus bituminösem Kalkspath bestehende Gebilde mit eingesprengten Pyrit-Körnern vor, die ein früheres Stadium der Pyrit-Pseudomorphosen darstellen sollen, und es liegt nach STOLLEY ein Analogon zu den sogenannten Pseudo-Gaylussiten (von Sangerhausen, Eiderstedt u. a.) vor, für deren ursprüngliche Gaylussit-Natur STOLLEY entschieden eintritt.[1] Ausser diesen Pseudo-Gaylussiten kommen im Alaunschiefer noch andere, nicht so ausgeprägt spindelförmige Pseudomorphosen vor, deren Form breiter ist und sogar ziemlich kurz und zugleich tafelig werden kann; theils in denselben Lagen des Alaunschiefers den spindelförmigen Pseudo-Gaylussiten beigemengt, theils in besonderen Schichten für sich allein liegend. Diese mehr tafeligen Pyrit-Pseudomorphosen haben in der Gestalt grosse Aehnlichkeit mit den Braunschweiger Struviten, auch in der Zwillings-Bildung nach (001), woraus STOLLEY auf ein rhombisch-hemimorphes als ursprüngliches Mineral schloss, und zwar auf Pirssonit,[2] wegen des Zusammenvorkommens mit (Pseudo-)Gaylussit.

---

2. Gaylussit (Natrocalcit). $Na_2CaC_2O_6 \cdot 5H_2O$. (Natriumcalciumcarbonat-Pentahydrat.[3])

Monosymmetrisch $a:b:c = 1{\cdot}4897:1:1{\cdot}4442$ PHILLIPS[4]
$\beta = 78^0 26\frac{3}{4}'$.

Beobachtete Formen: $a(100)\infty P\infty$. $b(010)\infty P\infty$. $c(001)oP$. $m(110)\infty P$. $e(011)P\infty$. $r(\bar{1}12)\frac{1}{2}P$. $s(\bar{1}01)P\infty$.

$m:m = (110)(1\bar{1}0) =$	$111^0 10'$	$r:r = (\bar{1}12)(\bar{1}\bar{1}2) =$	$69^0 29'$
$m:c = (110)(001) =$	83 30	$r:c = (\bar{1}12)(001) =$	43 20
$e:e = (011)(0\bar{1}1) =$	109 30	$r:e = (\bar{1}12)(011) =$	27 44
$e:m = (011)(110) =$	42 21	$r:e = (\bar{1}12)(01\bar{1}) =$	92 36
$s:c = (\bar{1}01)(001) =$	49 $41\frac{1}{3}$	$r:s = (\bar{1}12)(\bar{1}01) =$	49 21

Habitus der Krystalle meist gestreckt nach der Klinodiagonale, tafelig nach $c(001)$ bis säulig nach $e(011)$, zuweilen auch nach $r(\bar{1}12)$. Selten ohne c säulig nach $m(110)$, eventuell me von ungefähr gleicher Ausdehnung. Die Flächen meist uneben und rauh; e gestreift nach der Kante mit r.

---

[1] Besonders wegen des gleichzeitigen Vorkommens von Gaylussiten und Pseudo-Gaylussiten (Thinolith) in Nevada U. S. A., — wenn auch im Allgemeinen die Möglichkeit zugegeben werden müsse, dass Pseudomorphosen vom Charakter der Pseudo-Gaylussite nicht in jedem Falle Umwandelungs-Produkte eines und desselben ursprünglichen Minerals sein müssen.

[2] Auch trotz des inzwischen von BÖGGILD (Meddel. Dansk. geol. Foren. 1907, No. 13) beschriebenen Struvit-Vorkommens im marinen Cardium-Schlamm des Limfjords in Jütland.

[3] Bei GROTH (chem. Kryst. 1908, **2**, 218. 222), Calciumnatriumcarbonatpentahydrat bei WEGSCHEIDER (DOELTER, Mineralchem. 1912, **1**, 197).

[4] Berechnet aus den Messungen mm, mc und me an Krystallen von Merida (Phil. Mag. 1827, **1**, 263; POGG. Ann. 1829, **17**, 556).

Glasglänzend. Durchsichtig bis durchscheinend. Farblos, resp. weiss bis gelblichweiss. Strich farblos bis graulich.

Spaltbar vollkommen nach m(110), weniger nach c(001). Bruch muschelig; sehr spröde. Härte zwischen 2—3. Dichte 1·93—1·99.

Doppelbrechung stark und negativ. Nach Des Cloizeaux (Ann. chim. phys. 1858, **14**, 400) die Ebene der optischen Axen an natürlichen Krystallen (wohl aus Südamerika) senkrecht zur Symmetrieebene, bei 10—12° C. mit der Verticalen im spitzen Axenwinkel $ac(\beta)$ 14° 48′ für Roth und 13° 8′ für Violett bildend, für Weiss 13° 52′. Die erste Mittellinie die Symmetrieaxe. Der scheinbare Axenwinkel

$$2E = 51^\circ 15' \text{ bis } 20' \text{ für Roth und } 53^\circ 17' \text{ bis } 30' \text{ für Violett}$$

wächst (Des Cl., Nouv. Rech. 1867, 643 [Sep. 133]) mit steigender Temperatur, beträgt 51° 38′ für Roth und 52° 53′ für Blau bei 17° C. und weiter für Roth:

bei	21·5°	31·5°	47°	56·5°	71·5° C.
$2E$ =	51° 50′	52° 8′	52° 22′	52° 48′	53° 32′

während die Axenebene an sich nur eine kaum merkliche Drehung zwischen 21·5° und 66·5° C. erfährt.

Arzruni (Groth's Ztschr. 1881, **6**, 30) bestätigte an künstlichen und an natürlichen Krystallen (aus Nevada) im Allgemeinen obige Angaben,[1] und fand

	Li		Na		Tl	
$2E$ =	51° 25′	für	52° 19′ für		52° 58′ für	an natürl. Krystallen
	51 9	„	52 4 „	„	52 50 „	„ „ künstl. „

An Krystallen vom Borax Lake in Californien bestimmte Pratt (Am. Journ. Sc. 1896, **2**, 132; Groth's Ztschr. 1896, **27**, 426) die Neigung der optischen Axenebene zur Verticalen zu 14° 52′ für Gelb und für Roth etwa einen Grad mehr, sowie

$$\text{bei } 26^\circ \text{ C. } 2E = 51^\circ 26' \text{ Li, } 52^\circ 7\tfrac{3}{4}' \text{ Na, } 52^\circ 47\tfrac{3}{4}' \text{ Tl}$$

bei	22°	30°	40°	50°	60°	70°	80°	90° C.
$2E_{Na}$ =	52° 6′	52° 32′	52° 54′	53° 26′	54° 7′	54° 43′	55° 13′	55° 48′

ferner durch Totalreflexion für Na-Licht $\alpha = 1·4435$, $\beta = 1·5166$ und $\gamma = 1·5233$, woraus $2V = 17^\circ 32'$ berechnet, dagegen aus β und $2E$ zu 16° 53′.

---

[1] An einem natürlichen Krystall die Neigung der optischen Axenebene zur Kante ba(010)(100) = 9° und zur Normalen zur Kante bc(010)(001) 20° 30′, woraus auch die Axenschiefe $ac(\beta)$ = 78° 30′ (= 180° − 20½ + 9° − 90°) folgt, entsprechend 78° 26¾′ auf S. 2790.

Vor dem Löthrohr leicht zu weissem Email schmelzbar, unter intensiver Gelbfärbung der Flamme. Im Kölbchen decrepitirend und unter Wasser-Abgabe undurchsichtig werdend. Das ungeglühte Pulver sparsam in viel Wasser als Ganzes löslich;[1] das geglühte (entwässerte) zerfällt in Wasser in lösliches Natriumcarbonat und zurückbleibendes Calciumcarbonat. In Säuren unter lebhaftem Brausen löslich; die Lösung in Salpetersäure setzt Krystalle von Natriumnitrat ab (Boussingault, Ann. chim. phys. 1826, **31**, 270; Pogg. Ann. 1826, **7**, 97).

Historisches. Boussingault (Ann. chim. phys. 1826, **31**, 270; Pogg. Ann. 1826, **7**, 97) hatte Krystalle von Lagunilla bei Merida anfänglich für Calciumcarbonat gehalten, dann aber durch Analyse I. als ein Doppelsalz erkannt, dem er die Formel $Na_2CO_3 \cdot CaCO_3 \cdot 5\frac{1}{2}H_2O$ zuschrieb; zu Ehren von Gay-Lussac **Gaylussit** benannt. Die richtige Zusammensetzung mit $5H_2O$ wurde von Bauer (Pogg. Ann. 1832, **24**, 369) an einem zufällig erhaltenen Präparat bestimmt und darauf von Boussingault (Ann. chim. phys. 1843, **7**, 488) bestätigt (II.) an Material, das wohl (auch in Ermangelung der Fundorts-Angabe) ebenfalls von Lagunilla stammte, — und ebenso von Fritzsche (Bull. Acad. St. Pétersb. 1864, **6**, 109; Journ. pr. Chem. **93**, 339; Ann. Chem. Pharm. 1864, 583).

Die Krystalle von Lagunilla wurden zuerst schon von Cordier (Ann. chim. phys. 1826, **31**, 276; Pogg. Ann. 1826, **7**, 100) als monosymmetrisch bestimmt, unter Hervorhebung der starken Doppelbrechung. Nach Messungen mit Anlege-Goniometer für die beiden als M und n bezeichneten Prismen die Winkel zu $109\frac{1}{2}°$ und $70\frac{1}{2}°$ angegeben. Genauere mit Reflexions-Goniometer von Phillips (vgl. S. 2790 Anm. 4), dessen Messungen von allen späteren Autoren beibehalten wurden. Miller (Phillips' Min. 1852, 597) und Dana (Min. 1855, 455) nahmen[2] r als $(\bar{1}11)$, später Dana (Min. 1868, 706) als $(\bar{1}12)$, wie auch Des Cloizeaux (Min. 1862, Taf. 44, Fig. 321; 1874, 172) und alle Späteren.

Chr. S. Weiss nannte, wie Glocker[3] (Min. 1839, 673) und besonders Hartmann (Min. 1843, **2**, 271[4]) angiebt, das Mineral **Natrocalcit**, offenbar im Hinblick auf die chemische Zusammensetzung. Der Name bezieht sich offenbar auf das frische Mineral von Lagunilla,[5] und nicht wie

---

[1] Nach H. Rose (Pogg. Ann. 1854, **93**, 609) wird Gaylussit durch Wasser vollkommen zersetzt, wobei das Natriumcarbonat in Lösung geht, aber die Zersetzung erfolgt rascher, wenn dem Salz vorher durch Erwärmen das Krystallwasser entzogen ist.

[2] Miller folgerichtig zugleich e als (021), Dana aber als (011).

[3] Früher erwähnt Glocker (Min. 1831, 945) Natrocalcit nur als Synonym für Datolith nach Uttinger.

[4] Hier Natrocalcit als Species-Name, Gay-Lussit als Synonym, später (Hartm. Min. 1850, **3**, 235) als Name nur Gaylussit.

[5] Hartmann (a. a. O.) erwähnt nur dieses, Glocker (a. a. O.) nur im „Anhang" dazu die als „Pseudokrystalle des Gaylussits" gedeuteten Gebilde von Olbersdorf bei Sangerhausen (vgl. im Zusatz 2 unter Pseudo-Gaylussit).

Des Cloizeaux (Min. 1874, 2, 119. 173) meint, auf die wesentlich aus Calciumcarbonat bestehenden Pseudomorphosen.

Vorkommen und Bildung. Scheidet sich aus manchen Natron-Seen (vgl. S. 2762) aus. Entsteht (wie Pirssonit) bei der Einwirkung concentrirter Natriumcarbonat-Lösungen auf Calciumcarbonat, und zwar auf fertig gebildetes oder durch die Lösung aus löslichen Kalksalzen ausgefälltes $CaCO_3$, wie Wegscheider (bei Doelter, Mineralchem. 1912, 1, 195) hervorhebt. Ueber die Gleichgewichte im System $H_2O—CaCO_3—Na_2CO_3$ vgl. S. 2789. Und zwar kann sich Gaylussit nur bei Einwirkung genügend concentrirter Soda-Lösungen auf $CaCO_3$ bei nicht zu hoher Temperatur bilden. Vgl. unter d) bei der künstlichen Darstellung. Nachdem schon lange die Verluste[1] an Natron bei der Soda-Fabrikation nach der Methode von Leblanc bekannt waren, constatirte Scheurer-Kestner (Ann. chim. phys. 1873, **28**, 306), dass diese Verluste um so grösser sind, je grösser der Ueberschuss an zugesetztem Calciumcarbonat ist, und wies Rammelsberg (Monatsber. Ak. Wiss. Berl. 18. Oct. 1880, 784) das Doppelsalz des Gaylussit in Soda-Laugen von Schönebeck nach, mit Identificirung der Krystalle durch Arzruni (Groth's Ztschr. **6**, 29).

a) **Südamerika.** In **Venezuela** finden sich nach Boussingault (vgl. S. 2792) an der Fundstelle des Urao (vgl. S. 2767) zu **Lagunilla** bei Merida in einer Thon-Schicht, welche die Arbeiter durchgraben müssen, bevor sie zum Urao gelangen, viele kleine, dort wegen ihrer Form Clavos (Nägel) genannte Krystalle. Durchsichtig, aber selten gut ausgebildet und immer quer gestreift. Dichte 1·928—1·950 nach Boussingault; Härte zwischen Gyps und Kalkspath; Analysen I.—II. Die Abbildungen von Cordier (vgl. S. 2792) zeigen dieselben Flächen wie die von Phillips (vgl. S. 2790 Anm. 4), nur in anderer Aufstellung, nämlich *m*(110), *c*(001), *e*(011), *r*($\bar{1}$12), *s*($\bar{1}$01); bei Cordier *nsMPr*, bei Phillips *MPegc*. Cordier beobachtete kurzsäulige Ausbildung *mec* mit untergeordnetem *r* mit oder ohne *s*, sowie langsäulige *emrcs*; Phillips kurzsäulig *mer*, etwas tafelig nach *c* mit untergeordnetem *s*, sowie säulig nach *r* mit *ce* und auch *b*(010); Dichte 1·990. Des Cloizeaux (vgl. S. 2792, Optik S. 2791) giebt die Combinationen *mer*, *mcer*, *bcer*, *mcser* an, letztere säulig nach *e* gezeichnet; mit den Winkeln von Phillips, ohne eigene Messungen und ohne Erwähnung seiner älteren (Ann. chim. phys. 1843, **7**, 489) Winkel-Angaben.

b) **Nordamerika.** Zuerst aus Nevada, dann aus California und zuletzt auch aus Wyoming bekannt geworden. — In **California U. S.** am **Borax Lake** in **San Bernardino Co.** (vgl. S. 2788) als Begleiter des Borax von Hanks (Am. Journ. Sc. 1889, **37**, 66; Groth's Ztschr. **19**, 78) erwähnt, zunächst ohne nähere Angaben, darauf (Mining and scientif. Press 26. March 1892; Groth's Ztschr. **23**, 504) in krystallinischen Massen, deren angebliches Verhalten beim Erhitzen, sowie gegen Wasser und Säuren aber, wie Pirsson (Groth's Ztschr. **23**, 504) bemerkte, nicht mit Gaylussit übereinstimmte. Solcher aber, durch Pratt (vgl. S. 2791) krystallographisch und optisch untersucht, findet sich nach Northup (bei Pratt a. a. O.) in grösserer Menge und in vielen Theilen der Ablagerung und in verschiedenen Tiefen. Pratt beobachtete *b*(010), *c*(001), *m*(110), *s*($\bar{1}$01), *e*(011), *r*($\bar{1}$12); die grössten, bis 2 cm langen Krystalle säulig nach *e* mit *mrcs*; bei selten mehr als 1 cm grossen Kry-

[1] Zusammenfassung bei Wegscheider (Lieb. Ann. Chem. 1906, **349**, 87).

stallen *m* grösser als *e* ausgebildet mit untergeordnetem *r*, und bei einigen wenigen *me* im Gleichgewicht und untergeordnet *cbr*; Dichte 1·992.

In **Nevada** bei **Ragtown** in Churchill Co. an den Ufern des Little Salt oder Soda Lake (vgl. S. 2766 u. 2785) und besonders auf einer im See befindlichen Insel reichlich Anhäufungen gelblichweisser Krystalle (Silliman, Am. Journ. Sc. 1866, **42**, 220; N. Jahrb. 1867, 221). Blake (Am. Journ. Sc. **42**, 221) beobachtete daran ausser *meers* auch *a*(100); gemessen *mm* = 111° 0′, *mc* = 83° 0′, *ee* = 70° 5′, *sc* = 49° 55′, *er* = 43° 12½′. Arzruni (Groth's Ztschr. 1881, **6**, 27) untersuchte wenig durchsichtige, durch Schalen-Bildung milchig getrübte Krystalle mit meist gewölbten und deshalb in den Winkeln schwankenden Flächen mit herrschendem *me* und untergeordnetem *rc*, ohne *sba*; gemessen *mm* = 111° 23′, *mc* = 83° 53′, *ee* = 70° 24′, *cr* = 43° 12½′. Nach van Calker (Groth's Ztschr. 1897, **28**, 566) an einem Krystall mit *me* im Gleichgewicht *ee* = 109° 50′. — Weite Tuff-artige Ablagerungen von Kalkcarbonat in Nevada wurden von Clarence King (U. S. geol. Surv. of the 40th Parallel 1879, **1**, 508; Groth's Ztschr. 1879, **3**, 598) beschrieben und für Gestade-Bildungen des alten, der quaternären Zeit angehörigen Sees Lahontan gehalten, von dem der Salzsee bei Ragtown ein Ueberbleibsel sein soll. Gaylussit-ähnliche Formen in jenen Ablagerungen wurden von King als Pseudomorphosen nach diesem angesehen und von θίς Gestade und λίθος **Thinolith** benannt; Näheres vgl. im Zusatz 2 unter Pseudo-Gaylussit.

In **Wyoming** im **Sweetwater** Valley beim Independence Rock im natürlichen Natroncarbonat (vgl. S. 2766) winzige Krystalle, aus jenem beim Auflösen in Wasser mit Thon zurückbleibend. Nicht über 1 mm gross, farblos, durchsichtig. Farrington (Field Columb. Museum geol. series 1900, **1**, 226; Groth's Ztschr. 1901, **36**, 77) beobachtete *c*(001), *m*(110), *r*($\bar{1}$12) mit untergeordnetem *e*(011); *mm* = 110° 59′, *me* = 83° 30′, *rc* = 43° 20′, *ee* = 109° 23′.

c) **Europa.** In **Spanien** nach Naranjo (Elem. Min. 1862, 197; bei Tenne u. Calderón, Min. Iber. 1902, 182; Calderón, Min. Esp. 1910, **2**, 129) in der Prov. **Madrid**, Espartinas bei Aranjuez, auf Kalkspath liegend verzerrte Krystalle, etwas Magnesia enthaltend; auch bei Madridijos in **Ciudad-Real**. Doch liegen keine näheren Angaben vor, ob es sich um frischen Gaylussit oder vielmehr um einen Pseudo-Gaylussit (vgl. unter Zusatz 2) handelt.

d) **künstlich.** Von G. H. Bauer (vgl. S. 2792) zufällig als weisses krystallinisches Pulver (Analyse III.) erhalten als Absatz einer offenbar Kalk-haltigen Soda-Lösung bei wenigen Graden oberhalb 0° C., wie auch die überstehende Flüssigkeit mit Oxalsäure deutliche Kalk-Reaction ergab. Nach Fritzsche (vgl. S. 2792) trübt sich der durch Zusammenbringen von Natriumcarbonat und Calciumchlorid erhaltene gelatinöse Niederschlag bald und wandelt sich in Krystalle (IV.—V.) um, ebenso wie bei Einwirkung einer Soda-Lösung auf gefälltes Calciumcarbonat. Die auf beide Arten entstandenen Krystalle sollen nach Kokscharow (bei Fritzsche) zwar stets monosymmetrisch, aber von verschiedener Ausbildung sein, jedoch liegen keine Messungen vor. Solche aber von Soret (Arch. sc. phys. nat. Genève 1881, **5**, 313; Bull. soc. min. Paris 1881, **4**, 168; Groth's Ztschr. **6**, 31; N. Jahrb. 1882, **2**, 18) an Krystallen, welche Favre durch sehr langsame Einwirkung (27 Jahre) einer Lösung von käuflichem Natriumsilicat auf eine Schneckenschale erhalten hatte; kurzsäulig *mabc* mit *e*(011) und *r*($\bar{1}$12); *mm* = 109° 50′, *ee* = 71° 31′, *rr* = 69° 41′.

Nach Rammelsberg (Monatsber. Ak. Wiss. Berlin 1880, 783; Journ. pr. Chem. 1887, **35**, 106; Groth's Ztschr. **6**, 25; **15**, 117) und besonders auch Reidemeister (Ztschr. chem. Industr. 1884), bildet sich Gaylussit häufig beim Abkühlen geklärter und ungeklärter Rohsodalauge in Rohrleitungen und Pfannen einer Soda-Fabrik, oder beim Umkrystallisiren von Leblanc-Soda. Rammelsberg beobachtete Krystalle (A.), die sich in der Schönebecker Fabrik aus geklärten Rohsodalaugen bei etwa 40° C. am Boden der Gefässe auf einer Unterlage von Eisenoxyd, Schwefeleisen, Kalkcarbonat, Kieselsäure und Thonerde, durch Beimengung dieser Massen gefärbt abgesetzt hatten, sowie kleinere weisse Krystalle (B.) aus dem Carbonisations-Thurm, wo heisse Kohlensäure, resp. die Feuergase von Kokes durch die Laugen geleitet werden, um das vorhandene Aetznatron in Soda zu verwandeln und durch den Luft-Ueberschuss das Schwefelnatrium zu oxydiren (SCHEURER-KESTNER's Vermuthung[1] vgl. S. 2793). ARZRUNI (GROTH's Ztschr. **6**, 29; bei RAMMELSBERG a. a. O.) bestimmte an den 4—10 mm grossen Krystallen *m*(110) und *e*(011) herrschend, *r*($\bar{1}$12) und *c*(001) zurücktretend, nicht *abs*; gemessen:

	mm	*mc*	*ce*	*ec*	*em*
A.	—	84° 19½′	69° 52′	55° 17′	41° 9′
B.	111° 18′	82 56	70 20	54 24	42 25
	rc	*rr*	*rm*	*mr*	*re*
A.	43° 21½′	—	54° 41½′	—	28° 17′
B.	42 54½	69° 54½′	53 33	69° 39½′	27 24

Optik vgl. S. 2791. RAMMELSBERG fand in den reinsten Krystallen 32·2—34·2—35·1 % Na_2CO_3, berechnet 33·8 %.

Ueber die von SCHULTEN erhaltenen Gaylussit-Nadeln vgl. S. 2789. Nach BÜTSCHLI (Journ. pr. Chem. 1907, **35**, 557; GROTH's Ztschr. **47**, 692) bildet sich Gaylussit bei gewöhnlicher Temperatur nicht nur nach der schon von FRITZSCHE (vgl. S. 2794) angewandten Methode der Einwirkung von (viel gesättigter) Soda-Lösung auf Calciumchlorid (4—5 g in möglichst wenig Wasser gelöst), sondern auch durch Behandelung des Salzes $K_2CaC_2O_6$ mit gesättigter Na_2CO_3-Lösung. Für die Bildung des Gaylussit ist nach BÜTSCHLI allerdings amorphes $CaCO_3$ besonders günstig, wie auch der amorphe Kalk im Krebs-Panzer rasch mit gesättigter Soda-Lösung Gaylussit giebt; dagegen bilden sich in der Schale des Hühnereis und den Kalk-Nadeln von Schwämmen selbst nach mehrtägiger Behandelung nur wenig Krystalle, und auch isländischer Doppelspath liefert nur vereinzelte Krystalle, ziemlich viel aber pulverisirter Aragonit nach wenigen Tagen. Auch WEGSCHEIDER u. WALTER (Wiener Mon. f. Chem. 1907, **28**, 635; bei DOELTER, Mineralchem. 1912, **1**, 199) haben es wahrscheinlich gemacht, dass Kalkspath sich umwandelt. Dieselben fanden übrigens beim Studium der Existenz-Bedingungen der Calciumnatriumcarbonate (vgl. S. 2789), dass bei 11° C. das Gaylussit-Doppelsalz mit $CaCO_3$ neben der Lösung $Na_2CO_3 \cdot 129 H_2O$ existirt, aber weniger concentrirte Lösungen zersetzend wirken, und über 40° C. am Gleichgewicht Pirssonit betheiligt ist.

Analysen. Theor. CO_2 29·71, Na_2O 20·96, CaO 18·91, H_2O 30·42.

a) Lagunilla. I. BOUSSINGAULT, Ann. chim. phys. 1826, **31**, 274.
II. Derselbe, ebenda 1843, **7**, 488.
d) künstlich. III.—IV. FRITZSCHE, Journ. pr. Chem. 1864, **93**, 339.

[1] Die nach RAMMELSBERG's Arbeit erschienene Untersuchung von SMITH und LIDDLE (Ber. d. chem. Ges. 1881, **14**, 509; chem. News **43**, 7) über die beim Causticiren der Soda mit Kalk zurück bleibenden Natrium-haltigen Verbindungen führte nicht direct zu dem Schluss, dass die Soda-Verluste durch Gaylussit-Bildung zu erklären seien.

		Na_2CO_3	$CaCO_3$	H_2O	Thon	Summe	incl.
	Theor.	35·81	33·76	30·42	—	190	—
a)	I.	33·96	31·39	32·20	1·00	100	1·45 CO_2
	II.	34·50	33·60	30·40	1·50	100	—
d)	III.	35·91	33·59	30·50	—	100	—
	IV.	35·78	34·09	30·13	—	100	—

Zusatz 1. Als „eine neue, in der Natur vorkommende und vom Gaylussit verschiedene Verbindung von kohlensaurem Kalk und kohlensaurem Natron" beschrieb Barruel (Ann. chim. phys. 1829, **42**, 313; Pogg. Ann. 1829, **17**, 554) ein ohne Fundorts-Angabe bei einem Mineralien-Händler gekauftes Mineral von blätteriger Structur mit drei Richtungen leichter Theilbarkeit wie bei einem Kalkspath-Rhomboëder. Helle Bruchstücke vollkommen durchsichtig. Glasglanz ähnlich dem des Aragonits. Doppelbrechung wie beim Kalkspath. Diesen stark, den Aragonit schwierig ritzend. Dichte 2·921. Vor dem Löthrohr anfangs ein wenig decrepitirend, dann sich bräunend, zuletzt in Aetzkalk übergehend, aber schwieriger als reines Kalkcarbonat. Mit Borax eine milchige, halbdurchsichtige Perle gebend. Mit Aufbrausen in Salpetersäure vollkommen löslich. Aus der Analyse $CaCO_3$ 70·0, Na_2CO_3 14·0, H_2O 9·7, Fe_2O_3 1·0, talkiges Ganggestein 5·0, Summe 99·7 die Formel $11CaCO_3 \cdot 2Na_2CO_3 \cdot 9H_2O$ hergeleitet. Hartmann (Min. 1843, **2**, 272) meint, „vielleicht war es ein Gemenge von Kalkspath und Natrocalcit".

Zusatz 2. Im Alluvial-Thon (Schlottenheimer) von Obersdorf bei **Sangerhausen** im Reg.-Bez. Merseburg „in nicht unbedeutender Menge" etwa 1 cm, aber auch 2—6 cm oder noch längere Krystalle; selten einzeln, häufiger zusammengewachsen, oft 4 Individuen kreuzförmig, auch 20—30 sternförmig zackig durcheinander gewachsen. Von Freiesleben 1826 der Naturforscher-Versammlung in Dresden (Isis 1827, **20**, 334) vorgelegt und dann genauer (Mag. Oryktographie Sachs. 1836, **7**, 118) als **Calcit**[1] beschrieben. Die Gestalt der sehr spitzen oder langgezogenen Rhomboëder gehört nach Breithaupt (bei Freiesleben) „in das hemirhombische System". Die röthlich- und gelblichweissen, gelblich- und perlgrauen und schmutzig isabellgelben, rundum in Thon eingewachsenen Gebilde zeigen äusserlich einen „ziemlichen Grad von Wachsglanz, und ihre glatte Oberfläche lässt eine chagrin- oder schuppenähnliche Zusammensetzung der äusseren festen Rinde[2] wahrnehmen"; „inwendig sind sie matt, halbhart und undurchsichtig, groberdig oder uneben, und nur höchst selten zeigt sich eine Spur von Spaltbarkeit". „Bisweilen

[1] Dieser Name wurde erst später von Haidinger (Handb. best. Min. 1845, 498) als Species-Bezeichnung für das rhomboëdrische Kalkcarbonat eingeführt, aber mit ausdrücklicher Erwähnung, dass er von „Freiesleben für eine Pseudomorphose" gebraucht sei.

[2] Die „äussere harte Rinde" auch von E. Geinitz (N. Jahrb. 1876, 483) bei der mikroskopischen Untersuchung der Gebilde betont, der übrigens im Schliff zwischen den zusammengehäuften Kalkspath-Rhomboëdern an vielen Stellen büschelig gruppirte, fein längsgefaserte Nädelchen von grünlichweisser Farbe und vereinzelte Quarz-Körner fand.

wird die gelblichgraue matte innere Masse nur theilweise von einer festeren hornartigen Kappe gleichsam bedeckt". „Aus allen diesen Verhältnissen zusammengenommen ist zu schliessen, dass sie Afterkrystalle sind". „Von bekannten Fossilien stimmen sie noch am ersten mit der Krystallform des Gaylussit überein". Nach einer von WEISS (an FREIESLEBEN) mitgetheilten Analyse $CaCO_3$ 90·1, $CaSO_4$ 7·1 und H_2O 4·5, Summe 101·7 enthaltend, nach KERSTEN (Mag. Orykt. Sachs. 1836, **7**, 287) $CaCO_3$ 96·4, $CaSO_4$ 1·9, Fe_2O_3 etc. 1·3, Summe 99·6, nach MARCHAND (Journ. pr. Chem. 1849, **46**, 95) $CaCO_3$ 94·37, $CaSO_4$ 2·02, H_2O 1·34, Al_2O_3 + Fe_2O_3 1·15, Gangart 1·10, Summe 99·98. Dichte 2·632 nach BREITHAUPT. Fluorescenz schwach blau im ultravioletten Licht, Phosphorescenz sehr schwach (ENGELHARDT, Inaug.-Diss. Jena 1912, 20).

Ganz ähnliche Pseudomorphosen wurden von HAIDINGER (POGG. Ann. 1841, **53**, 142; N. Jahrb. 1842, 336) aus einer Kalkstein-Höhle (in den sinus frontales eines Schädels von ursus spelaeus) in der Tufna bei **Hermanecz** bei Neusohl in Ungarn, und von G. ROSE (POGG. Ann. **53**, 144) in Mergel von Kating bei **Tönningen**, Kreis Eiderstedt[1] in Schleswig mit derselben Deutung beschrieben, und auch von BLUM (Pseud. 1843, 13) mit denen von Sangerhausen als solche von „Kalkspath nach Gaylussit" vereinigt. Im Gegensatz dazu deutete DES CLOIZEAUX (Ann. chim. phys. 1843, **7**, 489;[2] Min. 1874, **2**, 119. 173) diese Gebilde als Pseudomorphosen nach Coelestin, in der von HAÜY als variété apotome bezeichneten Form. Dieser Deutung schloss sich G. VOM RATH (POGG. Ann. 1868, **135**, 588; Niederrhein. Ges. Bonn 1868, 79) an in Bezug auf „Calcitkrystalle (FREIESLEBEN)" aus dem Kleiboden der Marschen am Krummen Horn am **Dollart** im nördlichen Friesland, und ebenso G. H. WILLIAMS (GROTH's Ztschr. 1890, **18**, 5) wegen der grossen Uebereinstimmung der Pseudomorphosen von Sangerhausen mit den Coelestinen von Mineral Co. in West Virginia, — während KENNGOTT (bei G. VOM RATH, POGG. Ann. 1871, Erg.-Bd. **5**, 442) die Gebilde von Sangerhausen als Pseudomorphosen nach Gyps erklärte. GROTH (Min.-Samml. Strassb. 1878, 142) sah darin[3] Pseudomorphosen nach Anhydrit, weil eine solche Umwandelung „jedenfalls chemisch am Leichtesten zu erklären" sei, „zweifelsohne" Anhydrit mit Coelestin als „isomorph betrachtet werden muss", und besonders die Analysen an FREIESLEBEN's Original-Material $CaSO_4$ ergaben, resp. Gyps als Rückstand der zersetzten Substanz, auf den auch die mikroskopische Beobachtung von GEINITZ (vgl. S. 2796 Anm. 2) deute.

Trotzdem wurde allgemein die BREITHAUPT'sche Deutung von Pseudomorphosen nach Gaylussit beibehalten, auch für neuere Vorkommen. So von VOLGER (Erde u. Ewigkeit, Frankf. a. M. 1857, 497; Naturf.-Vers. Karlsruhe 22. Sept. 1858, 93; N. Jahrb. 1864, 339) und BLUM (Pseud. 3. Nachtr. 1863, 13; 4. Nachtr. 1879, 8) für solche von der Ostküste Australiens. Ferner von WEBSKY (Ztschr. d. geol. Ges. 5. Mai 1880, **32**, 443; GROTH's Ztschr. **7**, 97) und E. E. SCHMID (Sitz. med.-nat. Ges. Jena 9. Juli 1880; N. Jahrb. 1882, **1**, 353) für solche in einer Thon-Schicht im Zechstein zwischen Amt-**Gehren** in Schwarzburg-Sondershausen und **Königsee** in Schwarzburg-Rudolstadt, mit $CaCO_3$ 96·5, $MgCO_3$ 0·6, Na_2CO_3 0·9, H_2O 0·9, Spur thoniges Silicat, Summe 98·9 (R. ZIMMERMANN); SCHMID betont den Natron-Gehalt. Der Deutung von CLARENCE KING für seinen **Thinolith** (vgl. S. 2794) in den Kalktuffen des (Lake) **Lahontan** Basin in Nevada als eine Gaylussit-Pseudomorphose schloss sich zunächst auch E. DANA (Min. 3. Append. 1882, 51) an. Dieser gelangte aber bald darauf (U. S. geol. Surv. 1884, Bull. No. 12; GROTH's Ztschr. **11**, 285;

---

[1] HAUSMANN (Min. 1847, **2**, 1283) führt von dem Material eine Analyse von KÖHNKE an, mit $CaCO_3$ 91·10, $MgCO_3$ 1·05 u. s. w.

[2] Referirt von HAIDINGER (Uebers. min. Forsch. 1843, Erlangen 1845, 111).

[3] An Material von Sangerhausen und von Eiderstedt in Schleswig.

N. Jahrb. 1887, 1, 413) zu der Ansicht, dass die nur sehr selten noch annähernd erkennbare äussere Form der Skelett-artig gebauten und Kappen-förmig neben einander sitzenden Thinolith-Krystalle eine den Skelett-Rippen entsprechende spitze tetragonale Pyramide mit einem Polkanten-Winkel von 84¾° und einem Basiskanten-Winkel von 35° sei, woraus $a:c = 1:2{\cdot}24$ folgt. Die ganze Erscheinung weist darauf hin, dass die rauhen und unebenen, im Inneren porösen Krystalle jedenfalls ursprünglich eine andere Zusammensetzung hatten, als die gegenwärtige (nach ALLEN CO_2 40·90, CaO 50·45, MgO 1·37, $Fe_2O_3 + Al_2O_3$ 0·71, H_2O 1·50, Spuren von P_2O_5, SO_3, Cl, Rückstand 3·88, Summe 98·81), und zwar wegen der Aehnlichkeit der Gestalt mit der der Pseudomorphosen von Bleicarbonat nach Phosgenit vielleicht ein mit Phosgenit isomorphes Doppelsalz $CaCO_3 + CaCl_2$ gewesen sind, von dem nur $CaCO_3$ zurückgeblieben sei. Ausser den verhältnismässig scharfkantigen Krystallen kommen auch mehr abgerundete vor, welche mit den Gebilden von Sangerhausen und anderen Fundorten grosse Aehnlichkeit haben, so dass das ursprüngliche Mineral wohl dasselbe gewesen sei. Später aber behandelte EDW. DANA (Min. 1892, 271. 907) den Thinolith getrennt (im Anhang zum Kalkspath, als mögliche Pseudomorphose nach einem Chlorocarbonat $CaCO_3{\cdot}CaCl_2$ oder $CaCO_3{\cdot}2NaCl$) von den „barley-corn (Gerstenkörner)"-Pseudomorphosen von Sangerhausen[1] (und ähnlichen anderer Fundorte), für welche nach den Beobachtungen von G. H. WILLIAMS (vgl. S. 2797) die Coelestin-Deutung von DES CLOIZEAUX erwiesen sei; Thinolith auch am Mono Lake in Californien.

In Dünnschliffen von Querschnitten des Thinolith vom Lake Lahontan bestätigte VAN CALKER (GROTH's Ztschr. 1897, 28, 567) den von DANA beschriebenen (vgl. oben) Skelett-artigen Bau, beobachtete aber häufiger einen rhombischen als einen tetragonalen basischen Hauptschnitt, und ferner auch an denen von Sangerhausen ähnlichen Gebilden aus Schleswig und Holland eine dem Skelettbau des Thinoliths analoge innere Structur, die er aber lieber als Schalenbildung bezeichnen möchte. Ferner stellte VAN CALKER an solchen Krystallen verschiedener Herkunft Messungen mit Contact-Goniometer an, um „wenigstens einigermassen beurtheilen zu können, zwischen welchen Grenzen die Flächenwinkel der Pseudogaylussite liegen können, und" „eine annähernde Vergleichung mit den entsprechenden Winkeln von Gaylussit und Coelestin möglich zu machen", und zwar am Gaylussit mit $ce = 70^\circ 30'$ und $109^\circ 30'$, $rr = 110^\circ 31'$ und $rc = 92^\circ 36'$, am Coelestin mit $(133)(1\bar{3}3)$[2] $= 83^\circ 15'$, $(133)(13\bar{3}) = 108^\circ 44'$, $(144)(1\bar{4}4) = 80^\circ 15'$, $(144)(14\bar{4}) = 106^\circ 50\tfrac{1}{2}'$. Wie zu erwarten, waren aber die Winkelwerthe so schwankend, dass sie weder für den Ursprung aus Gaylussit noch den aus Coelestin „den Beweis der Richtigkeit liefern, aber ebenso wenig die Berechtigung zur Verwerfung" der einen oder anderen Auffassung geben. Eine vergleichende Zusammenstellung von eventuell in Betracht kommenden Winkelwerthen an Anhydrit und Gyps (nach GROTH und KENNGOTT, vgl. S. 2797) hielt VAN CALKER „nicht für zulässig und für nutzlos", und betonte, dass die Frage, ob den verschiedenen Pseudogaylussit-Vorkommen dasselbe Mineral oder welches an den einzelnen Fundorten zu Grunde gelegen hat, „nur durch paragenetische und geologische Verhältnisse aufgeklärt werden" könne, resp. wenn neue Funde mit frischen, nicht pseudomorphosirten Resten des ursprünglichen Minerals gemacht würden.

---

[1] Von J. D. DANA (Min. 1868, 677) auch als Coelestin-Pseudomorphosen aufgeführt, „Natrocalcite", „named under the mistaken idea, that the material contained soda", vgl. auch S. 2792; vorher aber (Min. 1855, 438. 455) als solche nach Gaylussit.

[2] In der Aufstellung von MILLER, dessen (133) = (331) bei AUERBACH.

Durch den Namen **Pseudogaylussit** deutet van Calker (Groth's Ztschr. **28**, 556) aber die nach seiner Meinung offenbar wahrscheinlichste Herkunft an und beschreibt als neu einige Vorkommen in **Holland**. Gelbliche kugelförmige 1—3 cm grosse Krystall-Gruppen mit wechselnder Grösse (einige Millimeter bis 3 cm) und Zahl (etwa 10 bis über 100) der aggregirten Krystalle, 8—9 Fuss tief in alluvialem Thonboden bei Onderdendam, 12 km nördlich von Groningen gefunden. Nach Calker enthaltend $CaCO_3$ 89·95, $MgCO_3$ 1·05, $FeCO_3$ 0·25, Na_2CO_3 0·46, K_2CO_3 0·16, $CaSO_4$ 0·63, Al_2O_3 1·87, Fe_2O_3 1·07, SiO_2 0·14, H_2O 2·57, Thon 2·38, Summe 100·53. Ferner fanden sich zerstreut in Thon 3—4 m tief bei einem Fort östlich von Kwadyk, nordwestlich von Edam Einzelkrystalle, vollkommen ähnlich denen vom Dollart (vgl. S. 2797) und aus Schleswig. Mergel-Concretionen an verschiedenen Orten in Friesland, von kugeliger, ellipsoidischer, nierenförmiger oder auch unregelmässiger astförmiger Gestalt; in einer solchen, nahezu kugelförmigen Mergelknolle von Bartelehiem bei Stiens, nordwestlich von Laeuwarden ein gelblicher körniger, etwa 1·5 cm grosser Calcit-Kern, dessen Gestalt durch zwei zu einander senkrechte Durchschnitte die spitzpyramidale Form des Pseudogaylussit erkennen lässt, mit Kappenbildung und schaliger Zusammensetzung. Als fraglich bringt van Calker (a. a. O. 560) mit Pseudogaylussit in Verbindung die von J. D. Dana (Geol. U. S. Exploring Expedition round the world 1838—1842 [1849], 481. 656) beschriebenen Kalk-Concretionen von Glendow in New South Wales und Astoria in Oregon, sowie die von Jeremějew (Verh. russ. min. Ges. 1882, **17**, 319; Groth's Ztschr. **7**, 204) als Aragonit-Pseudomorphosen beschriebenen „Heugabeln vom Weissen Meer".

Der Name **Jarrowit** erscheint nach Spencer (Min. Soc. Lond. 1897, **11**, 328) seit 1886 im „British Museum Student's Index". Lebour (57. Rep. Brit. Assoc. 1887 [1888], 700; Groth's Ztschr. **17**, 422) erklärt den Jarrowit vom Tyne-Flusse bei Jarrow für identisch mit dem Thinolith aus Nevada. Miers (Min. Soc. Lond. 1897, **11**, 264; Groth's Ztschr. **31**, 192) beschrieb als Kalkspath, fraglich pseudomorph nach Coelestin einige, 1857 vom British Museum erworbene, denen von Sangerhausen und aus Schleswig, sowie den von Dana vom Hunter River in New South Wales (vgl. oben) beschriebenen ähnliche, und nahezu mit einer Pseudomorphose von Archangel (vgl. oben „Heugabeln") übereinstimmende braune krummflächige Gebilde in kalkigem Thon von den **Jarrow** Docks in Durham, die unter dem Namen Jarrowit bekannt, aber noch nicht beschrieben seien; Miers bemerkt, dass alle diese Gebilde nach seiner Meinung Coelestin-Pseudomorphosen seien wegen der äusseren Aehnlichkeit mit dem von Williams (vgl. S. 2797) beschriebenen Coelestin-Habitus. Trechmann (Groth's Ztschr. 1901, **35**, 283) erinnert an Browell's (Transact. Thyneside Naturalist's Field Club 1860—62, **5**, 103) „Description and Analysis of an undescribed Mineral from Jarrow Slake" und beschrieb aus dem Clyde-Flusse bei **Cardross**, gegenüber Greenock gebaggerte, bis 20 cm lange und etwa 3 cm breite bauchige Krystalle von quadratischem bis rhombischem Querschnitt, der am selben Krystall zwischen 90° und 120°, resp. 60° schwankt. Farbe Hämatit-ähnlich dunkel-rothbraun; mit fettglänzender runzelig-warziger Oberfläche. Dichte 2·575—2·602. Undeutlich schaliger Aufbau, wie am Thinolith. Fast ausschliesslich aus Kalkspath-Sphärolithen verschiedener Grösse bestehend. Ausser $CaCO_3$ 83·52, $Ca_3P_2O_8$ 5·52, $MgCO_3$ 9·03, Summe 98·07, färbende organische Substanz enthaltend. Dasselbe Vorkommen im Bette des Clyde von Macnair (Proc. Roy. Phil. Soc. Glasgow 1904, **35**, 250; Groth's Ztschr. **43**, 616) beschrieben, als wahrscheinlich aus Eiszeit-Thonen im Flussbett stammend. Der Gaylussit sei im Thon entstanden, später wieder aufgelöst, und der Hohlraum von aussen her mit Kalkspath ausgefüllt. Drei Analysen mitgeteilt: von Pollard [CaO 47·93, MgO 4·21, CO_2 39·91, P_2O_5 2·23, Gewichtsverlust 3·13 bei 105° C. und Glühverlust

(H_2O u. org. Stoffe) 2·81, in HCl unlösl. 0·11, Summe 100·33], Gemmell (A.) und Sexton (B.):

	$CaCO_3$	$CaSO_4$	$MgCO_3$	Fe_2O_3	Al_2O_3	SiO_2	Summe	incl.
A.	77·89	0·52	7·88	0·18	3·31	0·26	99·90	1·35 NaCl, 8·51 org. Subst.
B.	79·62	0·92	8·93	0·96	3·11	0·38	97·46	3·38 $Ca_3P_2O_8$, 0·16 $CaCl_2$

In **Paris** wurden beim Bau der Untergrundbahn auf der Place de la République von Meunier (Bull. soc. géol. 1904, **4**, 296) festgestellt: 1) auf dem Grobkalk Seine-Kies, 2) Thone mit Schwefel-Krystallen, 3) eine Torflage entsprechend einem noch in der zweiten Hälfte des 14. Jahrh. existirenden Sumpfe. Unter dem Torf fand Dollot 3—8 mm grosse kalkige Krystalle, welche Lacroix (Min. France 1910, **4**, 126. 106) mit denen von Sangerhausen identificirte und ebenfalls (wie Des Cloizeaux, vgl. S. 2797) für Coelestin-Pseudomorphosen erklärte; das Strontiumsulfat soll an die Stelle durch Sickerwässer von den benachbarten Hügeln von Belleville gelangt sein, welche aus Eocän- und Oligocän-Ablagerungen bestehen, und Coelestin führen.

Ueber die von Stolley beschriebenen Pseudomorphosen von **Bornholm** vgl. S. 2790.

Schliesslich sind „Gaylussit“-Kalkspath-Pseudomorphosen auch aus **Japan** gemeldet worden: von Wada (Min. Jap., transl. Ogawa 1904, 62) aus der Provinz Shinano von Bessho und Urazato 2—14 cm lange krummflächige pyramidale Gebilde, local als Gennō-ishi (Hammersteine) bezeichnet, einzeln und in Durchkreuzungen, sowie in Gruppen im Tertiär; auch von Teradomari in der Provinz Echigo, und dem Nebenfluss Ponporonai des Ikushumbetsu-gawa, sowie dem Shikaribetsu des Yūbari-gawa im Hokkaidō. Jimbo (Min. Jap., Journ. Sc. Coll. Univ. Tokyo 1899, **11**, 236) hatte ebenfalls diese „Gaylussite“ erwähnt aus dem Tertiär von Aoki in Shinano und von Poronai in Hokkaido, sowie von Okozu in Echigo.

Northupitgruppe.

1. Northupit	$Na_2CO_3 \cdot MgCO_3 \cdot NaCl$	Regulär.
2. Tychit	$2Na_2CO_3 \cdot 2MgCO_3 \cdot Na_2SO_4$	

1. Northupit. $Na_2CO_3 \cdot MgCO_3 \cdot NaCl$.

Regulär. Nur das Oktaëder beobachtet.

Habitus der Krystalle stets oktaëdrisch. Künstlich auch in Krystallkrusten.

Glasglänzend. Durchsichtig bis durchscheinend. Farblos. Durch Verunreinigung schmutzigweiss, blassgelb und grünlichgrau bis dunkelbraun.

Optisch isotrop. Pratt (Am. Journ. Sc. 1896, **2**, 125; Groth's Ztschr. 1896, **27**, 419) bestimmte an einem Prisma von 79° 35′ die Brechungsquotienten

1·5117 für Li   1·5144 Na   1·5180 Tl.

Ohne deutliche Spaltbarkeit. Bruch muschelig. Sehr spröde. Härte über 3, bis 4. Dichte 2·38.

Vor dem Löthrohr leicht unter Aufschäumen (infolge Entweichens von Kohlensäure) schmelzbar zu einer weissen oder grauweissen, alkalisch reagirenden Masse. Die Flamme intensiv gelb färbend. Im geschlossenen Röhrchen heftig decrepitirend; die zuweilen dabei abgegebene Spur Wasser rührt wahrscheinlich von mechanisch im Krystall eingeschlossenen Verunreinigungen her. Eine Zersetzung der Krystalle an der Luft ist nicht zu beobachten. Leicht löslich in kalter verdünnter Salzsäure oder Salpetersäure unter Gas-Entwickelung. Während kaltes Wasser nur langsam einwirkt, tritt durch heisses Wasser sehr rasch Zersetzung ein unter Abscheidung von Magnesiumcarbonat.

Historisches. Die Verbindung $Na_2CO_3 \cdot MgCO_3 \cdot NaCl$ wurde zuerst[1] von Leighton (Chem. News 1888, **57**, 3) in einem Kunstproduct constatirt, das sich in der Ammoniaksoda-Fabrik Syracuse in New York beim Einleiten von NH_3 und CO_2 in eine die Chloride von Na, Mg und Ca, sowie $CaSO_4$ enthaltende Lösung gebildet hatte. Dasselbe **Natriummagnesiumchlorocarbonat** $Na_3(MgCl)(CO_3)_2$ wurde von Reinitzer u.

[1] Wie Wegscheider (bei Doelter, Mineralchem. 1912, **1**, 201) bemerkte.

Cl. Winkler[1] (Ztschr. angew. Chemie 1893, **87**, 446; Groth's Ztschr. **25**, 614) an Incrustationen in eisernen Kühlröhren nachgewiesen,[2] durch welche bei der Verarbeitung von stark $MgCl_2$-haltiger Salzsoole auf Soda nach dem Solvay-Verfahren in der Fabrik in Ebensee (vgl. S. 2769) die mit Ammoniak und Ammoniumcarbonat gesättigte Soole fliesst; v. Zepharovich erkannte daran reguläre Oktaëder mit anomaler Doppelbrechung.

In einer „Preliminary Note" wurde dann von W. M. Foote (Am. Journ. Sc. 1895, **50**, 480; N. Jahrb. 1897, **1**, 234[3]) „a new Alkali Mineral" in regulären Oktaëdern beschrieben und zu Ehren von C. H. Northup benannt, der es beim Suchen nach Sulfohalit am Borax Lake in Californien entdeckt und als neu erkannt hatte. Qualitativ als „a double chloride and carbonate of sodium and magnesium" bestimmt, mit Spuren von P_2O_5, SiO_2, Fe, Ca und organischer Substanz. Die Identität mit diesem **Northupit** vermuthete A. de Schulten (Bull. soc. min. Paris 1896, **19**, 168; Compt. rend. 1896, **122**, 1427; Groth's Ztschr. 1898, **29**, 424) für das von ihm künstlich dargestellte (Näheres vgl. unter b) Salz $Na_2CO_3 \cdot MgCO_3 \cdot NaCl$, identisch mit dem von Winkler (vgl. oben) aus der Soda-Fabrik beobachteten. Genauer wurde dann der natürliche Northupit von Pratt (vgl. S. 2801) untersucht, der die ältere Formel $MgCO_3 \cdot Na_2CO_3 \cdot NaCl$ beibehielt. Nach der Entdeckung des ebenfalls regulären Tychit $2MgCO_3 \cdot 2Na_2CO_3 \cdot Na_2SO_4$ nahmen Penfield u. Jamieson (Am. Journ. Sc. 1905, **20**, 222; Groth's Ztschr. **41**, 240) eine analoge Formel für den Northupit $2MgCO_3 \cdot 2Na_2CO_3 \cdot 2NaCl$ in polymerer Verdoppelung an, und construirten symmetrische Structur-Formeln, in welchen die vier Kohlenstoff-Atome in einer Ringbildung mit Sauerstoff vereinigt sind,[4] und die beiden Chlor-Atome und das SO_4-Radical „im weiteren Sinne isomorph" sind. Von A. de Schulten (Compt. rend. 1906, **143**, 403; Groth's Ztschr. 1908, **45**, 187) wurden dann auch oktaëdrische Mischkrystalle beider Verbindungen dargestellt.

Vorkommen und Bildung. Da die künstliche Darstellung (und spontane Bildung) auf der Fällung von Mg-haltigen NaCl-Lösungen durch Carbonat-Lösungen beruht, so erklärt Wegscheider (bei Doelter, Mineralchem. 1912, **1**, 201) die Bildung in der Natur dadurch, dass die Natronseen (vgl. S. 2762) in geringer Menge gelöste Mg-Salze enthalten und das Magnesium beim Eindunsten als Northupit und eventuell als Tychit, oder in Mischkrystallen beider abscheiden.

---

[1] Winkler's Formel von Groth (chem. Kryst. 1908, **2**, 215. 219) beibehalten.

[2] Geringe Mengen von NH_4 und Ca sah Winkler als Vertreter von Na und Mg an.

[3] In Groth's Ztschr. nicht referiert, nur erwähnt im Repert. für 1891—1897 [1899], 97.

[4] Und beim Northupit die einwerthige Gruppe MgCl wie in der Formel von Winkler und Groth (vgl. S. 2801 und oben Anm. 1) auftritt.

a) **California, U. S. A.** Am **Borax Lake** in San Bernardino Co. nach NORTHUP (bei W. M. FOOTE, vgl. S. 2802) in einer Thonschicht im Bohrloch New Well (vgl. S. 2788) in bis 1 cm grossen Oktaëdern, oft in mehr oder weniger paralleler Gruppirung; nur selten mit Pirssonit verwachsen. Nach FOOTE variirt die Farbe der Krystalle von schmutzigweiss, blassgelb und grünlichgrau bis dunkelbraun; die heller gefärbten sehen wie Senarmontit aus. Nach PRATT (vgl. S. 2801) ist das reine Material farblos, und die Färbung rührt von Verunreinigungen her, wahrscheinlich Thon oder organischen Substanzen; schon FOOTE hatte die Anordnung der Färbung entsprechend der regulären Symmetrie angegeben, und die Entwickelung eines stinkenden Geruchs beim Pulvern. Dichte nach PRATT 2·380. Die Analysen I.—II. ergeben III. als Mittel, und das Verhältnis $CO_2 : Cl : MgO : Na_2O$ nahezu 2 : 1 : 1 : 1·5, ferner IV. auf 100 % unter Abzug des Wassers und Unlöslichen, sowie Umwandelung derjenigen Menge Na_2O in Na, welche zur Verbindung des Cl zu NaCl erforderlich ist.

b) **künstlich.** Ueber die Bildung in Soda-Fabriken vgl. S. 2801. A. DE SCHULTEN (vgl. S. 2802) erhielt durch längeres Erhitzen einer Lösung von NaCl, Na_2CO_3 und $MgCl_2$ glänzende, bis 0·25 mm grosse Oktaëder, Dichte 2·377 bei 15° C., Analysen V.—VI. Wenn man bei der Darstellung weniger NaCl und mehr Na_2CO_3 nimmt, so erhält man ein Gemenge von Northupit mit $Na_2MgC_2O_6$.[1] Die Bildung zusammen mit Pirssonit und Gaylussit vgl. S. 2789. Mischkrystalle von Northupit mit Tychit bilden sich nach SCHULTEN (vgl. S. 2802) durch Erhitzen einer Lösung von Na_2CO_3 und $MgSO_4 \cdot 7H_2O$ mit veränderlichen Mengen von NaCl und $Na_2SO_4 \cdot 10H_2O$. Da der Tychit beständiger ist als der Northupit, so bilden sich bei gleichen Mengen NaCl und Na_2SO_4 in der Lösung Mischkrystalle mit 99 % Tychit. Dichte eines Mischlings mit 76 % Tychit 2·57.

Analysen. a) Borax Lake. I.—IV. PRATT, Am. Journ. Sc. 1896, **2**, 125.
b) V.—VI. A. DE SCHULTEN, Bull. soc. min. Paris 1896, **19**, 165.

		CO_2	Cl	SO_3	Na_2O	MgO	H_2O	Unlösl.	Summe	abz. O[2]
a)	I.	35·21	14·10	0·08	36·99	15·96	0·72	0·25	103·31	100·15
	II.	35·02	?	0·08	?	16·20	?	0·19	?	?
	III.	35·12	14·10	0·08	36·99	16·08	0·72	0·22	103·31	100·15

		CO_2	MgO	Na_2O	Cl	Na	Summe
a)	IV.	35·43	16·22	24·90	14·23	9·22	100
b)	V.	35·71	15·71	25·23	23·82		100·47
	VI.	35·87	15·74	25·21	23·64		100·46
	Theor.	35·36	16·21	24·94	14·24	9·25	100

[1] Dieses **Natriummagnesiumcarbonat** entsteht allein in glänzenden rhomboëdrischen Krystallen (Oktaëder-ähnlicher Combination mit der Basis, $rr = 77°$, negativ doppelbrechend, Dichte 2·729), wenn man eine Lösung von 100 g Na_2CO_3 und 20 g $MgN_2O_6 \cdot 6H_2O$ (oder die entsprechende Menge $MgCl_2$) auf dem Wasserbade erhitzt. Ueber $Na_2CaC_2O_6$ vgl. S. 2789.

[2] Abzüglich der dem Chlor-Gehalt entsprechenden Sauerstoff-Menge.

2. Tychit. $2Na_2CO_3 \cdot 2MgCO_3 \cdot Na_2SO_4$.

Regulär. Nur das Oktaëder beobachtet.

Habitus der Krystalle, auch der künstlichen, stets oktaëdrisch.

Farbe weisser als bei Northupit.

Optisch isotrop; höchstens von schwacher anomaler, auf die äusseren Krystall-Theile beschränkter Doppelbrechung. Nach PENFIELD u. JAMIESON (Am. Journ. Sc. 1905, **20**, 219. 221; GROTH's Ztschr. **41**, 237. 239) Brechungsquotient für gelb an einem natürlichen Krystall 1·508, an künstlichem 1·510.

Härte über 3. Beim Verreiben im Achatmörser knirschend. Dichte 2·46—2·59.

Durch heisses Wasser weder merklich gelöst, noch zersetzt (im Gegensatz zu Northupit,[1] vgl. S. 2801). In Salpetersäure unter Aufbrausen löslich.

Historisches. Wie PENFIELD u. JAMIESON (vgl. oben) berichten, fand PENFIELD 1895 in einem oktaëdrischen Krystall vom Borax Lake nicht der Mittheilung von FOOTE (vgl. S. 2802) entsprechend neben Magnesium- und Natriumcarbonat Chlor, sondern Schwefelsäure, in allen weiter untersuchten aber Chlor; und ferner in einem weiteren Vorrath von einigen hundert Krystallen nur an zwei kleinen von zusammen 0·10 g nicht die Chlor-Reaction.[2] Diese beiden Krystalle gingen durch eine verunglückte quantitative Analyse verloren und ein einziger neuer fand sich dann unter weiteren mehr als 4000 Northupit-Krystallen, an dem der Brechungsquotient (vgl. oben) bestimmt wurde. An künstlich dargestellten Krystallen von gleicher Lichtbrechung constatirten dann PENFIELD und JAMIESON die der des Northupits analoge Formel $2MgCO_3 \cdot 2Na_2CO_3 \cdot Na_2SO_4$[3] und nannten das neue Mineral **Tychit** von τύχη, Zufall, Glück im Hinblick auf den glücklichen Zufall der Entdeckung.

Vorkommen. a) **California, U. S. A.** Am **Borax Lake** in San Bernardino Co. (vgl. S. 2803) zusammen mit Northupit (vgl. oben) bis 3 mm grosse Oktaëder, einzeln und auch in Gruppen. Dichte 2·456 nach PRATT an dem durch die verunglückte Analyse verlorenen Material, an dem zuletzt gefundenen (vgl. oben) nach PENFIELD u. JAMIESON 2·30, aber zweifellos zu niedrig wegen zahlreicher Einschlüsse. Dieselben erhielten

---

[1] PENFIELD u. JAMIESON sehen darin eine Bestätigung ihrer Structur-Formeln (vgl. S. 2802), denn das die beiden Mg-Atome verbindende SO_4-Radical würde diese gegen Angriff schützen, während die Na-Atome ohne Störung des Gleichgewichts im Molekül nicht weggenommen werden.

[2] In der Weise, dass verdünnte Salpetersäure, die etwas Silbernitrat gelöst enthielt, in kleinen Tropfen mittels eines Stroh-Halmes mit jedem Krystall in Berührung gebracht wurde. Durch die Bildung von Chlorsilber wird der Tropfen milchig getrübt.

[3] Bei GROTH (chem. Kryst. 1908, **2**, 375) Natriumsulfat-Natriummagnesiumcarbonat.

b) **künstlich** nach einer der SCHULTEN'schen (vgl. S. 2803) Northupit-Methode analogen 0·15 mm grosse, sehr symmetrisch ausgebildete Oktaëder. Und zwar wurden 8 g Na_2CO_3 und 34 g Na_2SO_4 in 120 ccm Wasser gelöst und 1·4 g $MgSO_4$ zugefügt. Nachdem sofort ein amorpher Niederschlag (wahrscheinlich ein basisches Magnesiumcarbonat) entstanden war, bedurfte es aber eines längeren Erhitzens (beim ersten Versuch 5 Tage ohne Unterbrechung) auf dem Wasserbade zur Bildung der Krystalle. Dichte 2·588. Analyse I.—II. Bei einem Versuch, ein Product mit zugleich Cl_2 und SO_4 zu erzielen, wurden oktaëdrische Krystalle erhalten, die weder die Cl- noch die SO_4-Reaction gaben, und also vielleicht $2MgCO_3 \cdot 3Na_2CO_3$ waren, also an Stelle von Cl_2 und SO_4 ein CO_3-Radical enthielten. Die Analyse des ziemlich unreinen Productes ergab zwar die theoretische Menge an CO_2, aber zu viel MgO und zu wenig Na_2O. Ueber Mischkrystalle[1] von Tychit und Northupit vgl. S. 2803.

Analysen. b) I.—II. PENFIELD u. JAMIESON, vgl. S. 2804.

		CO_2	SO_3	Na_2O	MgO	Summe
	Theor.	33·64	15·30	35·63	15·43	100
b)	I.	33·55	15·08	35·49	15·83	99·95
	II.	33·45	15·06	35·65	15·77	99·93

Dawsonit. $NaAl(OH)_2CO_3$. ($Na_2O \cdot Al_2O_3 \cdot 2CO_2 \cdot 2H_2O$.)

Rhombisch $a:b:c = 0{\cdot}6475:1:0{\cdot}5339$ GRAHAM.[2]

Beobachtete Formen: $a(100)\infty\bar{P}\infty$. $b(010)\infty\breve{P}\infty$. $c(001)oP$. $m(110)\infty P$. $d(011)\breve{P}\infty$.

Unsicher $(230)\infty\breve{P}\frac{3}{2}$. $(130)\infty\breve{P}3$. $(210)\infty\bar{P}2$. $(101)\bar{P}\infty$.

$$m:m = (110)(1\bar{1}0) = 65^0\,51' \quad | \quad d:c = (011)(001) = 28^0\,6'$$
$$d:m = (011)(110) = 75^0\,10'$$

Habitus der Krystalle gestreckt nach der Verticalen, klingenförmig bis nadelig. In radial angeordneten Aggregaten und feinfaserigen Büscheln.

Glasglänzend; Aggregate seidenglänzend. Durchsichtig bis durchscheinend. Farblos, resp. weiss.

Ebene der optischen Axen die Basis $c(001)$, erste Mittellinie die

[1] WEGSCHEIDER (bei DOELTER, Mineralchem. 1912, 1, 203) meint, dass solche Mischkrystalle sich vielleicht auch unter den von PENFIELD u. JAMIESON durch die Chlor-Reaction (vgl. S. 2804 Anm. 2) als Northupit bestimmten Krystallen befunden haben und zum Theil Tychit-reich sein konnten.

[2] Berechnet aus Messungen an Krystallen von Montreal (Trans. Roy. Soc. Canada 1908, **2**, 168; GROTH's Ztschr. 1910, **48**, 683).

Brachydiagonale. GRAHAM (vgl. S. 2805 Anm. 2) bestimmte[1] an Krystallen von Montreal

$$\text{für Na-Licht} \quad \alpha = 1{\cdot}466 \quad \beta = 1{\cdot}542 \quad \gamma = 1{\cdot}596$$

$$2V = 76^0 46' \quad \text{und} \quad 2E = 146^0 27'$$

Dispersion $\varrho < v$ gering, $2V = 76^0 33'$ für Li-Licht.

Fluorescirt schwach graublau im ultravioletten Licht (ENGELHARDT, Inaug.-Diss. Jena 1912, 20).

Spaltbar vollkommen nach $m(110)$. Härte 3. Dichte 2·4.

Vor dem Löthrohr anschwellend unter intensiver Gelbfärbung der Flamme, aber nicht schmelzbar; ist nach der Rothgluth in verdünnter Salzsäure löslich. Giebt nach dem Glühen schöne Blaufärbung mit Kobaltnitrat. Im Kölbchen nur bei starkem Erhitzen Wasser und Kohlendioxyd abgebend; bleibt beständig bis 140° C. und verliert das Wasser erst bei 180°. In Säuren unter Aufbrausen löslich.

Historisches. Von HARRINGTON (Canadian Naturalist 1874, **7**, 305; N. Jahrb. 1875, 91) als neues Mineral von Montreal beschrieben und zu Ehren von DAWSON benannt, ohne aus seinen Analysen (I.—II.) zu einer Formel zu gelangen, wenn er auch das Vorliegen eines Aluminiumcarbonats erkannte; der Kalk-Gehalt wurde als wesentlich angesehen. Optische Bestimmung von DES CLOIZEAUX (vgl. unten Anm. 1), auf Grund deren das Mineral allgemein als wahrscheinlich monosymmetrisch galt. Mit dem canadischen **Dawsonit** identificirte CH. FRIEDEL (Bull. soc. min. Paris 1881, **4**, 28; GROTH's Ztschr. **6**, 287; N. Jahrb. 1883, **1**, 15) ein Vorkommen aus Toscana, und stellte nach seinen Analysen (V.—VI.) für dieses „hydrocarbonate d'aluminium et de sodium" die Zusammensetzung $Al_2O_3 \cdot Na_2O \cdot 2CO_2 \cdot 2H_2O$ fest, nahm aber wegen des Verhaltens beim Erhitzen darin nicht ein Hydrat an, sondern die Sättigung des Aluminiums mit 2 einwerthigen Gruppen CO_3Na[2] und 4OH, also $Al_2(CO_3Na)_2(OH)_4$. Von GROTH (Tab. Unters. 1882, 47) geschrieben als $Al(HO)_2NaCO_3$, als normales Aluminiumhydroxyd, in welchem ein Hydroxyl durch die Gruppe $NaCO_3$ vertreten ist; später (Tab. Uebers. 1889, 54; 1898, 60) als $CO_3 \cdot Al(OH)_2 \cdot Na$ und **Natriumdihydroxyaluminiumcarbonat** benannt (chem. Kryst. 1908, **2**, 218). HARRINGTON (Can. Nat. 1881, **10**, 84; GROTH's Ztschr. 1882, **6**, 523; N. Jahrb. 1883, **1**, 15) fand dann in einem weiteren

[1] DES CLOIZEAUX (Bull. soc. min. Paris 1878, **1**, 8; GROTH's Ztschr. 1879, **3**, 635) hatte an älterem ungenügendem Material (Aggregat farbloser Nadeln) auch schon die starke Doppelbrechung und den grossen Axenwinkel in einer Ebene senkrecht zur Längsrichtung angegeben und eine Mittellinie beinahe senkrecht zu einer Spaltbarkeit (parallel zur Längsrichtung), und gerade offenbar wegen dieser Thatsache das Krystallsystem als wahrscheinlich monosymmetrisch bezeichnet. LACROIX (Min. France 1901, **3**, 775) giebt bestimmter die Längsrichtung und die Spaltbarkeit parallel der Symmetrieaxe an, die erste Mittellinie negativ.

[2] Im Original zweimal Druckfehler CO_2Na.

Vorkommen von Montreal (III.) zwar einen noch grösseren Betrag CaO, der aber von beigemengtem Kalkspath herrührend erkannt wurde, nach dessen Abzug eine gute Uebereinstimmung mit FRIEDEL's Analysen resultirte. GRAHAM (vgl. S. 2805) bestimmte Material vom Original-Fundort in Montreal krystallographisch und optisch als rhombisch, bestätigte durch neue Analysen (IV.) nach Abzug des Ca als $CaCO_3$ die empirische Zusammensetzung $Al_2O_3 \cdot Na_2O \cdot 2CO_2 \cdot 2H_2O$, zog aber die Formel eines basischen Carbonats des Aluminiums und Natriums $Al(OH)(ONa)(CO_3H)$ in Betracht, weil beim Glühen Natriumaluminat zurückbleibt.

Vorkommen. Auf Gängen in Trachyt oder Sandstein, in grösserer oder geringerer Nähe altvulcanischer Gebiete. Da die künstliche Darstellung (vgl. S. 2808) noch nicht sicher gelungen ist, und die Existenz-Bedingungen nicht erforscht sind, ist auch die Bildung in der Natur noch nicht klargestellt. Nach der Art des natürlichen Vorkommens meint WEGSCHEIDER (bei DOELTER, Mineralchem. 1912, **1**, 205), dass die Bildung wohl als ein Zersetzungsproduct von Natrium und Aluminium enthaltenden Silicaten unter dem Einfluss von Kohlendioxyd bei Gegenwart von nicht zu viel Wasser anzunehmen ist, und mit der vulcanischen Thätigkeit wahrscheinlich nur insofern zusammenhängt, als für die Bildung CO_2 unter hohem Druck erforderlich war.

a) **Canada.** In der Provinz **Quebec** beim Mac Gill College, **Montreal** in Hochelaga Co. auf Klüften eines, den Trenton-Kalkstein durchsetzenden eruptiven (trachytischen) Feldspath-Gesteins von HARRINGTON (vgl. S. 2806) 1874 gefunden als faserige, Tremolit-ähnliche Ueberzüge (Dichte 2·40, I.—II.), sowie 1881 beim Montreal Reservoir, wohl auf der Fortsetzung des Ganges am College in schönen faserigen Stücken (III.) zusammen mit Kalkspath, Dolomit, Pyrit, etwas Bleiglanz und einem schwarzen Mangan-haltigen Mineral. Mit denselben Begleitern GRAHAM's (vgl. S. 2805 Anm. 2) Material in seidenglänzenden weissen oder farblosen nadeligen Krystallen und klingenförmigen Aggregaten in Spalten eines im Trenton-Kalk intrusiven Trachyt-Ganges; Dichte 2·44, IV.

b) **Italien.** In **Toscana** bei Pian Castagnaio in der Provinz **Siena** weisse oder grauliche feinfaserige Büschel auf Klüften eines grauen oder braunen, mit Dolomit imprägnirten Sandsteins von CHAPER (bei FRIEDEL, vgl. S. 2806) aufgefunden und von FRIEDEL untersucht (V.). Findet sich nach CHAPER u. JASINSKI (Bull. soc. min. Paris 1881, **4**, 155) mehrorts in jener Gegend, im Flussgebiet der Bergströme Siele, Zolfarata und Senna in den Gemeinden Pian Castagnaio und Santa Fiora, wo subappenine Mergel vom Trachyt-Kegel des Monte Amiata durchbrochen sind. Den dortigen Bergleuten war der Dawsonit lange bekannt, und willkommen als leitendes Kennzeichen für die Auffindung von Zinnober. Der Dawsonit beinahe stets von Dolomit begleitet, aber jünger als dieser. CHAPER hebt hervor, dass die thonigen und kalkigen Gesteine, auf denen der Dawsonit abgesetzt ist, keine Spuren der Umwandelung durch chemische Agentien oder hohe Temperatur zeigen.

c) **Algerien.** In **Oran** von CURIE u. FLAMAND (Ann. fac. sciences Marseille 1889, **2**, 50) in reichlicher Menge 20 km östlich von **Tenès** bei der Mersa Souhalia und etwa 3 km vom Meer gefunden. Die reichsten Vorkommen am rechten Ufer des Oued Sidi-Ali; auf Klüften von Sandstein, der mit Sandstein-artigen Thonen alternirend auf Senon ruht, wahrscheinlich zum Danien gehörig. Auf dem linken Ufer desselben Oued sind die bis 40 cm mächtigen, vertical aufgerichteten Sandstein-Lagen mit Dawsonit imprägnirt. Nach LACROIX (Min. France 1901, **3**, 776) bildet der Dawsonit dieses algerischen Vorkommens, gemengt mit kleinen Baryt-Krystallen 2—3 mm grosse Rosetten oder unvollkommene Sphärolithen; milchweiss, seidenglänzend; im Aussehen mehr dem aus Toscana, als dem aus Canada ähnlich.

d) **künstlich.** Die Bildung ist denkbar bei der Einwirkung von Natriumcarbonaten auf Aluminiumsalze oder bei der von CO_2 auf Natriumaluminate. Beide Reactionen sind wiederholt untersucht worden. Nach der Zusammenstellung von WEGSCHEIDER (bei DOELTER, Mineralchem. 1912, **1**, 204) die erste von LANGLOIS (Ann. Chem. Pharm. 1856, **100**, 375), WALLACE (chem. Jahresber. 1858, 70), BARRATT (Journ. pr. Chem. 1860, **82**, 60), PARKMAN (ebenda 1863, **89**, 116), URBAIN u. RENOUL (Compt. rend. 1879, **88**, 1133), FEIST (Arch. Pharm. 1909, **247**, 445) zur Entscheidung der Frage nach der Existenz basischer Aluminiumcarbonate; die zweite Reaction wegen der Darstellung von Aluminiumhydroxyd von H. SCHWARZ (chem. Jahresber. 1862, 666), LÖWIG (Ber. d. chem. Ges. 1882, **15**, 2641), DAY (Am. chem. Journ. 1897, **19**, 715), auch DITTE (Compt. rend. 1893, **116**, 183). LÖWIG (a. a. O.) beschreibt die Bildung von Alkalialuminiumcarbonaten aus Alkalialuminat, Kohlendioxyd und Alkalibicarbonat; für die Kaliverbindung giebt er die Formel $K_2O \cdot Al_2O_3 \cdot 2CO_2 \cdot 5H_2O$, also bis auf den Wasser-Gehalt mit Dawsonit analog, aber über die Natriumverbindung keine nähere Angabe. Bei DAY (a. a. O. 716) die Analyse eines Präparats, welches Na, Al und CO_2 ungefähr in demselben Verhältnis wie der Dawsonit enthält, aber mehr H_2O. BLEY (Journ. pr. Chem. 1846, **39**, 22) erhielt durch Kochen von Alaun-Lösung mit „anderthalbfach"-kohlensaurem Natron im Ueberschuss einen Niederschlag, der Al, Na und CO_2 enthielt, aber wohl ein Gemenge war.

Analysen.

a) Montreal. I.—II. HARRINGTON, Can. Nat. 1874, **7**, 305.
III. Derselbe, ebenda 1881, **10**, 84.
Ia.—IIIa. berechnet von HARRINGTON ebenda nach Abzug von $CaCO_3$ etc.
IV. GRAHAM, Trans. Roy. Soc. Can. 1908, **2**, 174.
IVa. berechnet von GRAHAM aus IV. nach Abzug von $CaCO_3$.

b) Siena. V.—VI. FRIEDEL, Bull. soc. min. Paris 1881, **4**, 30.

c) Tenès. VII. CURIE u. FLAMAND vgl. S. 2807 unter c).

	CO_2	Al_2O_3	Na_2O	H_2O	CaO	MgO	Summe	incl.
Theor.	30·54	35·43	21·54	12·49	—	—	100	
a) I.	29·88	32·84	20·20	11·91	5·95	Spur	101·56	0·38 K_2O, 0·40 SiO_2
II.	30·72	32·68	20·17	[10·33]	5·65	0·45	100	
III.	32·23	24·71	15·64	9·06	16·85	Spur	99·56	0·23 MnO_2, 0·84 SiO_2
Ia.	27·96	36·42	22·41	13·21	—	—	100	
IIa.	29·06	36·70	22·65	11·59	—	—	100	
IIIa.	27·78	36·12	22·86	13·24	—	—	100	
IV.	31·56	35·70	21·62	11·51	1·59	Spur	101·98	
IVa.	30·57	36·01	21·81	11·61	—	—	100	
b) V.	29·52	36·25	19·27	12·00	[0·42]	[1·39]	98·85	
VI.	28·67	35·53	19·00	[12·00]	0·42	1·39	97·01	
c) VII.	28·45	35·91	21·05	11·05	1·06	Spur	97·52	

Kalkspathgruppe.

1. Kalkspath $CaCO_3$	$r = 74^0 55'$	$\alpha = 101^0 55'$	$c = 0{\cdot}8543$
2. Dolomit $CaMgC_2O_6$	73 45	102 38	0·8322
3. Magnesit $MgCO_3$	72 36	103 18	0·8112
4. Eisenspath $FeCO_3$	73 0	103 4½	0·8184
5. Manganspath $MnCO_3$	73 0	103 4½	0·8184
6. Zinkspath $ZnCO_3$	72 20	103 28	0·8063
7. Kobaltspath $CoCO_3$	—	—	—

Die vorstehenden Verbindungen besitzen eine vollkommene rhomboëdrische Spaltbarkeit, deren Flächenwinkel (r) die ebenen Winkel (α) der Coordinaten nach MILLER entsprechen, und (c) die Länge der Verticalaxe. Während der Dolomit sicher rhomboëdrisch-tetartoëdrisch krystallisirt, werden die anderen Glieder der Gruppe (nebst ihren Mischungen) gewöhnlich noch als hexagonal-rhomboëdrisch (trigonal-skalenoëdrisch) angenommen. Näheres vgl. bei den einzelnen Verbindungen.

1. Kalkspath (Calcit). $CaCO_3$.

Hexagonal-rhomboëdrisch $a : c = 1 : 0{\cdot}85430$, $\alpha = 101^0 55'$.[1]
Beobachtete Formen:[2] $c(0001)\{111\}\,o\,R$.
$m(10\bar{1}0)\{2\bar{1}\bar{1}\}\,\infty R$. $a(11\bar{2}0)\{10\bar{1}\}\,\infty P2$.

[1] Berechnet aus der Messung rr am Isländer Doppelspath von MALUS (Théor. double Réfl., Paris 1810, 100) und WOLLASTON (Phil. Trans. 1812, 159). KUPFFER (Preisschr. Akad. Berl. 1825, 65) sah diese Angaben von 74° 55′ durch seine eigene Beobachtung von 74° 55½′ als bestätigt an. BREITHAUPT (SCHWEIGG. Journ. 1828, **24**, 49; Min. 1841, 209) beobachtete 74° 54¼′—55′. G. VOM RATH (POGG. Ann. 1867, **132**, 520) konnte an kleinen, vorzüglich ausgebildeten Krystallen von Hausach in Baden an vier Individuen „jede der drei Rhomboëder-Endkanten" messen und fand „als Mittel sämmtlicher Messungen" 74° 55·2′. KOKSCHAROW (Mat. Min. Russl. 1875, **7**, 59) leitete aus seinen „ziemlich zahlreichen Messungen als mittleren Werth" 74° 56′ ab. Allgemein aber wurde 74° 55′ beibehalten, bestätigt durch die Beobachtung von 74° 54·93′ bei 20° C. durch HASTINGS (Am. Journ. Sc. 1888, **35**, 68; GROTH's Ztschr. **17**, 320) an Spaltungsstücken von Island.

[2] Um die Auffindung zu erleichtern, sind die als sicher geltenden mit den unsicheren in der vorliegenden Tabelle vereinigt. Einen Nachtrag vgl. am Schluss hinter den Analysen.

$(13.1.\overline{14}.0)\{9\bar{4}\bar{5}\}\infty P\frac{14}{13}=\infty R\frac{7}{6}$. $(10.1.\overline{11}.0)\{7\bar{3}\bar{4}\}\infty P\frac{11}{10}=\infty R\frac{11}{9}$. $(71\bar{8}0)\{5\bar{2}\bar{3}\}\infty P\frac{8}{7}=\infty R\frac{4}{3}$. $(61\bar{7}0)\{13.\bar{5}.\bar{8}\}\infty P\frac{7}{6}=\infty R\frac{7}{5}$. $(41\bar{5}0)\{3\bar{1}\bar{2}\}\infty P\frac{5}{4}=\infty R\frac{5}{3}$. $\zeta(31\bar{4}0)\{7\bar{2}\bar{5}\}\infty P\frac{4}{3}=\infty R2$. $\vartheta(21\bar{3}0)\{5\bar{1}\bar{4}\}\infty P\frac{3}{2}=\infty R3$. $(53\bar{8}0)\{13.\bar{2}.\overline{11}\}\infty P\frac{8}{5}=\infty R4$. $(54\bar{9}0)\{14.\bar{1}.\overline{13}\}\infty P\frac{9}{5}=\infty R9$. $(7.6.\overline{13}.0)\{20.\bar{1}.\overline{19}\}\infty P\frac{13}{7}=\infty R13$.

$\pi(11\bar{2}3)\{210\}\frac{2}{3}P2$. $(5.5.\overline{10}.9)\{83\bar{2}\}\frac{10}{9}P2$. $\varkappa(7.7.\overline{14}.12)\{11.4.\bar{3}\}\frac{7}{6}P2$. $\lambda(22\bar{4}3)\{31\bar{1}\}\frac{4}{3}P2$. $(11\bar{2}1)\{41\bar{2}\}2P2$. $\alpha(44\bar{8}3)\{51\bar{3}\}\frac{8}{3}P2$. $(16.16.\overline{32}.9)\{19.3.\overline{13}\}\frac{32}{9}P2$. $(9.9.\overline{18}.5)\{32.5.\overline{22}\}\frac{18}{5}P2$. $\xi(22\bar{4}1)\{71\bar{5}\}4P2$. $\beta(7.7.\overline{14}.3)\{81\bar{6}\}\frac{14}{3}P2$. $(21.21.\overline{42}.8)\{71.8.\overline{55}\}\frac{21}{4}P2$. $\gamma\mathbf{(8.8.\overline{16}.3)\{91\bar{7}\}\frac{16}{3}}\boldsymbol{P}\mathbf{2}$. $\delta(33\bar{6}1)\{10.1.\bar{8}\}6P2$. $(10.10.\overline{20}.3)\{11.1.\bar{9}\}\frac{20}{3}P2$. $\varepsilon(44\bar{8}1)\{13.1.\overline{11}\}8P2$. $(5.5.\overline{10}.1)\{16.1.\overline{14}\}10P2$. $(8.8.\overline{16}.1)\{25.1.\overline{23}\}16P2$.

$\boldsymbol{r}\mathbf{(10\bar{1}1)\{100\}}\boldsymbol{R}$.

$u(10\bar{1}4)\{211\}\frac{1}{4}R$. $(3.0.\bar{3}.10)\{16.7.7\}\frac{3}{10}R$. $(20\bar{2}5)\{311\}\frac{2}{5}R$. $(10\bar{1}2)\{411\}\frac{1}{2}R$. $(40\bar{4}7)\{511\}\frac{4}{7}R$. $(20\bar{2}3)\{711\}\frac{2}{3}R$. $(10.0.\overline{10}.13)\{11.1.1\}\frac{10}{13}R$. $(40\bar{4}5)\{13.1.1\}\frac{4}{5}R$.

$(70\bar{7}4)\{6\bar{1}\bar{1}\}\frac{7}{4}R$. $(20\bar{2}1)\{5\bar{1}\bar{1}\}2R$. $(12.0.\overline{12}.5)\{29.\bar{7}.\bar{7}\}\frac{12}{5}R$. $k(50\bar{5}2)\{4\bar{1}\bar{1}\}\frac{5}{2}R$. $(80\bar{8}3)\{19.\bar{5}.\bar{5}\}\frac{8}{3}R$. $(30\bar{3}1)\{7\bar{2}\bar{2}\}3R$. $(13.0.\overline{13}.4)\{10.\bar{3}.\bar{3}\}\frac{13}{4}R$. $\boldsymbol{M}\mathbf{(40\bar{4}1)\{3\bar{1}\bar{1}\}4}\boldsymbol{R}$. $(17.0.\overline{17}.4)\{38.\overline{13}.\overline{13}\}\frac{17}{4}R$. $(90\bar{9}2)\{20.\bar{7}.\bar{7}\}\frac{9}{2}R$. $(14.0.\overline{14}.3)\{31.\overline{11}.\overline{11}\}\frac{14}{3}R$. $(50\bar{5}1)\{11.\bar{4}.\bar{4}\}5R$. $(11.0.\overline{11}.2)\{8\bar{3}\bar{3}\}\frac{11}{2}R$. $(60\bar{6}1)\{13.\bar{5}.\bar{5}\}6R$. $(13.0.\overline{13}.2)\{28.\overline{11}.\overline{11}\}\frac{13}{2}R$. $\tau(70\bar{7}1)\{5\bar{2}\bar{2}\}7R$. $(80\bar{8}1)\{17.\bar{7}.\bar{7}\}8R$. $(90\bar{9}1)\{19.\bar{8}.\bar{8}\}9R$. $(10.0.\overline{10}.1)\{7\bar{3}\bar{3}\}10R$. $(11.0.\overline{11}.1)\{23.\overline{10}.\overline{10}\}11R$. $(13.0.\overline{13}.1)\{9\bar{4}\bar{4}\}13R$. $(14.0.\overline{14}.1)\{29.\overline{13}.\overline{13}\}14R$. $(16.0.\overline{16}.1)\{11.\bar{5}.\bar{5}\}16R$. $(18.0.\overline{18}.1)\{37.\overline{17}.\overline{17}\}18R$. $(19.0.\overline{19}.1)\{13.\bar{6}.\bar{6}\}19R$. $(20.0.\overline{20}.1)\{41.\overline{19}.\overline{19}\}20R$. $(22.0.\overline{22}.1)\{15.\bar{7}.\bar{7}\}22R$. $(24.0.\overline{24}.1)\{49.\overline{23}.\overline{23}\}24R$. $(25.0.\overline{25}.1)\{17.\bar{8}.\bar{8}\}25R$. $(28.0.\overline{28}.1)\{19.\bar{9}.\bar{9}\}28R$. $(45.0.\overline{45}.1)\{91.\overline{44}.\overline{44}\}45R$. $(50.0.\overline{50}.1)\{101.\overline{49}.\overline{49}\}50R$.

$\varepsilon(01\bar{1}1)\{22\bar{1}\}-R$.

$(0.1.\bar{1}.10)\{11.11.8\}-\frac{1}{10}R$. $(00\bar{1}5)\{221\}-\frac{1}{5}R$. $(01\bar{1}4)\{552\}-\frac{1}{4}R$. $(0.3.\bar{3}.10)\{13.13.4\}-\frac{3}{10}R$. $(01\bar{1}3)\{441\}-\frac{1}{3}R$. $(0.7.\bar{7}.20)\{992\}-\frac{7}{20}R$. $(02\bar{2}5)\{771\}-\frac{2}{5}R$. $\boldsymbol{e}\mathbf{(01\bar{1}2)\{110\}-\frac{1}{2}}\boldsymbol{R}$. $(0.11.\overline{11}.20)\{31.31.\bar{2}\}-\frac{11}{20}R$. $D(03\bar{3}5)\{88\bar{1}\}-\frac{3}{5}R$. $(02\bar{2}3)\{55\bar{1}\}-\frac{2}{3}R$. $(0.18.\overline{18}.25)\{43.43.\overline{11}\}-\frac{18}{25}R$. $(0.11.\overline{11}.14)\{25.25.\bar{8}\}-\frac{11}{14}R$. $(06\bar{6}7)\{13.13.\bar{5}\}-\frac{6}{7}R$. $l(04\bar{4}5)\{33\bar{1}\}-\frac{4}{5}R$. $(0.14.\overline{14}.17)\{31.31.\overline{11}\}-\frac{14}{17}R$. $(07\bar{7}8)\{55\bar{2}\}-\frac{7}{8}R$. $(0.19.\overline{19}.20)\{13.13.\bar{6}\}-\frac{19}{20}R$.

$(0.17.\overline{17}.16)\{11.11.\bar{6}\}-\frac{17}{16}R$. $(09\bar{9}8)\{17.17.\overline{10}\}-\frac{9}{8}R$. $L(08\bar{8}7)\{55\bar{3}\}-\frac{8}{7}R$. $i(06\bar{6}5)\{11.11.\bar{7}\}-\frac{6}{5}R$. $\varphi(05\bar{5}4)\{33\bar{2}\}-\frac{5}{4}R$. $(0.14.\overline{14}.11)\{25.25.\overline{17}\}-\frac{14}{11}R$. $(04\bar{4}3)\{77\bar{5}\}-\frac{4}{3}R$. $(0.18.\overline{18}.13)\{31.31.\overline{23}\}-\frac{18}{13}R$. $(07\bar{7}5)\{44\bar{3}\}-\frac{7}{5}R$. $(0.10.\overline{10}.7)\{17.17.\overline{13}\}-\frac{10}{7}R$. $(0.13.\overline{13}.9)\{22.22.\overline{17}\}-\frac{13}{9}R$. $(0.19.\overline{19}.13)\{32.32.\overline{25}\}-\frac{19}{13}R$. $h(03\bar{3}2)\{55\bar{4}\}-\frac{3}{2}R$. $(0.11.\overline{11}.7)\{66\bar{5}\}-\frac{11}{7}R$. $(08\bar{8}5)\{13.13.\overline{11}\}-\frac{8}{5}R$. $(0.13.\overline{13}.8)\{77\bar{6}\}-\frac{13}{8}R$. $(05\bar{5}3)\{88\bar{7}\}-\frac{5}{3}R$. $(07\bar{7}4$ $\{11.11.\overline{10}\}-\frac{7}{4}R$. $(09\bar{9}5)\{14.14.\overline{13}\}-\frac{9}{5}R$. $(0.11.\overline{11}.6)\{17.17.\overline{16}\}-\frac{11}{6}R$. $(0.39.\overline{39}.20)\{59.59.\overline{58}\}-\frac{39}{20}R$. $\boldsymbol{f}\mathbf{(02\bar{2}1)\{11\bar{1}\}-2}\boldsymbol{R}$. $(0.17.\overline{17}.8)\{25.25.\overline{26}\}$

$-\frac{17}{8}R$. $(09\bar{9}4)\{13.13.\overline{14}\}-\frac{9}{4}R$. $(0.12.\overline{12}.5)\{17.17.\overline{19}\}-\frac{12}{5}R$. $g(05\bar{5}2)\{77\bar{8}\}-\frac{5}{2}R$. $(0.11.\overline{11}.4)\{55\bar{6}\}-\frac{11}{4}R$. $\psi(03\bar{3}1)\{44\bar{5}\}-3R$. $(0.16.\overline{16}.5)\{77\bar{9}\}-\frac{16}{5}R$. $(0.13.\overline{13}.4)\{17.17.\overline{22}\}-\frac{13}{4}R$. $\chi(07\bar{7}2)\{33\bar{4}\}-\frac{7}{2}R$. $\eta(04\bar{4}1)\{55\bar{7}\}-4R$. $(09\bar{9}2)\{11.11.\overline{16}\}-\frac{9}{2}R$. $s(05\bar{5}1)\{22\bar{3}\}-5R$. $(06\bar{6}1)\{7.7.\overline{11}\}-6R$. $(0.13.\overline{13}.2)\{15.15.\overline{24}\}-\frac{13}{2}R$. $(07\bar{7}1)\{8.8.\overline{13}\}-7R$. $(0.29.\overline{29}.4)\{33.33.\overline{54}\}-\frac{29}{4}R$. $d(08\bar{8}1)\{33\bar{5}\}-8R$. $(09\bar{9}1)\{10.10.\overline{17}\}-9R$. $(0.10.\overline{10}.1)\{11.11.\overline{19}\}-10R$ $(0.11.\overline{11}.1)\{44\bar{7})-11R$. $(0.12.\overline{12}.1)\{13.13.\overline{23}\}-12R$. $(0.13.\overline{13}.1)\{14.14.\overline{25}\}-13R$. $(0.14.\overline{14}.1)\{55\bar{9}\}-14R$. $(0.16.\overline{16}.1)\{17.17.\overline{31}\}-16R$. $(0.17.\overline{17}.1)\{6.6.\overline{11}\}-17R$. $(0.18.\overline{18}.1)\{19.19.\overline{35}\}-18R$. $(0.20.\overline{20}.1)\{7.7.\overline{13}\}-20R$. $(0.25.\overline{25}.1)\{26.26.\overline{49}\}-25R$. $(0.28.\overline{28}.1)\{29.29.\overline{55}\}-28R$. $(0.32.\overline{32}.1)\{11.11.\overline{21}\}-32R$. $(0.36.\overline{36}.1)\{37.37.\overline{71}\}-36R$. $(0.40.\overline{40}.1)\{41.41.\overline{79}\}-40R$. $(0.51.\overline{51}.1)\{52.52.\overline{101}\}-51R$. $(0.70.\overline{70}.1)\{71.71.\overline{139}\}-70R$.

$(7.2.\bar{9}.100)\{116.95.89\}\frac{1}{20}R\frac{9}{5}$. $(7.6.\overline{13}.19)\{13.6.0\}\frac{1}{19}R13$. $(49.14.\overline{63}.500)\{204.155.141\}\frac{7}{100}R\frac{9}{5}$. $(5.4.\bar{9}.13)\{940\}\frac{1}{13}R9$. $(4.3.\bar{7}.10)\{730\}\frac{1}{10}R7$. $(32\bar{5}7)\{520\}\frac{1}{7}R5$. $\Psi(7.4.\overline{11}.15)\{11.4.0\}\frac{1}{5}R\frac{11}{3}$. $(11.8.\overline{19}.15)\{15.4.\bar{4}\}\frac{1}{5}R\frac{19}{3}$. $(11.6.\overline{17}.23)\{17.6.0\}\frac{5}{23}R\frac{17}{5}$. $t(21\bar{3}4)\{310\}\frac{1}{4}R3$. $H(32\bar{5}4)\{41\bar{1}\}\frac{1}{4}R5$. $(12.11.\overline{23}.4)\{13.1.\overline{10}\}\frac{1}{4}R23$. $(11.5.\overline{16}.21)\{16.5.0\}\frac{2}{7}R\frac{8}{3}$. $(7.3.\overline{10}.13)\{10.3.0\}\frac{4}{13}R\frac{5}{2}$. $G(52\bar{7}9)\{720\}\frac{1}{3}R\frac{7}{3}$. $(14.9.\overline{23}.15)\{52.10.\overline{17}\}\frac{1}{3}R\frac{23}{5}$. $(10.7.\overline{17}.9)\{12.2.\bar{5}\}\frac{1}{3}R\frac{17}{3}$. $(12.11.\overline{23}.3)\{38.2.\overline{31}\}\frac{1}{3}R23$. $(22.8.\overline{30}.37)\{49.23.\overline{41}\}\frac{14}{37}R\frac{15}{7}$. $w(31\bar{4}5)\{410\}\frac{2}{5}R2$. $Y(42\bar{6}5)\{51\bar{1}\}\frac{2}{5}R3$. $(6.4.\overline{10}.5)\{71\bar{3}\}\frac{2}{5}R5$. $(14.12.\overline{26}.5)\{5.\bar{1}.\overline{11}\}\frac{2}{5}R13$. $(16.14.\overline{30}.5)\{17.1.\overline{13}\}\frac{2}{5}R15$. $(20.18.\overline{38}.5)\{21.1.\overline{17}\}\frac{2}{5}R19$. $(21.6.\overline{27}.35)\{83.20.2\}\frac{3}{7}R\frac{9}{5}$. $(7.2.\bar{9}.11)\{920\}\frac{5}{11}R\frac{9}{5}$. $(25.15.\overline{40}.21)\{86.11.\overline{34}\}\frac{10}{21}R4$.

$E(41\bar{5}6)\{510\}\frac{1}{2}R\frac{5}{3}$. $(52\bar{7}6)\{61\bar{1}\}\frac{1}{2}R\frac{7}{3}$. $(7.4.\overline{11}.6)\{81\bar{3}\}\frac{1}{2}R\frac{11}{3}$. $(8.5.\overline{13}.6)\{91\bar{4}\}\frac{1}{2}R\frac{13}{3}$. $(43\bar{7}2)\{13.1.\bar{8}\}\frac{1}{2}R7$. $(7.6.\overline{13}.2)\{22.1.\overline{17}\}\frac{1}{2}R13$. $(9.2.\overline{11}.13)\{11.2.0\}\frac{7}{13}R\frac{11}{7}$. $(98.56.\overline{154}.81)\{111.13.\overline{43}\}\frac{14}{27}R\frac{11}{3}$. $(14.3.\overline{17}.20)\{17.3.0\}\frac{11}{20}R\frac{17}{11}$. $(51\bar{6}7)\{610\}\frac{4}{7}R\frac{3}{2}$. $(12.8.\overline{20}.7)\{13.1.\bar{7}\}\frac{4}{7}R5$. $(14.7.\overline{21}.12)\{47.5.\overline{16}\}\frac{7}{12}R3$. $(220.130.\overline{350}.153)\{241.21.\overline{109}\}\frac{10}{17}R\frac{35}{9}$. $(11.2.\overline{13}.15)\{13.2.0\}\frac{3}{5}R\frac{13}{9}$. $(63\bar{9}5)\{20.1.\bar{7}\}\frac{3}{5}R3$. $(20.11.\overline{31}.15)\{33.2.\bar{9}\}\frac{3}{5}R\frac{31}{9}$. $(61\bar{7}8)\{710\}\frac{5}{8}R\frac{7}{5}$. $(13.2.\overline{15}.17)\{15.2.0\}\frac{11}{17}R\frac{15}{11}$. $(71\bar{8}9)\{810\}\frac{2}{3}R\frac{4}{3}$. $(9.4.\overline{13}.7)\{29.2.\overline{10}\}\frac{5}{7}R\frac{13}{5}$. $(9.1.\overline{10}.11)\{10.1.0\}\frac{8}{11}R\frac{5}{4}$. $(12.4.\overline{16}.11)\{13.1.\bar{3}\}\frac{8}{11}R2$. $(8.1.\bar{9}.10)\{910\}\frac{7}{10}R\frac{9}{7}$. $(41\bar{5}4)\{13.1.\bar{2}\}\frac{3}{4}R\frac{5}{3}$. $(13.1.\overline{14}.15)\{14.1.0\}\frac{4}{5}R\frac{7}{6}$. $(16.4.\overline{20}.15)\{17.1.\bar{3}\}\frac{4}{5}R\frac{5}{3}$. $(8.4.\overline{12}.5)\{25.1.\overline{11}\}\frac{4}{5}R3$. $(20.11.\overline{31}.11)\{62.2.\overline{31}\}\frac{9}{11}R\frac{31}{9}$. $(12.6.\overline{18}.7)\{37.1.\overline{17}\}\frac{6}{7}R3$. $(37.19.\overline{56}.21)\{38.1.\overline{18}\}\frac{6}{7}R\frac{28}{9}$. $(21.5.\overline{26}.18)\{65.2.\overline{13}\}\frac{8}{9}R\frac{13}{8}$. $(101.70.\overline{171}.34)\{102.1.\overline{69}\}\frac{31}{34}R\frac{171}{31}$. $(60.28.\overline{88}.35)\{61.1.\overline{27}\}\frac{32}{35}R\frac{11}{4}$.

$(11.1.\overline{12}.10)\{11.0.\bar{1}\}R\frac{6}{5}$. $(17.2.\overline{19}.15)\{17.0.\bar{2}\}R\frac{19}{15}$. $(81\bar{9}7)\{80\bar{1}\}R\frac{9}{7}$. $(71\bar{8}6)\{70\bar{1}\}R\frac{4}{3}$. $(13.2.\overline{15}.11)\{13.0.\bar{2}\}R\frac{15}{11}$. $(19.3.\overline{22}.16)\{19.0.\bar{3}\}R\frac{11}{8}$. $(61\bar{7}5)\{60\bar{1}\}R\frac{7}{5}$. $\sigma(51\bar{6}4)\{50\bar{1}\}R\frac{3}{2}$. $(13.3.\overline{16}.10)\{13.0.\bar{3}\}R\frac{8}{5}$. $(21.5.\overline{26}.16)\{21.0.\bar{5}\}R\frac{13}{8}$. $n(41\bar{5}3)\{40\bar{1}\}R\frac{5}{3}$. $(19.5.\overline{24}.14)\{19.0.\bar{5}\}R\frac{12}{7}$. $(11.3.\overline{14}.8)\{11.0.\bar{3}\}R\frac{7}{4}$. $(72\bar{9}5)\{70\bar{2}\}R\frac{9}{5}$. $(17.5.\overline{22}.12)\{17.0.\bar{5}\}R\frac{11}{6}$. $(22.7.\overline{29}.15)\{22.0.\bar{7}\}R\frac{29}{15}$. $\lambda(31\bar{4}2)\{30\bar{1}\}R2$. $(25.9.\overline{34}.16)\{25.0.\bar{9}\}R\frac{17}{8}$. $(52\bar{7}3)\{50\bar{2}\}R\frac{7}{3}$. $(7.3.\overline{10}.4)$

$\{70\bar{3}\}\,R\frac{5}{2}$. $(11.5.\overline{16}.6)\{11.0.\bar{5}\}\,R\frac{8}{3}$. $(15.7.\overline{22}.8)\{15.0.\bar{7}\}\,R\frac{11}{4}$. $\boldsymbol{v}(\mathbf{21\bar{3}1})\{\mathbf{20\bar{1}}\}$ $\boldsymbol{R}\,\mathbf{3}$. $(81.41.\overline{122}.40)\{81.0.\overline{41}\}\,R\frac{61}{20}$. $(41.21.\overline{62}.20)\{41.0.\overline{21}\}\,R\frac{31}{10}$. $(25.13.\overline{38}.12)\{25.0.\overline{13}\}\,R\frac{19}{6}$. $(17.9.\overline{26}.8)\{17.0.\bar{9}\}\,R\frac{13}{4}$. $(9.5.\overline{14}.4)\{90\bar{5}\}\,R\frac{7}{2}$. $(7.4.\overline{11}.3)\{70\bar{4}\}\,R\frac{11}{3}$. $(19.11.\overline{30}.8)\{19.0.\overline{11}\}\,R\frac{15}{4}$. $(29.17.\overline{46}.12)\{29.0.\overline{17}\}\,R\frac{23}{6}$. $(53\bar{8}2)\{50\bar{3}\}\,R\,4$. $(13.8.\overline{21}.5)\{13.0.\bar{8}\}\,R\frac{21}{5}$. $(8.5.\overline{13}.3)\{80\bar{5}\}\,R\frac{13}{3}$. $(17.11.\overline{28}.6)\{17.0.\overline{11}\}\,R\frac{14}{3}$. $\boldsymbol{y}(\mathbf{32\bar{5}1})\{\mathbf{30\bar{2}}\}\,\boldsymbol{R}\,\mathbf{5}$.

$(19.13.\overline{32}.6)\{19.0.\overline{13}\}\,R\frac{16}{3}$. $(13.9.\overline{22}.4)\{13.0.\bar{9}\}\,R\frac{11}{2}$. $(10.7.\overline{17}.3)\{10.0.\bar{7}\}\,R\frac{17}{3}$. $(7.5.\overline{12}.2)\{70\bar{5}\}\,R\,6$. $(11.8.\overline{19}.3)\{11.0.\bar{8}\}\,R\frac{19}{3}$. $(23.17.\overline{40}.6)\{23.0.\overline{17}\}\,R\frac{20}{3}$. $\varsigma(43\bar{7}1)\{40\bar{3}\}\,R\,7$. $(17.13.\overline{30}.4)\{17.0.\overline{13}\}\,R\frac{15}{2}$. $(13.10.\overline{23}.3)\{13.0.\overline{10}\}\,R\frac{23}{3}$. $(9.7.\overline{16}.2)\{90\bar{7}\}\,R\,8$. $\mu(54\bar{9}1)\{50\bar{4}\}\,R\,9$. $(11.9.\overline{20}.2)\{11.0.\bar{9}\}\,R\,10$. $(6.5.\overline{11}.1)\{60\bar{5}\}\,R\,11$. $(49.41.\overline{90}.8)\{49.0.\overline{41}\}\,R\frac{45}{4}$. $(13.11.\overline{24}.2)\{13.0.\overline{11}\}\,R\,12$. $(7.6.\overline{13}.1)\{70\bar{6}\}\,R\,13$. $(15.13.\overline{28}.2)\{15.0.\overline{13}\}\,R\,14$. $(8.7.\overline{15}.1)\{80\bar{7}\}\,R\,15$. $(17.15.\overline{32}.2)\{17.0.\overline{15}\}\,R\,16$. $(9.8.\overline{17}.1)\{90\bar{8}\}\,R\,17$. $(19.17.\overline{36}.2)\{19.0.\overline{17}\}\,R\,18$. $(10.9.\overline{19}.1)\{10.0.\bar{9}\}\,R\,19$. $(21.19.\overline{40}.2)\{21.0.\overline{19}\}\,R\,20$. $(11.10.\overline{21}.1)\{11.0.\overline{10}\}\,R\,21$. $(13.12.\overline{25}.1)\{13.0.\overline{12}\}\,R\,25$. $(14.13.\overline{27}.1)\{14.0.\overline{13}\}\,R\,27$. $(17.16.\overline{33}.1)\{17.0.\overline{16}\}\,R\,33$. $(37.35.\overline{72}.2)\{37.0.\overline{35}\}\,R\,36$. $(39.37.\overline{76}.2)\{39.0.\overline{37}\}\,R\,38$. $(113.111.\overline{224}.2)\{113.0.\overline{111}\}\,R\,112$.

$(27.14.\overline{41}.12)\{80.\bar{1}.\overline{43}\}\,\frac{13}{12}R\frac{41}{13}$. $(17.8.\overline{25}.8)\{50.1.\overline{25}\}\,\frac{9}{8}R\frac{25}{9}$. $(64.40.\overline{104}.21)\{63.\bar{1}.\overline{41}\}\,\frac{8}{7}R\frac{13}{3}$. $(104.13.\overline{117}.77)\{298.\overline{14}.53\}\,\frac{13}{11}R\frac{9}{7}$. $(16.10.\overline{26}.5)\{47.\bar{1}.\overline{31}\}\,\frac{6}{5}R\frac{13}{3}$. $(18.12.\overline{30}.5)\{53.\bar{1}.\overline{37}\}\,\frac{6}{5}R\,5$. $(65.34.\overline{99}.25)\{63.\bar{2}.\overline{36}\}\,\frac{31}{25}R\frac{99}{31}$. $(10.5.\overline{15}.4)\{29.\bar{1}.\overline{16}\}\,\frac{5}{4}R\,3$. $(34.20.\overline{54}.11)\{33.\bar{1}.\overline{21}\}\,\frac{14}{11}R\frac{27}{7}$. $(22.13.\overline{35}.7)\{64.\bar{2}.\overline{41}\}\,\frac{9}{7}R\frac{35}{9}$. $(62\bar{8}3)\{17.\bar{1}.\bar{7}\}\,\frac{4}{3}R\,2$. $(28.16.\overline{44}.9)\{27.\bar{1}.\overline{17}\}\,\frac{4}{3}R\frac{11}{3}$. $(37.16.\overline{53}.15)\{35.\bar{2}.\overline{18}\}\,\frac{7}{5}R\frac{53}{21}$. $(22.12.\overline{34}.7)\{21.\bar{1}.\overline{13}\}\,\frac{10}{7}R\frac{17}{5}$. $(19.10.\overline{29}.6)\{18.\bar{1}.\overline{11}\}\,\frac{3}{2}R\frac{29}{9}$. $Q(16.8.\overline{24}.5)\{15.\bar{1}.\bar{9}\}\,\frac{8}{5}R\,3$. $(19.4.\overline{23}.9)\{17.\bar{2}.\bar{6}\}\,\frac{5}{3}R\frac{23}{15}$. $(72\bar{9}3)\{19.\bar{2}.\bar{8}\}\,\frac{5}{3}R\frac{9}{5}$. $(11.4.\overline{15}.4)\{10.\bar{1}.\bar{5}\}\,\frac{7}{4}R\frac{15}{7}$. $(14.7.\overline{21}.4)\{13.\bar{1}.\bar{8}\}\,\frac{7}{4}R\,3$. $(29.16.\overline{45}.7)\{27.\bar{2}.\overline{18}\}\,\frac{13}{7}R\frac{45}{13}$.

$(8.2.\overline{10}.3)\{71\bar{3}\}\,2R\frac{5}{3}$. $(10.4.\overline{14}.3)\{9\bar{1}\bar{5}\}\,2R\frac{7}{3}$. $(15.7.\overline{22}.4)\{41.\bar{4}.\overline{25}\}\,2R\frac{11}{4}$. $F(42\bar{6}1)\{11.1.\bar{7}\}\,2R\,3$. $(13.7.\overline{20}.3)\{21.\bar{1}.\bar{8}\}\,2R\frac{10}{3}$. $(14.8.\overline{22}.3)\{13.\bar{1}.\bar{9}\}\,2R\frac{11}{3}$. $(27.10.\overline{37}.8)\{24.\bar{3}.\overline{13}\}\,\frac{17}{8}R\frac{37}{17}$. $(24.8.\overline{32}.7)\{21.\bar{3}.\overline{11}\}\,\frac{16}{7}R\,2$. $(11.4.\overline{15}.3)\{29.\bar{4}.\overline{16}\}\,\frac{7}{3}R\frac{15}{7}$. $(15.8.\overline{23}.3)\{41.\bar{4}.\overline{28}\}\,\frac{7}{3}R\frac{23}{7}$. $(72\bar{9}2)\{6\bar{1}\bar{3}\}\,\frac{5}{2}R\frac{9}{5}$. $(15.5.\overline{20}.4)\{13.\bar{2}.\bar{7}\}\,\frac{5}{2}R\,2$. $(9.4.\overline{13}.2)\{8\bar{1}\bar{5}\}\,\frac{5}{2}R\frac{13}{5}$. $(11.6.\overline{17}.2)\{10.\bar{1}.\bar{7}\}\,\frac{5}{2}R\frac{17}{5}$. $(21.8.\overline{29}.5)\{55.\bar{8}.\overline{32}\}\,\frac{13}{5}R\frac{29}{13}$. $(12.4.\overline{16}.3)\{31.\bar{5}.\overline{17}\}\,\frac{8}{3}R\,2$. $(16.8.\overline{24}.3)\{43.\bar{5}.\overline{29}\}\,\frac{8}{3}R\,3$. $(37.14.\overline{51}.8)\{32.\bar{5}.\overline{19}\}\,\frac{23}{8}R\frac{51}{23}$.

$(10.1.\overline{11}.3)\{41\bar{3}\}\,3R\frac{11}{9}$. $(39.15.\overline{54}.8)\{101.\overline{16}.\overline{61}\}\,3R\frac{9}{4}$. $(52\bar{7}1)\{13.\bar{2}.\bar{8}\}\,3R\frac{7}{3}$. $(16.7.\overline{23}.3)\{21.\bar{2}.\overline{11}\}\,3R\frac{23}{9}$. $(17.8.\overline{25}.3)\{15.\bar{2}.\overline{10}\}\,3R\frac{25}{9}$. $(63.28.\overline{91}.11)\{55.\bar{8}.\overline{36}\}\,\frac{35}{11}R\frac{15}{3}$. $(19.6.\overline{25}.4)\{16.\bar{3}.\bar{9}\}\,\frac{13}{4}R\frac{25}{13}$. $(10.3.\overline{13}.2)\{25.\bar{5}.\overline{14}\}\,\frac{7}{2}R\frac{13}{7}$. $(25.7.\overline{32}.5)\{62.\overline{13}.\overline{34}\}\,\frac{18}{5}R\frac{16}{9}$. $(15.4.\overline{19}.3)\{37.\bar{8}.\overline{20}\}\,\frac{11}{3}R\frac{19}{11}$. $(42.13.\overline{55}.8)\{35.\bar{7}.\overline{20}\}\,\frac{29}{8}R\frac{55}{29}$. $(20.5.\overline{25}.4)\{49.\overline{11}.\overline{26}\}\,\frac{15}{4}R\frac{5}{3}$. $(70.21.\overline{91}.13)\{58.\overline{12}.\overline{33}\}\,\frac{49}{13}R\frac{13}{7}$. $(551.171.\overline{722}.100)\{1373.\overline{280}.\overline{793}\}\,\frac{19}{5}R\frac{19}{10}$.

$(17.1.\overline{18}.4)\{13.\bar{4}.\bar{5}\}\,4R\frac{9}{8}$. $(13.1.\overline{14}.3)\{10.\bar{3}.\bar{4}\}\,4R\frac{7}{6}$. $(22.2.\overline{24}.5)\{17.\bar{5}.\bar{7}\}\,4R\frac{6}{5}$. $(40.4.\overline{44}.9)\{31.\bar{9}.\overline{13}\}\,4R\frac{11}{9}$. $(9.1.\overline{10}.2)\{7\bar{2}\bar{3}\}\,4R\frac{5}{4}$. $(32.4.\overline{36}.7)\{25.\bar{7}.\overline{11}\}$

$4R\frac{9}{7}$. $(14.2.\overline{16}.3)\{11.\bar{3}.\bar{5}\}\,4R\frac{4}{3}$. $(51\bar{6}1)\{4\bar{1}\bar{2}\}\,4R\frac{3}{2}$. $(16.4.\overline{20}.3)\{13.\bar{3}.\bar{7}\}\,4R\frac{5}{3}$. $(11.3.\overline{14}.2)\{9\bar{2}\bar{5}\}\,4R\frac{7}{4}$. $V(62\bar{8}1)\{5\bar{1}\bar{3}\}\,4R2$. $(15.7.\overline{22}.2)\{13.\bar{2}.\bar{9}\}\,4R\frac{11}{4}$. $(8.4.\overline{12}.1)\{7\bar{1}\bar{5}\}\,4R3$. $(17.9.\overline{26}.2)\{15.\bar{2}.\overline{11}\}\,4R\frac{13}{4}$. $(12.8.\overline{20}.1)\{11.\bar{1}.\bar{9}\}\,4R5$.

$(61\bar{7}1)\{14.\bar{4}.\bar{7}\}\,5R\frac{7}{5}$. $(45.35.\overline{80}.2)\{127.\bar{8}.\overline{113}\}\,5R8$. $(15.4.\overline{19}.2)\{12.\bar{3}.\bar{7}\}\,\frac{11}{2}R\frac{19}{11}$. $(20.3.\overline{23}.2)\{15.\bar{5}.\bar{8}\}\,\frac{17}{2}R\frac{23}{17}$. $(32.2.\overline{34}.3)\{23.\bar{9}.\overline{11}\}\,10R\frac{17}{15}$. $(14.4.\overline{18}.1)\{11.\bar{3}.\bar{7}\}\,10R\frac{9}{5}$. $(40.4.\overline{44}.3)\{29.\overline{11}.\overline{15}\}\,12R\frac{11}{9}$. $(33.5.\overline{38}.1)\{24.\bar{9}.\overline{14}\}\,28R\frac{19}{14}$. $(35.4.\overline{39}.1)\{25.\overline{10}.\overline{14}\}\,31R\frac{39}{31}$.

$(3.4.\bar{7}.11)\{21.12.0\}-\frac{1}{11}R7$. $(151.154.\overline{305}.27)\{161.10.\overline{144}\}-\frac{1}{9}R\frac{305}{3}$. $(23\bar{5}8)\{530\}-\frac{1}{8}R5$. $(4.7.\overline{11}.18)\{11.7.0\}-\frac{1}{6}R\frac{11}{3}$. $(3.5.\bar{8}.13)\{850\}\,\frac{2}{13}R4$. $\varkappa(12\bar{3}5)\{320\}-\frac{1}{5}R3$. $(34\bar{7}5)\{52\bar{2}\}-\frac{1}{5}R7$. $(6.7.\overline{13}.5)\{82\bar{5}\}-\frac{1}{5}R13$. $(5.12.\overline{17}.29)\{17.12.0\}-\frac{7}{29}R\frac{17}{7}$. $(7.8.\overline{15}.4)\{26.5.\overline{19}\}-\frac{1}{4}R15$. $(34.37.\overline{71}.12)\{39.5.\overline{32}\}-\frac{1}{4}R\frac{71}{3}$. $(35\bar{8}7)\{63\bar{2}\}-\frac{2}{7}R4$. $(4.6.\overline{10}.7)\{73\bar{3}\}-\frac{2}{7}R5$. $(2.7.\bar{9}.16)\{970\}-\frac{5}{16}R\frac{9}{5}$. $(21.35.\overline{56}.44)\{121.58.\overline{47}\}-\frac{7}{22}R4$. $(14\bar{5}9)\{540\}-\frac{1}{3}R\frac{5}{3}$. $(7.8.\overline{15}.3)\{25.4.\overline{20}\}-\frac{1}{3}R15$. $(32.56.\overline{88}.69)\{61.31.\overline{25}\}-\frac{8}{23}R\frac{11}{3}$. $(1.6.\bar{7}.13)\{760\}-\frac{5}{13}R\frac{7}{5}$.

$(25\bar{7}6)\{53\bar{2}\}-\frac{1}{2}R\frac{7}{3}$. $(12\bar{3}2)\{21\bar{1}\}-\frac{1}{2}R3$. $(5.9.\overline{14}.8)\{94\bar{5}\}-\frac{1}{2}R\frac{7}{2}$. $\Gamma(35\bar{8}4)\{52\bar{3}\}-\frac{1}{2}R4$. $(5.8.\overline{13}.6)\{8.3.\bar{5}\}-\frac{1}{2}R\frac{13}{3}$. $\Delta(23\bar{5}2)\{31\bar{2}\}-\frac{1}{2}R5$. $(34\bar{7}2)\{41\bar{3}\}-\frac{1}{2}R7$. $(45\bar{9}2)\{51\bar{4}\}-\frac{1}{2}R9$. $(9.11.\overline{20}.4)\{11.2.\bar{9}\}-\frac{1}{2}R10$. $(5.6.\overline{11}.2)\{61\bar{5}\}-\frac{1}{2}R11$. $(6.7.\overline{13}.2)\{71\bar{6}\}-\frac{1}{2}R13$. $(56.98.\overline{154}.81)\{97.41.\overline{57}\}-\frac{14}{27}R\frac{11}{3}$. $(29.51.\overline{80}.41)\{50.21.\overline{30}\}-\frac{22}{41}R\frac{40}{11}$. $(6.11.\overline{17}.9)\{32.14.\overline{19}\}-\frac{5}{9}R\frac{17}{5}$. $(29.53.\overline{82}.43)\{154.67.\overline{92}\}-\frac{24}{43}R\frac{41}{12}$. $(14.26.\overline{40}.21)\{25.11.\overline{15}\}-\frac{4}{7}R\frac{10}{3}$. $(11.21.\overline{32}.17)\{20.9.\overline{12}\}-\frac{10}{17}R\frac{16}{5}$. $(36\bar{9}5)\{17.8.\overline{10}\}-\frac{3}{5}R3$. $(35.69.\overline{104}.56)\{65.30.\overline{39}\}-\frac{17}{28}R\frac{52}{17}$. $(8.16.\overline{24}.13)\{15.7.\bar{9}\}-\frac{8}{13}R3$. $(7.14.\overline{21}.11)\{13.6.\bar{8}\}-\frac{7}{11}R3$. $(4.10.\overline{14}.9)\{95\bar{5}\}-\frac{2}{3}R\frac{7}{3}$. $(6.8.\overline{14}.3)\{23.5.\overline{19}\}-\frac{2}{3}R7$. $(3.8.\overline{11}.7)\{74\bar{4}\}-\frac{5}{7}R\frac{11}{5}$. $(6.11.\overline{17}.7)\{10.4.\bar{7}\}-\frac{5}{7}R\frac{17}{5}$. $(26\bar{8}5)\{53\bar{3}\}-\frac{4}{5}R2$. $(3.7.\overline{10}.5)\{63\bar{4}\}-\frac{4}{5}R\frac{5}{2}$. $p(4.8.\overline{12}.5)\{73\bar{5}\}-\frac{4}{5}R3$. $(27\bar{9}6)\{17.11.\overline{10}\}-\frac{5}{6}R\frac{9}{5}$. $(4.9.\overline{13}.6)\{23.11.\overline{16}\}-\frac{5}{6}R\frac{13}{5}$. $(2.19.\overline{21}.20)\{43.37.\overline{20}\}-\frac{17}{20}R\frac{21}{17}$. $(2.20.\overline{22}.21)\{15.3.\bar{7}\}-\frac{6}{7}R\frac{11}{9}$. $(5.12.\overline{17}.8)\{10.5.\bar{7}\}-\frac{7}{8}R\frac{17}{7}$. $(4.11.\overline{15}.8)\{95\bar{6}\}-\frac{7}{8}R\frac{15}{7}$. $(17.38.\overline{55}.24)\{32.15.\overline{23}\}-\frac{7}{8}R\frac{55}{21}$. $(56.133.\overline{189}.88)\{111.55.\overline{78}\}-\frac{7}{8}R\frac{27}{11}$. $(6.13.\overline{19}.8)\{11.5.\bar{8}\}-\frac{7}{8}R\frac{19}{7}$. $(55.231.\overline{286}.200)\{541.376.\overline{317}\}-\frac{22}{25}R\frac{13}{8}$. $(27.45.\overline{72}.20)\{119.38.\overline{97}\}\,\frac{9}{10}R4$. $(5.75.\overline{80}.77)\{54.49.\overline{26}\}-\frac{10}{11}R\frac{8}{7}$. $(3.13.\overline{16}.11)\{10.7.\bar{6}\}-\frac{10}{11}R\frac{8}{5}$. $(7.17.\overline{24}.11)\{14.7.\overline{10}\}-\frac{10}{11}R\frac{12}{5}$. $(22.55.\overline{77}.36)\{45.23.\overline{32}\}-\frac{11}{12}R\frac{7}{3}$. $(4.20.\overline{24}.17)\{15.11.\bar{9}\}-\frac{16}{17}R\frac{3}{2}$. $(12.28.\overline{40}.17)\{23.11.\overline{17}\}-\frac{16}{17}R\frac{5}{2}$. $(22.38.\overline{60}.17)\{33.11.\overline{27}\}-\frac{16}{17}R\frac{15}{4}$.

$(16\bar{7}5)\{13.10.\bar{8}\}-R\frac{7}{5}$. $(15\bar{6}4)\{11.8.\bar{7}\}-R\frac{3}{2}$. $K(14\bar{5}3)\{32\bar{2}\}-R\frac{5}{3}$. $(27\bar{9}5)\{16.10.\overline{11}\}-R\frac{9}{5}$. $(5.17.\overline{22}.12)\{13.8.\bar{9}\}-R\frac{11}{6}$. $(13\bar{4}2)\{74\bar{5}\}-R2$. $(25\bar{7}3)\{42\bar{3}\}-R\frac{7}{3}$. $(5.11.\overline{16}.6)\{92\bar{7}\}-R\frac{8}{3}$. $\Theta(12\bar{3}1)\{52\bar{4}\}-R3$. $(4.7.\overline{11}.3)\{62\bar{5}\}\,R\frac{11}{3}$. $(35\bar{8}2)\{13.4.\overline{11}\}-R4$. $(5.8.\overline{13}.3)\{72\bar{6}\}-R\frac{13}{3}$. $(23\bar{5}1)\{82\bar{7}\}-R5$. $(34\bar{7}1)\{11.2.\overline{10}\}-R7$.

$(18.54.\overline{72}.35)\{125.71.\overline{91}\}-\frac{36}{35}R2$. $(4.36.\overline{40}.31)\{25.21.\overline{15}\}-\frac{32}{31}R\frac{5}{4}$. $(6.33.\overline{39}.20)\{71.53.\overline{46}\}-\frac{27}{26}R\frac{13}{9}$. $(5.28.\overline{33}.22)\{20.15.\overline{13}\}-\frac{23}{22}R\frac{33}{23}$.

(6.20.$\overline{26}$.13){15.9.$\overline{11}$} — $\frac{14}{13}R\frac{13}{7}$. (10.27.$\overline{37}$.15){62.32.$\overline{49}$} — $\frac{17}{16}R\frac{37}{17}$. (19.36.$\overline{55}$.13){29.10.$\overline{26}$} — $\frac{17}{13}R\frac{55}{17}$. (18$\bar{9}$5){54$\bar{4}$} — $\frac{7}{5}R\frac{9}{7}$. (2.10.$\overline{12}$.7){75$\bar{5}$} — $\frac{8}{7}R\frac{3}{2}$. (8.32.$\overline{40}$.21){23.15.$\overline{17}$} — $\frac{8}{7}R\frac{5}{3}$. (3.11.$\overline{14}$.7){85$\bar{6}$} — $\frac{8}{7}R\frac{7}{4}$. (4.12.$\overline{16}$.7){95$\bar{7}$} — $\frac{8}{7}R2$. (5.13.$\overline{18}$.7){10.5.$\bar{8}$} — $\frac{8}{7}R\frac{9}{4}$. (6.14.$\overline{20}$.7){11.5.$\bar{9}$} — $\frac{8}{7}R\frac{5}{2}$. (3.10.$\overline{13}$.6){22.13.$\overline{17}$} — $\frac{7}{6}R\frac{13}{7}$. (13.27.$\overline{40}$.12){65.26.$\overline{55}$} — $\frac{7}{6}R\frac{20}{7}$. (12.25.$\overline{37}$.11){20.8.$\overline{17}$} — $\frac{13}{11}R\frac{37}{13}$. (1.13.$\overline{14}$.10){25.12.$\overline{17}$} — $\frac{6}{5}R\frac{7}{6}$. (2.8.$\overline{10}$.5){17.11.$\overline{13}$} — $\frac{6}{5}R\frac{5}{3}$. (10.16.$\overline{26}$.5){41.11.$\overline{37}$} — $\frac{6}{5}R\frac{13}{3}$. (12.40.$\overline{52}$.23){29.17.$\overline{23}$} — $\frac{28}{23}R\frac{13}{7}$. (1.11.$\overline{12}$.8){76$\bar{5}$} — $\frac{5}{4}R\frac{6}{5}$. (16$\bar{7}$4){43$\bar{3}$} — $\frac{5}{4}R\frac{7}{5}$. (10.55.$\overline{65}$.36){37.27.$\overline{28}$} — $\frac{5}{4}R\frac{13}{9}$. (15.70.$\overline{85}$.44){48.33.$\overline{37}$} — $\frac{5}{4}R\frac{17}{11}$. (3.13.$\overline{16}$.8){96$\bar{7}$} — $\frac{5}{4}R\frac{8}{5}$. (27$\bar{9}$4){53$\bar{4}$} — $\frac{5}{4}R\frac{9}{5}$. (3.8.$\overline{11}$.4){63$\bar{5}$} — $\frac{5}{4}R\frac{11}{5}$. (25.65.$\overline{90}$.32){49.24.$\overline{41}$} — $\frac{5}{4}R\frac{9}{4}$. (7.17.$\overline{24}$.8){13.6.$\overline{11}$} — $\frac{5}{4}R\frac{12}{5}$. (5.10.$\overline{15}$.4){83$\bar{7}$} — $\frac{5}{4}R3$. (8.13.$\overline{21}$.4){11.3.$\overline{10}$} — $\frac{5}{4}R\frac{21}{5}$. (9.14.$\overline{23}$.4){12.3.$\overline{11}$} — $\frac{5}{4}R\frac{23}{5}$. (17.74.$\overline{91}$.45){51.34.$\overline{40}$} — $\frac{19}{15}R\frac{91}{57}$. (19.36.$\overline{55}$.13){29.10.$\overline{26}$} — $\frac{17}{13}R\frac{55}{17}$. (15$\bar{6}$3){10.7.$\bar{8}$} — $\frac{4}{3}R\frac{3}{2}$. (4.16.$\overline{20}$.9){11.7.$\bar{9}$} — $\frac{4}{3}R\frac{5}{3}$. (8.20.$\overline{28}$.9){15.7.$\overline{13}$} — $\frac{4}{3}R\frac{7}{3}$. (4.8.$\overline{12}$.3){19.7.$\overline{17}$} — $\frac{4}{3}R3$. (18$\bar{9}$5){54$\bar{4}$} — $\frac{7}{5}R\frac{9}{7}$. (7.35.$\overline{42}$.20){23.16.$\overline{19}$} — $\frac{7}{5}R\frac{3}{2}$. (2.9.$\overline{11}$.5){64$\bar{5}$} — $\frac{7}{5}R\frac{11}{7}$. (9.23.$\overline{32}$.10){17.8.$\overline{15}$} — $\frac{7}{5}R\frac{16}{7}$. (11.62.$\overline{73}$.36){40.29.$\overline{33}$} — $\frac{17}{12}R\frac{73}{51}$. (4.20.$\overline{24}$.11){39.37.$\overline{34}$} — $\frac{10}{11}R\frac{3}{2}$. (55.231.$\overline{286}$.120){461.296.$\overline{397}$} — $\frac{22}{15}R\frac{13}{8}$. (1.10.$\overline{11}$.6){65$\bar{5}$} — $\frac{3}{2}R\frac{11}{9}$. (7.61.$\overline{68}$.36){37.30.$\overline{31}$} — $\frac{3}{2}R\frac{34}{27}$. (2.11.$\overline{13}$.6){75$\bar{6}$} — $\frac{3}{2}R\frac{13}{9}$. (4.13.$\overline{17}$.6){95$\bar{8}$} — $\frac{3}{2}R\frac{17}{9}$. (11.29.$\overline{40}$.12){21.10.$\overline{19}$} — $\frac{3}{2}R\frac{20}{9}$. (25$\bar{7}$2){11.5.$\overline{10}$} — $\frac{3}{2}R\frac{7}{3}$. (9.21.$\overline{30}$.8){47.20.$\overline{43}$} — $\frac{3}{2}R\frac{5}{2}$. (12.32.$\overline{44}$.13){23.11.$\overline{21}$} — $\frac{20}{13}R\frac{11}{5}$. (18.49.$\overline{67}$.20){35.17.$\overline{32}$} — $\frac{31}{20}R\frac{67}{31}$. (12.68.$\overline{80}$.35){127.91.$\overline{113}$} — $\frac{8}{5}R\frac{10}{7}$. (5.13.$\overline{18}$.5){28.13.$\overline{26}$} — $\frac{8}{5}R\frac{9}{4}$. (8.16.$\overline{24}$.5){37.13.$\overline{35}$} — $\frac{8}{5}R3$. (1.16.$\overline{17}$.9){98$\bar{8}$} — $\frac{5}{3}R\frac{17}{15}$. (2.23.$\overline{25}$.12){13.11.$\overline{12}$} — $\frac{7}{4}R\frac{25}{21}$. (6.13.$\overline{19}$.4){29.11.$\overline{28}$} — $\frac{7}{4}R\frac{19}{7}$. (9.45.$\overline{54}$.20){83.56.$\overline{79}$} — $\frac{9}{5}R\frac{3}{2}$.

(17$\bar{8}$3){43$\bar{4}$} — $2R\frac{4}{3}$. (15$\bar{6}$2){32$\bar{3}$} — $2R\frac{3}{2}$. B(2.8.$\overline{10}$.3){53$\bar{5}$} — $2R\frac{5}{3}$. (5.17.$\overline{22}$.6){11.6.$\overline{11}$} — $2R\frac{11}{6}$. x(13$\bar{4}$1){21$\bar{2}$} — $2R2$. (4.10.$\overline{14}$.3){73$\bar{7}$} — $2R\frac{7}{3}$. (3.7.$\overline{10}$.2){52$\bar{5}$} — $2R\frac{5}{2}$. β(24$\bar{6}$1){31$\bar{3}$} — $2R3$. (8.14.$\overline{22}$.3){11.3.$\overline{11}$} — $2R\frac{11}{3}$. (35$\bar{8}$1){41$\bar{4}$} — $2R4$. (4.6.$\overline{10}$.1){51$\bar{5}$} — $2R5$. (13.19.$\overline{32}$.3){16.3.$\overline{16}$} — $2R\frac{16}{3}$. (9.13.$\overline{22}$.2){11.2.$\overline{11}$} — $2R\frac{11}{2}$. (5.7.$\overline{12}$.1){61$\bar{6}$} — $2R6$. (16.73.$\overline{89}$.27){44.28.$\overline{45}$} — $\frac{19}{9}R\frac{89}{57}$. (3.61.$\overline{64}$.26){31.18.$\overline{33}$} — $\frac{29}{13}R\frac{32}{29}$. (4.20.$\overline{24}$.7){35.23.$\overline{37}$} — $\frac{16}{7}R\frac{3}{2}$. (7.28.$\overline{35}$.9){17.10.$\overline{18}$} — $\frac{7}{3}R\frac{5}{3}$. (3.10.$\overline{13}$.3){19.10.$\overline{20}$} — $\frac{7}{3}R\frac{13}{7}$. (16.59.$\overline{75}$.17){36.20.$\overline{39}$} — $\frac{43}{17}R\frac{75}{43}$. (8.36.$\overline{44}$.11){21.13.$\overline{23}$} — $\frac{28}{11}R\frac{11}{7}$. (12.40.$\overline{52}$.11){25.13.$\overline{27}$} — $\frac{28}{11}R\frac{13}{7}$. (1.26.$\overline{27}$.9){37.34.$\overline{44}$} — $\frac{25}{9}R\frac{27}{25}$.

(3.24.$\overline{27}$.7){37.28.$\overline{44}$} — $3R\frac{9}{7}$. N(4.16.$\overline{20}$.3){9.5.$\overline{11}$} — $4R\frac{5}{3}$. (6.10.$\overline{16}$.1){23.5.$\overline{25}$} — $4R4$. (8.25.$\overline{33}$.4){15.7.$\overline{18}$} — $\frac{17}{4}R\frac{33}{17}$. (1.11.$\overline{12}$.2){54$\bar{7}$} — $5R\frac{6}{5}$. (4.29.$\overline{33}$.5){14.10.$\overline{19}$} — $5R\frac{33}{25}$. (16$\bar{7}$1){324} — $5R\frac{7}{5}$. (27$\bar{9}$1){42$\bar{5}$} — $5R\frac{9}{5}$. (6.44.$\overline{50}$.7){21.25.$\overline{29}$} — $\frac{38}{7}R\frac{25}{19}$. (3.15.$\overline{18}$.2){23.14.$\overline{31}$} — $6R\frac{3}{2}$. (2.8.$\overline{10}$.1){13.7.$\overline{17}$} — $6R\frac{5}{3}$. (3.16.$\overline{19}$.2){8.5.$\overline{11}$} — $\frac{13}{2}R\frac{19}{13}$. (21.35.$\overline{56}$.2){79.16.$\overline{89}$} — $7R4$.

(1.9.$\overline{10}$.1){43$\bar{6}$} — $8R\frac{5}{4}$. (12.20.3$\bar{2}$.1){15.3.$\overline{17}$} — $8R4$. (16.24.$\overline{40}$.1)

$\{19.3.\overline{21}\} - 8\,R\,5$. $(1.11.\overline{12}.1)\{14.11.\overline{22}\} - 10\,R\,\frac{6}{5}$. $(15.25.\overline{40}.1)\{56.11.\overline{64}\} - 10\,R\,4$. $(1.13.\overline{14}.1)\{16.13.\overline{26}\} - 12\,R\,\frac{7}{6}$. $(2.16.\overline{18}.1)\{7.5.\overline{11}\} - 14\,R\,\frac{9}{7}$. $(1.16.\overline{17}.1)\{19.16.\overline{32}\} - 15\,R\,\frac{17}{15}$. $(1.30.\overline{31}.1)\{11.10.\overline{20}\} - 29\,R\,\frac{31}{29}$. $(14.476.\overline{490}.9)\{171.157.\overline{319}\} - \frac{154}{3}\,R\,\frac{35}{33}$. $(2.68.\overline{70}.1)\{73.67.\overline{137}\} - 66\,R\,\frac{35}{33}$. $(7.168.\overline{175}.1)\{114.\overline{54}.\overline{61}\} - 161\,R\,\frac{25}{23}$.

$\frac{2}{3}P2$	$(11\bar{2}3)(0001) = 29^0\,39\frac{3}{4}'$	$\pm\frac{3}{5}R$	$(30\bar{3}5)(10\bar{1}0) = 59^0\,22\frac{3}{4}'$
	$(11\bar{2}3)(2\bar{1}\bar{1}3) = 28\;\;39\frac{1}{4}$		$(30\bar{3}5)(11\bar{2}0) = 63\;\;49\frac{1}{2}$
$\frac{7}{6}P2$	$(7.7.\overline{14}.12)(0001) = 44\;\;55\frac{1}{3}$	$\pm\frac{2}{3}R$	$(20\bar{2}3)(10\bar{1}0) = 56\;\;40$
	$(7.7.\overline{14}.12)(14.\bar{7}.\bar{7}.12) = 41\;\;20$		$(20\bar{2}3)(11\bar{2}0) = 61\;\;35$
$\frac{4}{3}P2$	$(22\bar{4}3)(0001) = 48\;\;43$	$\pm\frac{4}{5}R$	$(40\bar{4}5)(10\bar{1}0) = 51\;\;43\frac{1}{4}$
	$(22\bar{4}3)(4\bar{2}\bar{2}3) = 44\;\;6\frac{1}{3}$		$(40\bar{4}5)(11\bar{2}0) = 57\;\;33\frac{1}{4}$
$\frac{8}{3}P2$	$(44\bar{8}3)(0001) = 57\;\;21\frac{1}{4}$	$\pm\frac{7}{8}R$	$(70\bar{7}8)(10\bar{1}0) = 49\;\;12$
	$(44\bar{8}3)(8\bar{4}\bar{4}3) = 54\;\;29\frac{1}{2}$	$\pm\frac{8}{7}R$	$(80\bar{8}7)(10\bar{1}0) = 41\;\;34\frac{1}{2}$
$4P2$	$(22\bar{4}1)(0001) = 73\;\;41\frac{1}{3}$	$\pm\frac{6}{5}R$	$(60\bar{6}5)(10\bar{1}0) = 40\;\;11\frac{1}{2}$
	$(22\bar{4}1)(4\bar{2}\bar{2}1) = 57\;\;21$		$(60\bar{6}5)(11\bar{2}0) = 48\;\;34\frac{3}{4}$
$\frac{16}{3}P2$	$(8.8.\overline{16}.3)(0001) = 77\;\;37\frac{1}{4}$	$\pm\frac{5}{4}R$	$(50\bar{5}4)(10\bar{1}0) = 39\;\;2\frac{1}{2}$
	$(8.8.\overline{16}.3)(16.\bar{8}.\bar{8}.3) = 58\;\;28$		$(50\bar{5}4)(11\bar{2}0) = 47\;\;43\frac{3}{4}$
$6P2$	$(33\bar{6}1)(0001) = 78\;\;57\frac{1}{2}$	$\pm\frac{4}{3}R$	$(40\bar{4}3)(10\bar{1}0) = 37\;\;14\frac{3}{4}$
	$(33\bar{6}1)(6\bar{3}\bar{3}1) = 58\;\;47$		$(40\bar{4}3)(11\bar{2}0) = 46\;\;25$
$8P2$	$(44\bar{8}1)(0001) = 81\;\;40\frac{1}{2}$	$\pm\frac{7}{5}R$	$(70\bar{7}5)(10\bar{1}0) = 35\;\;54\frac{1}{2}$
	$(44\bar{8}1)(8\bar{4}\bar{4}1) = 59\;\;18\frac{1}{4}$	$\pm\frac{3}{2}R$	$(30\bar{3}2)(10\bar{1}0) = 34\;\;3$
$\pm R$	$(10\bar{1}1)(10\bar{1}0) = 45\;\;23\frac{1}{2}$		$(30\bar{3}2)(11\bar{2}0) = 44\;\;9$
	$(10\bar{1}1)(\bar{1}101) = 74\;\;55$	$\pm\frac{11}{7}R$	$(11.0.\overline{11}.7)(10\bar{1}0) = 32\;\;49\frac{1}{2}$
	$(10\bar{1}1)(11\bar{2}0)$[1] $= 52\;\;32\frac{1}{2}$	$\pm\frac{13}{8}R$	$(13.0.\overline{13}.8)(10\bar{1}0) = 31\;\;57\frac{1}{2}$
$\pm\frac{1}{10}R$	$(1.0.\bar{1}.10)(10\bar{1}0) = 84\;\;22$	$\pm 2R$	$(20\bar{2}1)(10\bar{1}0) = 26\;\;52\frac{3}{4}$
	$(1.0.\bar{1}.10)(11\bar{2}0) = 85\;\;7\frac{1}{2}$		$(20\bar{2}1)(11\bar{2}0) = 39\;\;26\frac{1}{2}$
$\pm\frac{1}{5}R$	$(10\bar{1}5)(10\bar{1}0) = 78\;\;50\frac{1}{3}$	$\pm\frac{9}{4}R$	$(90\bar{9}4)(10\bar{1}0) = 24\;\;15\frac{1}{4}$
	$(10\bar{1}5)(11\bar{2}0) = 80\;\;21$	$\pm\frac{5}{2}R$	$(50\bar{5}2)(10\bar{1}0) = 22\;\;4\frac{1}{3}$
$\pm\frac{1}{4}R$	$(10\bar{1}4)(10\bar{1}0) = 76\;\;8\frac{3}{4}$		$(50\bar{5}2)(11\bar{2}0) = 36\;\;37\frac{1}{2}$
	$(10\bar{1}4)(11\bar{2}0) = 78\;\;2$	$\pm\frac{11}{4}R$	$(11.0.\overline{11}.4)(10\bar{1}0) = 20\;\;14$
$\pm\frac{7}{20}R$	$(7.0.\bar{7}.20)(10\bar{1}0) = 70\;\;57$	$\pm 3R$	$(30\bar{3}1)(10\bar{1}0) = 18\;\;40\frac{1}{4}$
$\pm\frac{2}{5}R$	$(20\bar{2}5)(10\bar{1}0) = 68\;\;28$		$(30\bar{3}1)(11\bar{2}0) = 34\;\;52\frac{1}{4}$
	$(20\bar{2}5)(11\bar{2}0) = 71\;\;28$	$\pm\frac{7}{2}R$	$(70\bar{7}2)(10\bar{1}0) = 16\;\;9\frac{1}{4}$
$\pm\frac{1}{2}R$	$(10\bar{1}2)(10\bar{1}0) = 63\;\;44\frac{3}{4}$		$(70\bar{7}2)(11\bar{2}0) = 33\;\;42\frac{3}{4}$
	$(10\bar{1}2)(11\bar{2}0) = 67\;\;28\frac{1}{2}$	$\pm 4R$	$(40\bar{4}1)(10\bar{1}0) = 14\;\;13\frac{1}{4}$
$\pm\frac{4}{7}R$	$(40\bar{4}7)(10\bar{1}0) = 60\;\;35\frac{1}{2}$		$(40\bar{4}1)(11\bar{2}0) = 32\;\;55$
	$(40\bar{4}7)(11\bar{2}0) = 64\;\;50$	$\pm\frac{9}{2}R$	$(90\bar{9}2)(10\bar{1}0) = 12\;\;41\frac{3}{4}$

[1] Hat praktischen Werth als die Hälfte des wahren Endkantenwinkels der Rhomboëder (in positiver Stellung) und wird aus diesem Grunde in der Tabelle bei den Rhomboëdern angegeben.

$\pm 5R$	$(50\bar{5}1)(10\bar{1}0) =$	11° 27⅔′
	$(50\bar{5}1)(11\bar{2}0) =$	31 55⅓
$\pm \frac{11}{2} R$	$(11.0.\overline{11}.2)(10\bar{1}0) =$	10 26⅔
$\pm 6R$	$(60\bar{6}1)(10\bar{1}0) =$	9 35⅓
	$(60\bar{6}1)(11\bar{2}0) =$	31 21½
$\pm 7R$	$(70\bar{7}1)(10\bar{1}0) =$	8 14½
	$(70\bar{7}1)(11\bar{2}0) =$	31 0½
$\pm 8R$	$(80\bar{8}1)(10\bar{1}0) =$	7 13⅓
	$(80\bar{8}1)(11\bar{2}0) =$	30 46⅔
$\pm 10R$	$(10.0.\overline{10}.1)(10\bar{1}0) =$	5 47⅓
$\pm 11R$	$(11.0.\overline{11}.1)(10\bar{1}0) =$	5 16
$\pm 13R$	$(13.0.\overline{13}.1)(10\bar{1}0) =$	4 27½
	$(13.0.\overline{13}.1)(11\bar{2}0) =$	30 18
$\pm 14R$	$(14.0.\overline{14}.1)(10\bar{1}0) =$	4 8½
	$(14.0.\overline{14}.1)(11\bar{2}0) =$	30 15½
$\pm 16R$	$(16.0.\overline{16}.1)(10\bar{1}0) =$	3 37½
	$(16.0.\overline{16}.1)(11\bar{2}0) =$	30 12
$\pm 18R$	$(18.0.\overline{18}.1)(10\bar{1}0) =$	3 13⅓
$\pm 28R$	$(28.0.\overline{28}.1)(10\bar{1}0) =$	2 4
	$(28.0.\overline{28}.1)(11\bar{2}0) =$	30 4
$\pm \frac{1}{8} R 5$	$(32\bar{5}8)(\bar{1}2\bar{1}0)$[1] $=$	79 9½
	$(32\bar{5}8)(2\bar{1}\bar{1}0) =$	73 36½
$\pm \frac{1}{5} R 3$	$(21\bar{3}5)(\bar{1}2\bar{1}0) =$	81 16⅓
	$(21\bar{3}5)(2\bar{1}\bar{1}0) =$	72 22
$\pm \frac{1}{5} R \frac{11}{3}$	$(7.4.\overline{11}.15)(\bar{1}2\bar{1}0) =$	78 54½
	$(7.4.\overline{11}.15)(2\bar{1}\bar{1}0) =$	70 19½
$\pm \frac{1}{5} R 7$	$(43\bar{7}5)(\bar{1}2\bar{1}0) =$	70 50⅔
	$(43\bar{7}5)(2\bar{1}\bar{1}0) =$	64 3⅓
$\pm \frac{1}{4} R 3$	$(21\bar{3}4)(\bar{1}2\bar{1}0) =$	79 41¾
	$(21\bar{3}4)(2\bar{1}\bar{1}0) =$	69 2⅓
	$(21\bar{3}4)(12\bar{3}\bar{1}) =$	115 5⅔
$\pm \frac{1}{4} R 5$	$(32\bar{5}4)(\bar{1}2\bar{1}0) =$	73 5
	$(32\bar{5}4)(2\bar{1}\bar{1}0) =$	64 7½
	$(32\bar{5}4)(23\bar{5}\bar{4}) =$	86 40⅓
$\pm \frac{2}{7} R 5$	$(6.4.\overline{10}.7)(\bar{1}2\bar{1}0) =$	72 3
	$(6.4.\overline{10}.7)(2\bar{1}\bar{1}0) =$	62 28
$\pm \frac{1}{3} R \frac{7}{3}$	$(52\bar{7}9)(\bar{1}2\bar{1}0) =$	80 59¼
	$(52\bar{7}9)(2\bar{1}\bar{1}0) =$	66 56½
$\pm \frac{2}{5} R 2$	$(31\bar{4}5)(\bar{1}2\bar{1}0) =$	81° 59¾′
	$(31\bar{4}5)(2\bar{1}\bar{1}0) =$	65 18⅔
$\pm \frac{2}{5} R 3$	$(42\bar{6}5)(\bar{1}2\bar{1}0) =$	76 19⅔
	$(42\bar{6}5)(2\bar{1}\bar{1}0) =$	61 47
$\pm \frac{2}{5} R 5$	$(6.4.\overline{10}.5)(\bar{1}2\bar{1}0) =$	69 54½
	$(6.4.\overline{10}.5)(2\bar{1}\bar{1}0) =$	58 59
$\pm \frac{5}{11} R \frac{9}{5}$	$(7.2.\bar{9}.11)(\bar{1}2\bar{1}0) =$	82 48½
	$(7.2.\bar{9}.11)(2\bar{1}\bar{1}0) =$	64 0½
$\pm \frac{1}{2} R \frac{5}{3}$	$(41\bar{5}6)(\bar{1}2\bar{1}0) =$	83 28
	$(41\bar{5}6)(2\bar{1}\bar{1}0) =$	62 56½
$\pm \frac{1}{2} R 3$	$(21\bar{3}2)(\bar{1}2\bar{1}0) =$	74 56½
	$(21\bar{3}2)(2\bar{1}\bar{1}0) =$	58 41½
	$(21\bar{3}2)(12\bar{3}\bar{2}) =$	77 35
$\pm \frac{1}{2} R 4$	$(53\bar{8}4)(\bar{1}2\bar{1}0) =$	71 16
	$(53\bar{8}4)(2\bar{1}\bar{1}0) =$	57 38¼
$\pm \frac{1}{2} R 5$	$(32\bar{5}2)(\bar{1}2\bar{1}0) =$	68 53
	$(32\bar{5}2)(2\bar{1}\bar{1}0) =$	57 17¼
	$(32\bar{5}2)(23\bar{5}\bar{2}) =$	51 29½
$\pm \frac{1}{2} R 7$	$(43\bar{7}2)(\bar{1}2\bar{1}0) =$	66 5¾
	$(43\bar{7}2)(2\bar{1}\bar{1}0) =$	57 17⅚
$\pm \frac{1}{2} R 9$	$(54\bar{9}2)(\bar{1}2\bar{1}0) =$	64 34⅔
	$(54\bar{9}2)(2\bar{1}\bar{1}0) =$	57 32¾
$\pm \frac{1}{2} R 10$	$(11.9.\overline{20}.4)(\bar{1}2\bar{1}0) =$	64 3½
	$(11.9.\overline{20}.4)(2\bar{1}\bar{1}0) =$	57 40⅔
$\pm \frac{1}{2} R 13$	$(7.6.\overline{13}.2)(\bar{1}2\bar{1}0) =$	63 0¾
	$(7.6.\overline{13}.2)(2\bar{1}\bar{1}0) =$	58 2
$\pm \frac{4}{7} R \frac{3}{2}$	$(51\bar{6}7)(\bar{1}2\bar{1}0) =$	84 29½
	$(51\bar{6}7)(2\bar{1}\bar{1}0) =$	61 19
$\pm \frac{4}{7} R 5$	$(12.8.\overline{20}.7)(\bar{1}2\bar{1}0) =$	68 24¼
	$(12.8.\overline{20}.7)(2\bar{1}\bar{1}0) =$	56 29½
$\pm \frac{5}{8} R \frac{7}{6}$	$(61\bar{7}8)(\bar{1}2\bar{1}0) =$	85 14¼
	$(61\bar{7}8)(2\bar{1}\bar{1}0) =$	60 7
$\pm \frac{2}{3} R \frac{4}{3}$	$(71\bar{8}9)(\bar{1}2\bar{1}0) =$	85 48⅓
	$(71\bar{8}9)(2\bar{1}\bar{1}0) =$	59 13½
$\pm \frac{2}{3} R \frac{7}{3}$	$(4.10.\overline{14}.9)(\bar{1}2\bar{1}0) =$	77 3½
	$(4.10.\overline{14}.9)(2\bar{1}\bar{1}0) =$	55 57½
$\pm \frac{7}{10} R \frac{9}{7}$	$(8.1.\bar{9}.10)(\bar{1}2\bar{1}0) =$	86 15¼
	$(8.1.\bar{9}.10)(2\bar{1}\bar{1}0) =$	58 29⅔

[1] Giebt für die Skalenoëder (in positiver Stellung) den halben wahren Winkel der stumpferen Polkanten und die Neigung zu $(2\bar{1}\bar{1}0)$ ebenso den der schärferen Polkanten. (Vgl. S. 2815 Anm. 1.)

Form	Faces	Angle
$R\frac{7}{6}$	$(13.1.\overline{14}.15)(\bar{1}2\bar{1}0)$	$= 37^{\circ}\ 33\frac{2}{3}'$
	$(13.1.\overline{14}.15)(2\bar{1}\bar{1}0)$	$= 56\ \ 24\frac{1}{2}$
$R\frac{5}{2}$	$(3.7.\overline{10}.5)(\bar{1}2\bar{1}0)$	$= 75\ \ 17\frac{1}{2}$
	$(3.7.\overline{10}.5)(2\bar{1}\bar{1}0)$	$= 53\ \ 40$
$R3$	$(3.4.\overline{12}.5)(\bar{1}2\bar{1}0)$	$= 72\ \ 49\frac{3}{4}$
	$(3.4.\overline{12}.5)(2\bar{1}\bar{1}0)$	$= 53\ \ 49$
$R\frac{4}{3}$	$(71\bar{8}6)(\bar{1}2\bar{1}0)$	$= 84\ \ 52\frac{1}{2}$
	$(71\bar{8}6)(2\bar{1}\bar{1}0)$	$= 51\ \ 15\frac{5}{6}$
$R\frac{7}{5}$	$(61\bar{7}5)(\bar{1}2\bar{1}0)$	$= 84\ \ 0$
	$(61\bar{7}5)(2\bar{1}\bar{1}0)$	$= 51\ \ 10\frac{1}{2}$
$R\frac{3}{2}$	$(51\bar{6}4)(\bar{1}2\bar{1}0)$	$= 82\ \ 46\frac{1}{2}$
	$(51\bar{6}4)(2\bar{1}\bar{1}0)$	$= 51\ \ 3$
$R\frac{5}{3}$	$(41\bar{5}3)(\bar{1}2\bar{1}0)$	$= 80\ \ 56\frac{1}{2}$
	$(41\bar{5}3)(2\bar{1}\bar{1}0)$	$= 50\ \ 57\frac{2}{3}$
$R\frac{9}{5}$	$(72\bar{9}5)(\bar{1}2\bar{1}0)$	$= 79\ \ 38$
	$(72\bar{9}5)(2\bar{1}\bar{1}0)$	$= 50\ \ 58\frac{1}{2}$
$R2$	$(31\bar{4}2)(\bar{1}2\bar{1}0)$	$= 77\ \ 55$
	$(31\bar{4}2)(2\bar{1}\bar{1}0)$	$= 51\ \ 5\frac{1}{2}$
	$(31\bar{4}2)(13\bar{4}\bar{2})$	$= 66\ \ 15\frac{1}{2}$
$R\frac{7}{3}$	$(52\bar{7}3)(\bar{1}2\bar{1}0)$	$= 75\ \ 33\frac{2}{3}$
	$(52\bar{7}3)(2\bar{1}\bar{1}0)$	$= 51\ \ 26\frac{1}{6}$
$R3$	$(21\bar{3}1)(\bar{1}2\bar{1}0)$	$= 72\ \ 12$
	$(21\bar{3}1)(2\bar{1}\bar{1}0)$	$= 52\ \ 19$
	$(21\bar{3}1)(12\bar{3}\bar{1})$	$= 47\ \ 1\frac{1}{2}$
$R\frac{13}{4}$	$(17.9.\overline{26}.8)(\bar{1}2\bar{1}0)$	$= 71\ \ 15\frac{3}{4}$
	$(17.9.\overline{26}.8)(2\bar{1}\bar{1}0)$	$= 52\ \ 38\frac{3}{4}$
$R\frac{11}{3}$	$(7.4.\overline{11}.3)(\bar{1}2\bar{1}0)$	$= 69\ \ 58$
	$(7.4.\overline{11}.3)(2\bar{1}\bar{1}0)$	$= 53\ \ 10$
$R4$	$(53\bar{8}2)(\bar{1}2\bar{1}0)$	$= 69\ \ 7$
	$(53\bar{8}2)(2\bar{1}\bar{1}0)$	$= 53\ \ 32\frac{3}{4}$
	$(53\bar{8}2)(35\bar{8}\bar{2})$	$= 36\ \ 8$
$R\frac{13}{3}$	$(8.5.\overline{13}.3)(\bar{1}2\bar{1}0)$	$= 68\ \ 23\frac{1}{2}$
	$(8.5.\overline{13}.3)(2\bar{1}\bar{1}0)$	$= 53\ \ 58\frac{5}{6}$
$R5$	$(32\bar{5}1)(\bar{1}2\bar{1}0)$	$= 67\ \ 13\frac{5}{6}$
	$(32\bar{5}1)(2\bar{1}\bar{1}0)$	$= 54\ \ 30\frac{2}{3}$
	$(32\bar{5}1)(23\bar{5}\bar{1})$	$= 29\ \ 15\frac{3}{5}$
$R\frac{16}{3}$	$(19.13.\overline{32}.6)(\bar{1}2\bar{1}0)$	$= 66\ \ 45\frac{1}{2}$
	$(19.13.\overline{32}.6)(2\bar{1}\bar{1}0)$	$= 54\ \ 46\frac{3}{4}$
$R\frac{17}{3}$	$(10.7.\overline{17}.3)(\bar{1}2\bar{1}0)$	$= 66\ \ 20\frac{1}{2}$
	$(10.7.\overline{17}.3)(2\bar{1}\bar{1}0)$	$= 55\ \ 1\frac{1}{2}$
$R\frac{19}{3}$	$(11.8.\overline{19}.3)(\bar{1}2\bar{1}0)$	$= 65\ \ 44\frac{2}{3}$

Form	Faces	Angle
$\pm R\frac{19}{3}$	$(11.8.\overline{19}.3)(2\bar{1}\bar{1}0)$	$= 55^{\circ}\ 27\frac{1}{4}$
$\pm R7$	$(43\bar{7}1)(\bar{1}2\bar{1}0)$	$= 65\ \ 5$
	$(43\bar{7}1)(2\bar{1}\bar{1}0)$	$= 55\ \ 49\frac{2}{5}$
$\pm R9$	$(54\bar{9}1)(\bar{1}2\bar{1}0)$	$= 63\ \ 54\frac{1}{3}$
	$(54\bar{9}1)(2\bar{1}\bar{1}0)$	$= 56\ \ 38\frac{3}{4}$
$\pm R11$	$(6.5.\overline{11}.1)(\bar{1}2\bar{1}0)$	$= 63\ \ 10$
	$(6.5.\overline{11}.1)(2\bar{1}\bar{1}0)$	$= 57\ \ 12\frac{1}{4}$
$\pm R12$	$(13.11.\overline{24}.2)(\bar{1}2\bar{1}0)$	$= 62\ \ 53\frac{2}{3}$
	$(13.11.\overline{24}.2)(2\bar{1}\bar{1}0)$	$= 57\ \ 25$
$\pm R13$	$(7.6.\overline{13}.1)(\bar{1}2\bar{1}0)$	$= 62\ \ 39\frac{3}{4}$
	$(7.6.\overline{13}.1)(2\bar{1}\bar{1}0)$	$= 57\ \ 36\frac{1}{4}$
$\pm R17$	$(9.8.\overline{17}.1)(\bar{1}2\bar{1}0)$	$= 62\ \ 1$
	$(9.8.\overline{17}.1)(2\bar{1}\bar{1}0)$	$= 58\ \ 8\frac{1}{2}$
$\pm\frac{8}{7}R\frac{3}{2}$	$(10.2.\overline{12}.7)(\bar{1}2\bar{1}0)$	$= 82\ \ 27\frac{3}{4}$
	$(10.2.\overline{12}.7)(2\bar{1}\bar{1}0)$	$= 49\ \ 1$
$\pm\frac{8}{7}R2$	$(12.4.\overline{16}.7)(\bar{1}2\bar{1}0)$	$= 77\ \ 33\frac{1}{4}$
	$(12.4.\overline{16}.7)(2\bar{1}\bar{1}0)$	$= 49\ \ 43$
$\pm\frac{8}{7}R\frac{9}{4}$	$(13.5.\overline{18}.7)(\bar{1}2\bar{1}0)$	$= 73\ \ 12\frac{1}{2}$
	$(13.5.\overline{18}.7)(2\bar{1}\bar{1}0)$	$= 50\ \ 14\frac{1}{3}$
$\pm\frac{5}{4}R\frac{7}{5}$	$(61\bar{7}4)(\bar{1}2\bar{1}0)$	$= 83\ \ 33$
	$(61\bar{7}4)(2\bar{1}\bar{1}0)$	$= 47\ \ 37\frac{1}{2}$
$\pm\frac{5}{4}R\frac{9}{5}$	$(72\bar{9}4)(\bar{1}2\bar{1}0)$	$= 79\ \ 4\frac{1}{5}$
	$(72\bar{9}4)(2\bar{1}\bar{1}0)$	$= 48\ \ 25\frac{1}{4}$
$\pm\frac{8}{5}R3$	$(16.8.\overline{24}.5)(\bar{1}2\bar{1}0)$	$= 71\ \ 26\frac{1}{4}$
	$(16.8.\overline{24}.5)(2\bar{1}\bar{1}0)$	$= 50\ \ 27\frac{1}{2}$
$\pm 2R\frac{3}{2}$	$(51\bar{6}2)(\bar{1}2\bar{1}0)$	$= 81\ \ 35\frac{3}{4}$
	$(51\bar{6}2)(2\bar{1}\bar{1}0)$	$= 43\ \ 3$
	$(51\bar{6}2)(15\bar{6}\bar{2})$	$= 57\ \ 27\frac{1}{6}$
$\pm 2R\frac{5}{3}$	$(8.2.\overline{10}.3)(\bar{1}2\bar{1}0)$	$= 79\ \ 40$
	$(8.2.\overline{10}.3)(2\bar{1}\bar{1}0)$	$= 44\ \ 9\frac{1}{4}$
$\pm 2R2$	$(31\bar{4}1)(\bar{1}2\bar{1}0)$	$= 76\ \ 37\frac{5}{6}$
	$(31\bar{4}1)(2\bar{1}\bar{1}0)$	$= 46\ \ 4\frac{2}{3}$
	$(31\bar{4}1)(13\bar{4}\bar{1})$	$= 44\ \ 41\frac{1}{2}$
$\pm 2R3$	$(42\bar{6}1)(\bar{1}2\bar{1}0)$	$= 71\ \ 14\frac{5}{6}$
	$(42\bar{6}1)(2\bar{1}\bar{1}0)$	$= 49\ \ 59\frac{1}{4}$
	$(42\bar{6}1)(24\bar{6}\bar{1})$	$= 30\ \ 39$
$\pm 2R4$	$(53\bar{8}1)(\bar{1}2\bar{1}0)$	$= 67\ \ 27$
	$(53\bar{8}1)(2\bar{1}\bar{1}0)$	$= 52\ \ 15$
	$(53\bar{8}1)(35\bar{8}\bar{1})$	$= 23\ \ 13\frac{2}{3}$
$\pm\frac{16}{7}R2$	$(24.3.\overline{32}.7)(\bar{1}2\bar{1}0)$	$= 76\ \ 30\frac{3}{4}$
	$(24.8.\overline{32}.7)(2\bar{1}\bar{1}0)$	$= 45\ \ 35\frac{3}{4}$

$\pm \frac{7}{3} R \frac{5}{3}$	$(23.7.\overline{35}.9)(\overline{1}2\overline{1}0) = 79^0\,31\frac{2}{3}'$	$\pm 4 R 2$	$(62\overline{8}1)(\overline{1}2\overline{1}0) = 76^0\,14\frac{2}{5}'$
	$(28.7.\overline{35}.9)(2\overline{1}\overline{1}0) = 43\;\;21\frac{2}{5}$		$(62\overline{8}1)(2\overline{1}\overline{1}0) = 44\;\;28\frac{1}{3}$
$\pm \frac{5}{2} R 2$	$(15.5.\overline{20}.4)(\overline{1}2\overline{1}0) = 76\;\;26\frac{5}{6}$		$(62\overline{8}1)(268\overline{1}) = 35\;\;52$
	$(15.5.\overline{20}.4)(2\overline{1}\overline{1}0) = 45\;\;20\frac{1}{4}$	$\pm 4 R 3$	$(8.4.\overline{12}.1)(\overline{1}2\overline{1}0) = 70\;\;59$
$\pm 4 R \frac{4}{3}$	$(14.2.\overline{16}.3)(\overline{1}2\overline{1}0) = 83\;\;32\frac{2}{3}$		$(8.4.\overline{12}.1)(2\overline{1}\overline{1}0) = 49\;\;20$
	$(14.2.\overline{16}.3)(2\overline{1}\overline{1}0) = 38\;\;4\frac{3}{4}$		$(8.4.\overline{12}.1)(4.8.\overline{12}.1) = 24\;\;51$
$\pm 4 R \frac{3}{2}$	$(51\overline{6}1)(\overline{1}2\overline{1}0) = 81\;\;12$	$\pm 5 R \frac{7}{5}$	$(61\overline{7}1)(\overline{1}2\overline{1}0) = 82\;\;30$
	$(51\overline{6}1)(2\overline{1}\overline{1}0) = 40\;\;4\frac{5}{6}$		$(61\overline{7}1)(2\overline{1}\overline{1}0) = 38\;\;27\frac{1}{4}$
$\pm 4 R \frac{5}{3}$	$(16.4.\overline{20}.3)(\overline{1}2\overline{1}0) = 79\;\;15\frac{1}{3}$	$\pm 8 R \frac{5}{4}$	$(9.1.\overline{10}.1)(\overline{1}2\overline{1}0) = 84\;\;49\frac{1}{4}$
	$(16.4.\overline{20}.3)(2\overline{1}\overline{1}0) = 41\;\;46\frac{2}{3}$		$(9.1.\overline{10}.1)(2\overline{1}\overline{1}0) = 35\;\;39\frac{2}{3}$

Habitus der Krystalle sehr mannigfaltig, von dünntafelig (Papierspath) nach der Basis $c(0001)\{111\}$ bis langsäulig nach der Verticalen (Kanonenspath), und zwar dann stets mit dem Prisma erster[1] Ordnung $m(10\overline{1}0)\{2\overline{1}\overline{1}\}$. Eine besonders häufige Gestalt ist auch das Skalenoëder $v(21\overline{3}1)\{20\overline{1}\}R3$, auch oft für sich allein; und zwar entschieden häufiger als ein Rhomboëder allein. Von solchen kommen häufig $e(01\overline{1}2)\{110\}$ $-\frac{1}{2}R$, sowie $f(02\overline{2}1)\{11\overline{1}\}-2R$, auch $M(40\overline{4}1)\{3\overline{1}\overline{1}\}+4R$ und seltener $r(10\overline{1}1)\{100\}+R$ für sich allein vor. Selten tritt zu $+R$ auch $\varepsilon(01\overline{1}1)$ $\{22\overline{1}\}-R$ hinzu, niemals herrschend. Durch die ausgezeichnete Spaltbarkeit sind stets leicht und sicher die positiven und negativen Sextanten, sowie die Formen erster und zweiter Ordnung zu unterscheiden. Von den an sich seltenen Pyramiden zweiter Ordnung (vgl. unten Anm. 1) kommt zuweilen herrschend $\gamma(8.8.\overline{16}.3)\{91\overline{7}\}\frac{16}{3}P2$ vor.[2] Von Rhomboëdern sind ziemlich häufig auch $h(03\overline{3}2)\{55\overline{4}\}-\frac{3}{2}R$, $\varphi(05\overline{5}4)\{33\overline{2}\}$ $-\frac{5}{4}R$, sowie $(0.14.\overline{14}.1)\{55\overline{9}\}-14R$, von positiven $(13.0.\overline{13}.1)\{9\overline{4}\overline{4}\}13R$ und $(16.0.\overline{16}.1)\{11.\overline{5}.\overline{5}\}16R$. Von Skalenoëdern kommen ausser dem bei weitem häufigsten $v(21\overline{3}1)\{20\overline{1}\}R3$ nicht selten vor $y(32\overline{5}1)\{30\overline{2}\}R5$, $\lambda(31\overline{4}2)\{30\overline{1}\}R2$, $w(31\overline{4}5)\{410\}\frac{2}{5}R2$ und $t(21\overline{3}4)\{310\}\frac{1}{4}R3$, von negativen $x(13\overline{4}1)\{21\overline{2}\}-2R2$ und $p(4.8.\overline{12}.5)\{73\overline{5}\}-\frac{4}{5}R3$. Sehr selten und stets nur untergeordnet treten dihexagonale Prismen auf.

Von Combinationen ausser den schon oben erwähnten von $m(10\overline{1}0)$ $\{2\overline{1}\overline{1}\}$ und $c(0001)\{111\}$ mit herrschendem m oder c besonders häufig m mit $e(01\overline{1}2)\{110\}-\frac{1}{2}R$, oder auch herrschend e mit m; ferner $v(21\overline{3}1)$ $\{20\overline{1}\}R3$ mit m oder mit $r(10\overline{1}1)\{100\}R$ oder $M(40\overline{4}1)\{3\overline{1}\overline{1}\}4R$, oder mit m und $f(02\overline{2}1)\{11\overline{1}\}-2R$, oder m und $t(21\overline{3}4)\{310\}\frac{1}{4}R3$. Oder herrschend r mit v, sowie f mit r, oder f mit $x(13\overline{4}1)\{21\overline{2}\}-2R2$. Im Uebrigen entspricht die Mannigfaltigkeit der grossen Zahl der beobachteten Formen.

---

[1] Während im Gegensatz zu den rhomboëdrischen Oxyden Korund und Eisenglanz das Prisma $a(11\overline{2}0)\{10\overline{1}\}$ nur selten auftritt, sehr selten als herrschende Form.

[2] Rhisnes in Belgien und Visby (Insel Gottland) in Schweden.

Die Basis *c* erscheint gewöhnlich matt[1] und rauh, zuweilen mit Perlmutterglanz durch schalige Zusammensetzung. Rauh und matt pflegt auch das als Krystallfläche seltene Spaltungsrhomboëder *r* ausgebildet zu sein. Parallel der Combinationskante mit *r* sind oft die Flächen von $e(01\bar{1}2)\{110\} - \frac{1}{2}R$, $v(21\bar{3}1)\{20\bar{1}\}R3$ und $a(11\bar{2}0)\{10\bar{1}\}$ gestreift. Auf *c* erscheint diese Streifung also parallel der Symmetrieebene.

Die Seltenheit des Spaltungsrhomboëders als Krystallgestalt erklärt sich durch seine Bildung nur aus reinen Lösungen, wie schon von G. Rose (Pogg. Ann. 1837, **42**, 353; Abh. Akad. Wiss. Berlin 17. Jan. 1856, 2. 4), H. Credner[2] (Journ. pr. Chem. 1870, **110**, 292; N. Jahrb. 1870, 603; 1871, 288) und M. Bauer (N. Jahrb. 1890, **1**, 22; Groth's Ztschr. 1893, **21**, 144) angegeben und besonders von Vater (Groth's Ztschr. **21**, 440. 488; 1899, **30**, 485. 507) durch eingehende Untersuchungen „über den **Einfluss der Lösungsgenossen**[3] auf die Krystallisation des Calciumcarbonates" erwiesen wurde.[4] Der Einfluss der Lösungsgenossen auf die Krystallisation ist um so grösser, je langsamer sie vor sich geht.

Das Grundrhomboëder stellt die von Lösungsgenossen unbeeinflusste Form des aus kohlensaurer wässeriger Lösung von Calciumcarbonat bei niederer Temperatur krystallisirenden Kalkspaths dar. Das Auftreten anderer Formen unter sonst gleichen physikalischen Bildungs-Verhältnissen wird durch Lösungsgenossen bedingt. Unter dem Einfluss verschiedener Entstehungs-Bedingungen entwickeln sich im Allgemeinen verschiedene Krystallisationen. Mitunter führen jedoch verschiedene Entstehungs-Bedingungen zu gleichen Krystallisationen. so dass sich also eine Krystallisation von bestimmtem Habitus unter dem Einfluss mehrerer, von einander verschiedener Entstehungs-Bedingungen zu bilden vermag. Die einzelnen Lösungsgenossen üben je nach ihrer anwesenden Menge einen verschiedenen Einfluss auf die Krystallisation aus. Dieser Einfluss kann sowohl in einer Aenderung der Krystallform mit gleichbleibendem

[1] Ueber ihre „milchige Trübung" schrieb F. Scharff (N. Jahrb. 1860, 535) eine Arbeit.

[2] Credner hatte aus der Paragenese der flächenreichen Kalkspäthe von Andreasberg und Lake superior vermuthet, dass die Krystallgestalt von Beimengungen der ursprünglichen Lösung beeinflusst werde.

[3] H. C. Sorby (Min. Soc. Lond. 1879, **3**, 111; Groth's Ztschr. **5**, 624) liess Lösungen von $CaCO_3$ in Kohlensäure bei verschiedenen Temperaturen verdunsten, zum Theil unter Zusatz von $FeCO_3$ und $MgCO_3$, und constatirte einen Einfluss der Beimengungen und auch schon geringer Differenzen der Temperaturen auf die Ausbildung der Krystalle.

[4] Die unter jenem Titel erschienen acht Theile (Groth's Ztschr. **21**, 433; **22**, 209; **24**, 366. 378; **27**, 477; **30**, 295. 485; **31**, 538) behandeln auch „scheinbar ferner Liegendes" (a. a. O. **30**, 485), resp. Untersuchungen, die sich „nur mit Zwang diesem Thema unmittelbar unterordnen lassen" (**31**, 578), besonders aber auch die Bildung der verschiedenen Modificationen (Kalkspath, Aragonit und eventuell anderer).

oder geändertem Habitus, als auch nur in einer Aenderung des Habitus bestehen. Das Hinzukommen eines ferneren Lösungsgenossen vermag in besonderen Fällen eine ohne denselben auftretende Form an den nunmehr entstehenden Krystallen völlig auszuschliessen. Die Geschwindigkeit des Wachsthums der Krystalle übt unter Umständen ebenfalls einen Einfluss auf die (nicht verzerrte) Krystallform aus.

Wie in zusatzfreien Calciumcarbonat-Lösungen bilden sich bei genügend langsamer Krystallisation bei Zimmer-Temperatur reine Grundrhomboëder auch bei Gegenwart eines Sulfat-Gehalts (Calcium-, Kalium- oder Natriumsulfat) als einzigen Lösungsgenossen, wenn dieser Sulfat-Gehalt unter einem „Schwellenwerth“ bleibt (der für jene drei Sulfate zwischen den Gehalten von 0·00025 und 0·0005 Gramm-Molekulargewicht im Liter liegt). Bei dieser Concentration entstehen neben reinen Grundrhomboëdern auch solche mit einem steilen negativen Rhomboëder an den Rand-Ecken, dessen Flächen-Ausdehnung und Steilheit mit steigender Concentration zunimmt. Bei einer Steigerung des Kaliumsulfat-Gehaltes (über 0·0152 Gramm-Molekulargewicht hinaus) tritt dann (zwischen 0·05 und 0·125 Gr.-M.) zu den vorher vorhandenen Formen noch die Basis hinzu. Dann verschwindet allmählich das Grundrhomboëder und es bildet sich (bei 0·5 Gr.-M. Kaliumsulfat) ausschliesslich die Combination eines steilen negativen Rhomboëders mit der Basis. Das Natriumsulfat bewirkt bei Steigerung, dass die steilen negativen Rhomboëder Prismen-ähnlich werden; bei einem „Höhenwerth“[1] (zwischen 0·125 und 0·25 Gr.-M.) geht das steile negative Rhomboëder in das Prisma erster Ordnung über und die so entstandene Combination *mr* ändert sich bei weiterer Steigerung der Concentration (bis auf 1 Gr.-M.) nicht mehr.

Eine Zerfaserung der Krystalle zu garbenförmigen und dergleichen Aggregaten wird nach Vater (Groth's Ztschr. 1895, **24**, 399. 404) durch eine beträchtliche Aufnahme eines dilut färbenden (wahrscheinlich organischen) Pigments bewirkt.

Hemimorphe Ausbildung wurde von M. Bauer (Ztschr. d. geol. Ges. 1872, **24**, 397; N. Jahrb. 1873, 190) an einem Krystall von Andreasberg (dort vgl. Näheres) beschrieben.[2] Schuster (Verh. geol. Reichsanst. Wien 1886, No. 3; Groth's Ztschr. 1886, **12**, 131) hielt mit Rücksicht auf den Isogonismus mit Rothgiltigerz, und auf Grund einiger, nicht näher mitgetheilter Beobachtungen „die Existenz ähnlicher Zwillinge (wie beim

---

[1] Vater (Groth's Ztschr. **30**, 298) betont, dass der Schwellen- und Höhenwerth bestimmte Reizstärken = Concentrationen darstellen, und „unmittelbar auf den Lösungsgenossen und nicht auf dessen Concentration zu beziehen“ sind.

[2] Im Anschluss daran erwähnte Kloos (N. Jahrb. 1876, 415) Krystalle von Brigels im Tavetsch mit verschiedener Ausbildung beider Enden, und bemerkt, dass bei Naumann (Min. 1874, 281) ein Krystall von Ahrn im Pusterthal „wie zur Hälfte ausgebildet erscheint“, „unten durch die basische Fläche abgeschnitten“.

Pyrargyrit, vgl. S. 1057 Fig. 343—345) beim Calcit, somit auch den hemimorphen Charakter der Calcit-Krystalle nicht für unwahrscheinlich". BECKENKAMP (GROTH's Ztschr. 1892, **20**, 165; 1901, **34**, 593) beschrieb Krystalle von Nieder-Rabenstein[1] in Sachsen als trigonal-pyramidal, resp. tetartoëdrisch-hemimorph, d. h. ogdoëdrisch.

Zwillingsbildung nach vier Gesetzen sicher[2] bekannt, mit parallelen (1.) oder geneigten (2.—4.) Hauptaxen.

1. Zwillingsaxe die Hauptaxe, Zwillings- und gewöhnlich auch Verwachsungs-Ebene die Basis. Am Häufigsten bei skalenoëdrischer Ausbildung der Krystalle mit herrschendem $v(21\bar{3}1)\{20\bar{1}\}R3$ (vgl. Fig. 682),

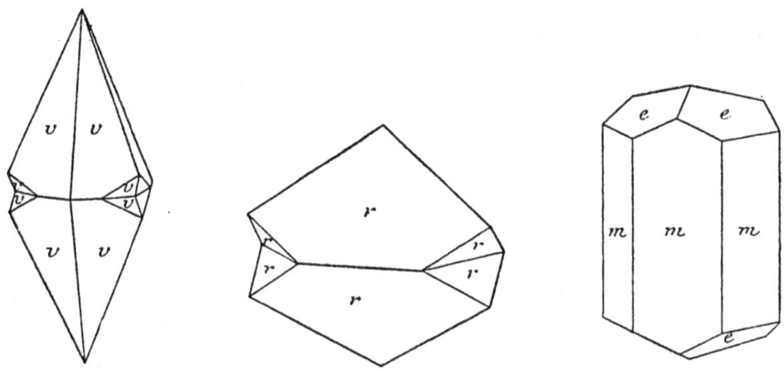

Fig. 682—684. Kalkspath-Zwillinge nach der Basis $c(0001)\{111\}oR$.

wie sie an vielen Fundorten (besonders auch in Derbyshire) sich finden. Durch Herausschlagen der Spaltungsform[3] entsteht die Fig. 683. In der Combination von $m(10\bar{1}0)\{2\bar{1}\bar{1}\}$ mit $e(01\bar{1}2)\{110\} - \frac{1}{2}R$ kommt auf den Prismen-Flächen die Zwillings-Grenze nicht zur Erscheinung, jedoch sind die Rhomboëder-Flächen oben und unten auf denselben Prismen-Flächen aufgesetzt (vgl. Fig. 684[4]), nicht auf den abwechselnden, wie Letzteres bei dem einfachen Krystall der Fall ist; Prismen ohne Endigung

[1] Ein anderer Typus von monosymmetrischem Habitus durch lamellare Zwillingsbildung, und zwar durch Vorherrschen von Lamellen nach einer der drei Flächen von $e(-\frac{1}{2}R)$ (GROTH's Ztschr. **36**, 516).

[2] Ein fünftes Gesetz wurde von LINCIO (Atti Accad. Sc. Torino 1911, **46**, 212; N. Jahrb. 1912, **1**, 226; GROTH's Ztschr. 1914, **54**, 202) an Krystallen von Moticcia an der Veglia-Alpe, Prov. Novara in Piemont (Näheres vgl. dort) beschrieben, nach einer Zwillings-Ebene, welche keine krystallonomische Fläche ist, sondern senkrecht zu einer Fläche des Spaltungs-Rhomboëders und parallel einer Kante des Rhomboëders der Gleitflächen $(-\frac{1}{2}R)$.

[3] Wie sie besonders auch an Stücken von Auerbach an der Bergstrasse vorkommt. Eingeschaltete Zwillings-Lamellen nach der Basis im späthigen Kalkspath von der Lieter bei Elmshorn in Holstein.

[4] Von SADEBECK (angew. Kryst. 1876, 277) für Andreasberg angegeben.

würden durch die Lage der Spaltungs-Flächen die Zwillings-Bildung erkennen lassen.

2. Zwillings-Ebene $r(10\bar{1}1)\{100\} + R$. Wenn dieses als Krystallform vorherrscht, bilden seine Flächen ein- und ausspringende Winkel, vgl. Fig. 685. Die Hauptaxen beider Individuen bilden nahezu einen rechten Winkel, genau 90° 47′ (= 2 Mal rm). Deshalb bilden von Prisma und Basis begrenzte Krystalle bei solchen Zwillingen ein nahezu recht-

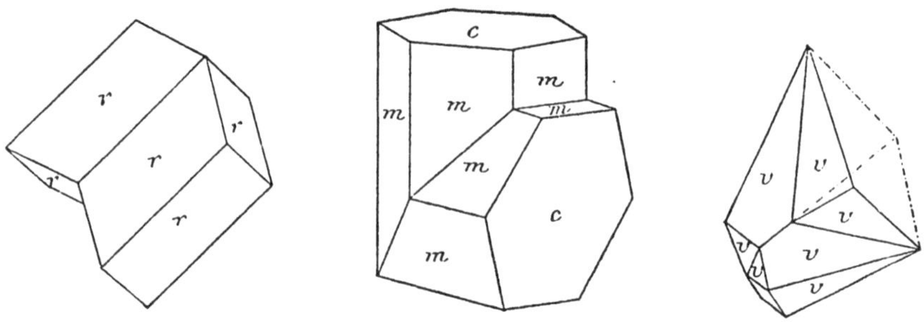

Fig. 685—687. Kalkspath-Zwillinge nach $r(10\bar{1}1)\{100\} + R$.

winkeliges Knie (vgl. Fig. 686[1]), an welchem beide Individuen eine Spaltungs-Richtung gemeinsam haben. Bei skalenoëdrischer Ausbildung pflegen an solchen Zwillingen die vier Skalenoëder-Flächen, welche an die, die einspringende Ecke (vgl. Fig. 687[2]) bildenden angrenzen, sich bis zum Verschwinden dieser Ecke auszudehnen,[3] und eine neue ausspringende Zwillingsecke zu bilden (welche in Fig. 687 durch gestrichelte Linien angegeben ist).

3. Zwillings-Ebene $e(01\bar{1}2)\{110\} - \frac{1}{2}R$, vgl. Fig. 688.[4] Gern in Wiederholung mit parallelen Zwillings-Ebenen, derart, dass die abwechselnden Individuen (das erste, dritte, fünfte u. s. w., sowie anderer-

---

[1] Von Sadebeck (angew. Kryst. 1876, 276) für Andreasberg angegeben.

[2] Von Sadebeck (a. a. O. 276) für Derbyshire angegeben.

[3] Zielbewusst beschäftigte sich schon Chr. S. Weiss (Abh. Akad. Wiss. Berlin 1829: „über herzförmig genannte Zwillinge von Kalkspath") mit dem Einfluss der Zwillings-Bildung auf das Fortwachsen der Individuen. Mit einer Uebersicht über die weitere, nicht sehr reichliche Litteratur (auch über Zwillings-Bildung bei anderen als Kalkspath-Krystallen) gab Stefan Kreutz (Denkschr. Ak. Wiss. Wien 1906, **80**, 15; Wiener Min. Ges. 6. März 1905; Tscherm. Mitth. **24**, 323; Groth's Ztschr. **44**, 104; **45**, 628; N. Jahrb. 1908, **1**, 176) eine Zusammenstellung neuer Beobachtungen an Kalkspath-Zwillingen nach den vier Gesetzen von verschiedenen Fundorten. Aeltere Angaben „über den Einfluss des Zwillingsbaues auf die Gestaltung der Krystalle des Kalkspaths" besonders von F. Scharff (N. Jahrb. 1870, 542); von Demselben auch (N. Jahrb. 1862, 684) über „Rhomboëder und Skalenoëder".

[4] Von Sadebeck (a. a. O. 276) für Neudorf am Harz angegeben. Bei Vierlingen von Hüttenberg in Kärnten (Näheres vgl. dort) stehen senkrecht zur Zwillings-Fläche die Ebenen, welche einspringende Kanten der Vierlinge halbiren. Aehnliche Gruppen von Elba und von Arkengarthdale in England.

seits das zweite, vierte, sechste u. s. w. Individuum) dieselbe Lage haben, und die Individuen tafelartig nach den Zwillings-Ebenen erscheinen. Die Hauptaxen beider Individuen bilden 127° 29½′ (= 2 Mal *em*) mit einander. Diese Zwillings-Bildung kann auch mit Hilfe des Gleitflächen-Charakters von *e*(01$\bar{1}$2) künstlich hervorgebracht werden.

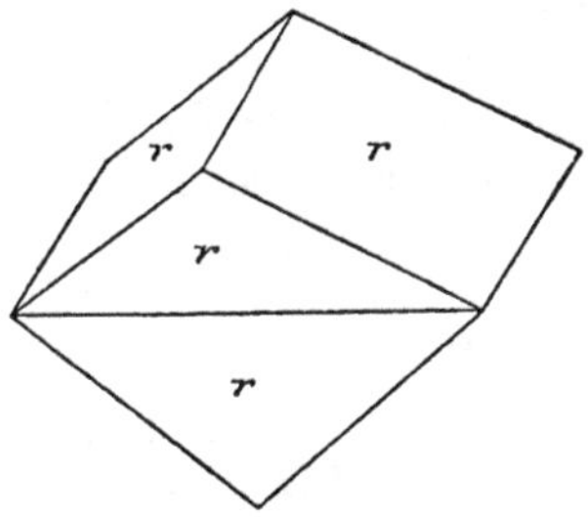

Fig. 688. Kalkspath-Zwilling nach *e*(01$\bar{1}$2){110} − ½*R*.

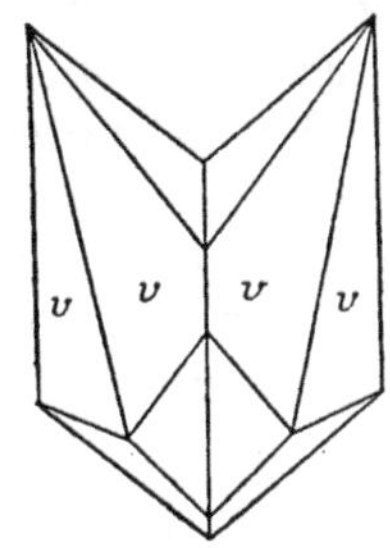

Fig. 689. Kalkspath-Zwilling nach *f*(02$\bar{2}$1){11$\bar{1}$} − 2*R*.

4. Zwillings-Ebene *f*(02$\bar{2}$1){11$\bar{1}$} − 2*R*, vgl. Fig. 689,[1] wobei eine schärfere Polkante bei beiden Individuen parallel ist, und die Hauptaxen mit einander 53° 45½′ (= 2 Mal *fm*) bilden.

Bevorzugt ist die Wachsthums-Geschwindigkeit der Krystalle längs der Zwillings-Grenze[2] und die Richtungen des stärksten Wachsthums fallen mit den, beiden Individuen gemeinsamen wichtigsten Kanten-Richtungen zusammen.[3]

Als **Composite** bezeichnete V. Goldschmidt (Groth's Ztschr. 1907, **43**, 351) zusammengesetzte Krystalle (Zwillinge und Viellinge). So Tafeln und säulige oder auch grosse Krystalle von rhomboëdrischem Habitus, „aufgebaut aus unzähligen papierdünnen bis mikroskopischen Blättchen, die in sich oder unter sich nach dem Basisgesetz verzwillingt sind“, wodurch nach der Basis eine Absonderung, begleitet von Perlmutter-

[1] Von Sadebeck (angew. Kryst. 1876, 284) für Derbyshire angegeben, sowie (a. a. O. 92) „von Andreasberg, aus dem Wallis, Altens Kupfergrube in Norwegen“.

[2] Wie zuerst Becke (Tscherm. Mitth. N. F. 1889, **10**, 135) für den Dolomit aussprach.

[3] Wie Kreutz (in seiner grossen Arbeit, vgl. S. 2822 Anm. 3) fand. Durch weitere Beobachtungen bestätigte Kreutz (Tscherm. Mitth. N. F. 1909, **28**, 490; Groth's Ztschr. **50**, 627), dass nicht alle einspringenden Winkel eines Zwillings vermehrtes Wachsthum zeigen, sondern nur solche, wo Componenten von Kräften der beiden Zwillings-Individuen sich addiren können. An herzförmigen Zwillingen nach *r*(10$\bar{1}$1) {100} + *R* von Egremont in Cumberland zeigen nur die bei der Zwillings-Grenze liegenden Flächen vermehrtes Wachsthum und Ausfüllung der einspringenden Winkel, dagegen die an der nicht krystallonomischen, zur Rhomboëder-Fläche senkrechten Zusammensetzungs-Fläche liegenden Flächen kein vermehrtes Wachsthum, und deshalb auch keine Ausfüllung der einspringenden Winkel.

oder Seidenglanz, entsteht. Viellings-Composite nach $e(01\bar{1}2)\{110\} - \frac{1}{2}R$ zeigen Lamellen in Zwillings-Stellung, einzeln oder in parallelen Scharen; nach einer Richtung oder sich kreuzend nach zwei oder drei Flächen von $e(01\bar{1}2)$.

Derbe Massen in den verschiedenartigsten Structur-Formen. Körnig (späthig bis grob- und feinkörnig), stängelig, faserig und dicht, seltener krummschalig. Oolithisch und pisolithisch (Erbsenstein-artig). In Tropfsteinen oder Stalaktiten (und Stalagmiten), sowie zapfenförmig in einander gesteckten Schichten (Dutenkalk[1] oder Nagelkalk). Lockere zapfenförmige Kalkgebilde erfüllen in sandigem Boden die durch Verwesung von Baumwurzeln entstandenen Hohlräume.[2] Als weisser lockerer Staub (Bergmilch,[3] Montmilch). Erdig und oft zerreiblich die Kreide, grossentheils

[1] COLE (Min. Soc. Lond. 1893, **10**, 136; GROTH's Ztschr. **25**, 296) gab Abbildungen von Schnitten durch Stücke von Kalkspath (und Eisenspath) mit schachtelförmiger Kegelstructur, mit Betrachtungen über die Entstehung solcher Structur. BONNEY (Min. Soc. Lond. 1895, **11**, 24; GROTH's Ztschr. **28**, 207) erklärt die Entstehung schachtelförmiger Kegelstructur durch eine der Sphärolithen-Bildung in Eruptivgesteinen ähnliche Tendenz; bei einem Kalkstein, resp. Kalkspath aus dem oberen Wealden von der Sandown Bay auf der Insel Wight dienten besonders Bivalven-Reste als Stützpunkte für die Kegelspitzen der divergirenden Krystall-Theile.

[2] „Die **Osteocolla** oder der Beinbruchstein, die sich bei früher mit Kiefern, Birken oder anderen Bäumen bestandenen Sandhügeln um die vermodernden Wurzeln oder an ihre Stelle absetzt, und so ihre Gestalt annimmt" (G. ROSE, Abh. Ak. Wiss. Berlin 17. Jan. 1856, 73); nicht selten in der Umgegend von Berlin, wie an den Rehbergen (KLÖDEN, Beitr. min. u. geogn. Kenntn. Mark Brand. 1832, **5**, 29), Dichte 2·810 nach ROSE. DANA (Min. 1868, 680; 1892, 268) citirt GESNER (de omni rerum fossilium genere, Tiguri 1565, 31) für Osteocollus (richtiger osteocolla = Knochenleim), der späteren Autoren, „qui ossa fracta intra corpus sumptus". — Eine andere erdige Bildung der **Alm**, „bildet im südlichen Bayern, wo er sehr verbreitet ist, eine bald nur einige Zolle, bald viele Fuss mächtige Schicht, die auf Kies gelagert die Unterlage aller sogenannten Wiesenmoore, wie z. B. des über 4 Quadratmeilen grossen Erdinger Moores ausmacht" (G. ROSE a. a. O.).

[3] „Unter **Bergmilch (Montmilch, Mondmilch)** versteht man den lockeren erdigen schneeweissen Absatz von kohlensaurer Kalkerde, der sich auf Klüften und in den Höhlen des dichten Kalksteins verschiedener Formationen findet" (G. ROSE, Abh. Ak. Berl. 1856, 67). Nachdem schon EHRENBERG (POGG. Ann. 1836, **39**, 105) mikroskopisch darin kleine, oft parallel an einander gereihte Stäbchen erkannt hatte, war G. ROSE (a. a. O. 73) nach weiterer Untersuchung zu der Ansicht geneigt, dass „die Bergmilch Aragonit sei, der zum Theil in Kreide umgeändert ist". Nach RICHARD LANG (N. Jahrb. 1915, Beil.-Bd. **38**, 184) wird die Bergmilch von der als Lublinit bezeichneten „Modification" des Calciumcarbonats gebildet, und „ist häufig unter dem Einfluss der Atmosphärilien mehr oder weniger intensiv in Calcit umgewandelt und besteht dann aus einem Gemenge von Lublinit und Calcit-Pseudomorphosen nach Lublinit; im Grenzfall bildet die Bergmilch eine vollkommene Calcit-Pseudomorphose nach Lublinit". — Die neben Bergmilch auch auftauchende Bezeichnung Bergmehl (wie bei BECKE-TSCHERMAK, Min. 1915, 534) wird besser vermieden, resp. bleibt lieber für die Kieselguhr reservirt, um der Verwechselung mit der Kalkguhr (Bergmilch) vorzubeugen (vgl. S. 1507 Anm. 5).

aus mikroskopischen rundlichen und eckigen Körnern bestehend, auch mit Resten von Foraminiferen.

Glasglanz; auf Spaltungs-Flächen eventuell perlmutterartig oder auch irisirend; auf der Basis zuweilen (durch Absonderung, vgl. S. 2823) seiden- oder perlmutterglänzend; auf den (selten deutlich zu beobachtenden) Flächen des muscheligen Bruches entschieden fettartig. Mit abnehmender Korngrösse weniger glänzend bis schimmernd. Erdige Varietäten matt.

Durchsichtig bis wenig durchscheinend und undurchsichtig. **Farblos** (wenn rein), resp. weiss. Durch Beimischungen grau, gelb, grün, roth, braun, seltener blau, violett oder schwarz gefärbt; die Färbung aber meist wenig intensiv und trübe. Als Ursache der Färbung gilt besonders auch organische Substanz,[1] wie nach v. Kraatz-Koschlau u. Wöhler (Tscherm. Mitth. N. F. 1899, **18**, 311. 321[2]) farbige Kalkspäthe deutliche Pyrophosphorescenz zeigen. Ausser vorherrschender organischer Substanz fand[3] Liebe (Zeitschr. ges. Naturw. 1855, **6**, 227; bei Kenngott, Uebers. min. Forsch. 1855, 25) Eisenoxyd als Hydrat, sowie Eisenoxyd-haltige Silicate und seltener Eisenphosphate als Ursache der Färbung. Nach Church (Journ. pr. Chem. 1865, **94**, 188) rührt die Färbung dunkler blauer Streifen im „Forest Marmor" von Pyrit her, wie auch nach Alb. Müller (Verh. naturf. Ges. Basel 1875; N. Jahrb. 1876, 74) die blaugraue Färbung jurasischer Mergelkalke zum Theil von dem bald mehr, bald weniger reichlich vorhandenen Pyrit.[4]

Nach H. Vater (Groth's Ztschr. 1895, **24**, 374. 377. 395) erfolgt die Aufnahme eines Farbstoffes[5] nicht immer gleichmässig bei allen Krystallen derselben Krystallisation, vielmehr vermögen von gleichzeitig in derselben Lösung unmittelbar neben einander entstehenden Krystallen die einen sich von einer Färbung völlig frei zu halten, während die anderen relativ grosse Mengen Farbstoff in sich einlagern.[6]

Strich weiss, oder graulich.

---

[1] Wells (Erdm. Journ. pr. Chem. 1852, **55**, 383) fand in allen von ihm untersuchten Stalaktiten organische Substanz, meist Quellsäure in beträchtlicher Menge. Fromme (Jahresb. Ver. Naturw. Braunschw. 1896, **10**, 104; Groth's Ztschr. **30**, 663) isolirte aus gelben bis braunen Krystallen $(40\bar{4}1)\{3\bar{1}\bar{1}\}$ $4R$ aus dem Radauthal 0·25 % organische Substanz, vorherrschend bestehend aus Quellsatz- oder Apokrensäure.

[2] Ein violettes Spaltungsstück von Auerbach an der Bergstrasse roch beim Erhitzen nach organischer Substanz und phosphorescirte mit weissem Licht, ein blaues aus Jefferson Co. stark mit gelbem Licht und entfärbte sich unter Geruch.

[3] In gefärbten Zechsteinkalken, besonders den dolomitischen des Elsterthales.

[4] Oft schon mit blossem Auge in Pünktchen oder Kryställchen erkennbar.

[5] „Von jenen noch nicht fassbaren, wahrscheinlich organischen Substanzen", welche als Beimengung auch die Zerfaserung der Krystalle (vgl. S. 2820) bewirken.

[6] Eine Beeinflussung der Krystallform durch den Farbstoff nicht erwiesen.

Spaltbar[1] sehr vollkommen[2] nach $r(10\bar{1}1)\{100\} + R$. — Durch wiederholtes Streichen einer Spaltungs-Fläche mit Gemsleder (weichem Waschleder) werden nach BEILBY (Proc. Roy. Soc. 1903, **72**, 218; 1909, **82**, 599; GROTH's Ztschr. 1905, **41**, 389; 1911, **50**, 206) merkliche Störungen[3] in der Structur der äusseren Schichten des Krystalls, ein „Fliessen der Oberfläche" bewirkt,[4] d. h. im Augenblick des Polirens werde die Oberflächen-Schicht „fliessend" und erstarre dann unorientirt; die an der Oberfläche liegenden Schichten seien amorph. An gut polirten Flächen konnte keine Spur von Krystallstructur erkannt werden; die Oberfläche hat einen glasigen Glanz, ist leichter löslich, härter[5] und ganz homogen.[6]

Die Contractions-Risse beim „Schrecken" (vgl. S. 2123 Anm. 1) folgen nach starker Erhitzung den gewöhnlichen Spaltungs-Flächen. Bei nicht zu starker Erhitzung bilden sich muschelige Risse in der Richtung von $e(01\bar{1}2)\{110\} - \frac{1}{2}R$ und nur wenige Risse nach dem Spaltungs-Rhomboëder (LEHMANN, GROTH's Ztschr. **11**, 610).[7]

[1] Während keine Spur von Spaltbarkeit nach $\varepsilon(01\bar{1}1)\{22\bar{1}\} - R$ geht. — Für wahre Spaltungs-Flächen hielt G. FRIEDEL (Bull. soc. min. Paris 1902, **25**, 113; N. Jahrb. 1903, **2**, 19; GROTH's Ztschr. 1903, **39**, 189) auch die bei der mechanischen Erzeugung von Zwillingen nach $e(01\bar{1}2)\{110\} - \frac{1}{2}R$ zuweilen entstehenden Trennungs-Flächen von e und die daraus durch einfache Schiebung hervorgehenden von $a(11\bar{2}0)\{10\bar{1}\}\infty P2$, daran Betrachtungen über die Netzdichte im Kalkspath knüpfend: dem Grade der Vollkommenheit der Spaltbarkeit entspricht die Reihenfolge als Ebenen der grössten Netzdichte $r(10\bar{1}1)$, $a(11\bar{2}0)$, $e(01\bar{1}2)$.

[2] CESÀRO (Bull. soc. min. Paris 1886, **9**, 281) hielt für bedeutungsvoll eine Beziehung des Spaltungsrhomboëders zum „Trägheitsmoment", aber — wie SOHNCKE (GROTH's Ztschr. 1888, **14**, 397) und MÜGGE (N. Jahrb. 1888, **2**, 5) betonten, unter Annahme ungenauer Zahlenwerthe. — VIOLA (GROTH's Ztschr. 1902, **36**, 575) brachte die Lage der Spaltungs-Flächen mit den beobachteten Vicinalflächen in Beziehung, und betrachtete als maassgebend für das Krystall-Wachsthum ausser der Cohäsion die „osmotische Kraft".

[3] Durch Aetzung mit sehr schwacher Salzsäure werden Ritze sichtbar, die vor dem Reiben nicht zu sehen waren.

[4] Auch durch Drücken mit einem glatten harten rundlichen Körper.

[5] Die Härte ist an polirten Flächen von der Richtung unabhängig, der Widerstand gegen Abreibung mit Polir-Mitteln grösser als an natürlichen Spaltungs-Flächen. Die an der Oberfläche entstandene dünne Schicht sei durch molekulare Umlagerung in den amorphen Zustand geführt.

[6] BARKER (GROTH's Ztschr. 1908, **45**, 6) fand, dass diese „amorph" gewordene Haut auf der Krystall-Oberfläche in ihrem Verhalten zur Verwachsung mit Natronsalpeter (vgl. S. 2686) sich nicht verändert hat: die parallele Ablagerung der Salpeter-Krystalle ist dieselbe auf geriebenen und nicht geriebenen Theilen der Fläche, was BEILBY bestätigte, übrigens auch die orientirte Ablagerung der Salpeter-Krystalle über anderen „Schutzschichten" an Spaltungs-Stücken von Kalkspath, wie amorphem Calciumcarbonat und Calciumoxalat.

[7] Nach LEHMANN (a. a. O.) hält ein in Metall fest eingeschlossenes Spaltungs-Stück heftige Hammer-Schläge auf dem Ambos aus, ohne zu zerspringen. Nur wird dadurch der zuerst durchsichtige Kalkspath schneeweiss, seine Flächen sind verbogen und von zahlreichen feinen Zwillings-Lamellen nach $-\frac{1}{2}R$ durchzogen.

Beim Durchschlagen elektrischer Funken beobachtete MARANGONI (vgl. S. 2391 u. 2123) in Spaltungs-Lamellen und basischen Platten vier Funken-Richtungen. Erste Bohrung fast parallel einer Polkante von $f(02\bar{2}1)\{11\bar{1}\} - 2R$ mit zwei Sprungflächen, die eine (gestreift, selten glatt) parallel einer Spaltungsfläche r, die andere (stets gestreift durch Stufen der beiden anderen Spaltungsflächen r) parallel der normalen Fläche von $a(11\bar{2}0)\{10\bar{1}\}\infty P2$. Zweite Bohrung parallel einer Rhomboëderkante von r mit zwei glatten Spaltungsflächen, welche die Bohrung durchsetzen. Dritte Bohrung parallel der längeren Diagonale einer Fläche r mit zwei normal zur Bohrung gestreiften Sprungflächen, deren eine einer r-Fläche, die andere einer $e(-\frac{1}{2}R)$-Fläche parallel ist, die sich aus den beiden Spaltungs-Flächen ergiebt. Vierte Bohrung in der Richtung der Hauptaxe mit drei senkrecht dazu durch eine Rhomboëder-Fläche r gestreiften Sprungflächen des Prismas $m(10\bar{1}0)\{2\bar{1}\bar{1}\}\infty R$, welche einen sechsstrahligen Stern bilden.

Gleitflächen-Charakter nach $e(01\bar{1}2)\{110\} - \frac{1}{2}R$. Wie BREWSTER (Edinb. Journ. Sc. 1828, No. 18, 311) bemerkt, hat schon HUYGHENS[1] (Traité de la Lumière, Leide 1690, Cap. 5) im Isländer Doppelspath dünne, zuweilen in lebhaften Farben reflectirende Lamellen nach $e(-\frac{1}{2}R)$ wahrgenommen. Schiebungen nach e wurden zuerst von BREWSTER (a. a. O.; Phil. Trans. 1815, 270; Trans. Edinb. Soc. 1818, **8**, 165; Trans. Geol. Soc. 1821, **5**, 83; Edinb. Encyclop. 1830, **15**, 611) beobachtet und von PFAFF (POGG. Ann. 1859, **107**, 333; **108**, 598) an basischen Kalkspath-Platten Zwillings-Lamellen auch dargestellt,[2] ohne sie indessen zu bemerken. Darauf hat DOVE (POGG. Ann. 1860, **110**, 286) aus der Uebereinstimmung der Abbildungen von PFAFF mit denen von BREWSTER (Treat. Opt. Lond. 1853, 254) für die von einer Zwillings-Lamelle durchzogenen Kalkspath-Platten mitgetheilten geschlossen, dass es vielleicht gelingen möchte, solche Lamellen durch Druck hervorzubringen, — ohne aber solche Versuche anzustellen. Erst REUSCH (Monatsber. Akad. Berlin 1867, 220; 1872, 243; POGG. Ann. 1867, **132**, 441; 1869, **136**, 130. 135. 632; 1872, **147**, 307) gab Methoden zur Darstellung von Zwillings-Lamellen an.

Nach REUSCH (a. a. O.)[3] feilt man an zwei gegenüberliegenden Mittel-

[1] H. ging von der Vorstellung aus, der Kalkspath sei aus kleinsten, regelmässig angeordneten Theilchen von der Form eines abgeplatteten Rotations-Ellipsoids aufgebaut. Wenn die Cohäsion parallel einer Fläche von der Zahl der in ihr liegenden Berührungs-Punkte der Ellipsoide abhänge, und da stärker sei, wo sich zwei von ihnen mit ihren flachen Polen berühren, als wo die Berührung im Aequator stattfindet, so müsse Spaltbarkeit am Leichtesten parallel dem Rhomboëder von 105° stattfinden, schwieriger parallel der Basis und dem nächst stumpferen Rhomboëder.

[2] Bei seinen Untersuchungen über den Einfluss eines einseitigen Druckes auf die optischen Eigenschaften der Krystalle.

[3] REUSCH machte auch auf die Schlagfiguren aufmerksam, die entstehen, wenn man ein zugespitztes Stahlstück (wie den „Körner" der Metallarbeiter) senkrecht auf eine Rhomboëder-Fläche aufsetzt und einen kurzen Schlag giebt. Genauere Beschreibung von G. ROSE (Abh. Akad. Berlin 23. Apr. 1868, 72).

ecken Flächen ab, derart dass sie ungefähr senkrecht auf zwei Spaltungs-Flächen stehen, oder dass man zwei gegenüberliegende Mittelkanten abstumpft. Wird das Stück dann mit den Feilflächen in einer Presse mit parallelen Backen oder in einem Schraubstock einem langsam gesteigerten Drucke ausgesetzt, so sieht man den Krystall ganz oder theilweise von dünnen Lamellen[1] nach $e(-\frac{1}{2}R)$ durchsetzt, die zuweilen zur Orientirung der Spaltbarkeit in ihnen hinreichend dick sind. Oft lösen sich die Lamellen von dem benachbarten, unverändert gebliebenen Theile des Krystalls mit glatten Begrenzungs-Ebenen ab. Einfacher und in grösserem Umfange ausführbar ist Baumhauer's (Groth's Ztschr. 1879, **3**, 588) Methode, dass man ein nach einer Rhomboëderkante säuliges (etwa 6—8 mm langes) Spaltungsstück mit dieser horizontal auf einen Tisch[2] legt, und auf die gegenüber liegende, nach oben gekehrte Kante senkrecht gegen diese die Schneide eines gewöhnlichen Taschenmessers setzt und die Klinge langsam in den Krystall hineindrückt. Durch das eindringende Messer wird dann der Theil des Krystalls verschoben, welcher sich zwischen dem Messer und der nach oben gekehrten Spaltungskante befindet, und zwar parallel der die obere Spaltungskante abstumpfenden Fläche von $e(01\bar{1}2)\{110\}-\frac{1}{2}R$, so dass der verschobene Theil in Zwillings-Stellung nach e zum ursprünglichen Krystall gelangt ist (vgl. Fig. 688 auf S. 2823). Brezina (Verh. geol. Reichsanst. 1880, 45; Groth's Ztschr. 1880, **4**, 518) fand die am einspringenden Winkel des verschobenen Theiles auftretende Begrenzungs-Ebene vollkommen eben und glänzend, wenn es die ursprüngliche Fläche r war, und die Halbirungs-Ebene des Winkels genau in der Richtung der Gleitfläche.

Nach Mügge (N. Jahrb. 1883, **1**, 32. 81; Groth's Ztschr. **9**, 201) kann man aber die Verschiebung eines ganzen Rhomboëders erreichen, wenn man ein Spaltungs-Rhomboëder mit zwei gegenüber liegenden Mittelecken in eine Presse mit parallelen Backen spannt und einem allmählich gesteigerten Druck aussetzt, also in einer zur Hauptaxe senkrechten Richtung. Bei der Verschiebung nach der Gleitfläche bleibt die Grundform des Spaltungs-Rhomboëders sich selbst gleich und erfährt keine Aenderung der krystallographischen Bedeutung ihrer Flächen, obschon dabei ein Paar stumpfer Polkanten in scharfe Randkanten übergeht. Von dem Rhomboëder $-\frac{1}{2}R$ bleibt das der Gleitrichtung (Verschiebung) parallele Flächenpaar unverändert, die beiden anderen werden zweites

[1] Es gelingt sehr leicht, auch nach zwei Flächen $e(-\frac{1}{2}R)$ Zwillings-Lamellen zu erhalten. Dagegen betont G. Rose (vgl. S. 2827 Anm. 3), dass es weder ihm noch Reusch gelungen sei, Lamellen nach allen drei Flächen e zu erhalten. Am Durchschnitt von zwei Lamellen entstehen hohle Canäle. Lamellen kann man nach Reusch auch durch Darstellung der Schlagfigur (vgl. S. 2827 Anm. 3), sowie an 1·5—2 mm dicken Spaltungsplättchen durch blossen Druck mit einem abgerundeten Stahlstift hervorbringen; nach Linck (N. Jahrb. 1883, **1**, 203) entstehen sie auch bei der Herstellung von Dünnschliffen.

[2] Noch bequemer in ein entsprechend ausgehöhltes Stück Kork.

Prisma,[1] resp. gehen in dessen zur Gleitfläche nicht senkrecht stehende Flächenpaare über. Umgekehrt bleibt von diesem Prisma[2] das zur Gleitfläche senkrechte Flächenpaar erhalten, resp. sich selbst parallel, während die beiden anderen Flächenpaare in Flächen $-\frac{1}{2}R$ übergeführt werden. Die ursprüngliche Basis $c(0001)\{111\}oR$ kommt nach der Verschiebung in die Lage von $f(02\bar{2}1)\{11\bar{1}\}-2R$, und umgekehrt geht die der Zone von Basis und thätiger Gleitfläche angehörige Fläche[3] von $-2R$ nach der Verschiebung in die Lage der Basis über; die anderen beiden Flächenpaare erscheinen wieder als Flächen von $-2R$. „Structurflächen" in dem Sinne, dass parallel ihnen „eine Trennung, Verschiebung oder Drehung der kleinsten Theilchen besonders leicht stattfindet", sind also nach Mügge $-\frac{1}{2}R$, $\infty P2$, $-2R$ und $0R$ (vgl. auch S. 2826 Anm. 1). Mathematische Behandlung[4] der „homogenen Deformationen", resp. „einfachen Schiebungen" von Liebisch (Nachr. Ges. Wiss. Göttg. 1887, No. 15, 435; N. Jahrb. 1888, Beil.-Bd. **6**, 105; Groth's Ztschr. 1889, **17**, 305; phys. Kryst. 1891, 60. 104. 116; Grundr. phys. Kryst. 1896, 449). Voigt

[1] Und nehmen den Charakter als „Reissflächen" an; eine Verschiebung parallel ihren Ebenen ist nicht mehr möglich. Eine Trennung nach solchen Reissflächen erfolgt beim Pressen von Spaltungs-Stücken zwischen zwei Polkanten. Andererseits kann man eine glänzende Gleitfläche nach $-\frac{1}{2}R$ abtrennen, wenn man in einen nach der Baumhauer'schen Methode (vgl. S. 2828) hervorgebrachten Zwilling ein scharfes Messer in die einspringende Kante der beiden Spaltungs-Flächen setzt und einpresst.

[2] Wenn man ein Spaltungs-Stück nach einer „Reissfläche" zerlegt, vgl. oben Anm. 1.

[3] Lamellen nach $-2R$ wurden zuerst von Haidinger (Pogg. Ann. 1844, **63**, 153) an Dolomit aus dem Zillerthal und später von Tschermak (Min. Mitth. N. F. 1882, **4**, 108) an „sehr vielen derb auftretenden Dolomiten" beobachtet.

[4] Diese erweist das Spaltungs-Rhomboëder r als „die einzige einfache Krystallform, welche durch die Deformation keine Aenderung der krystallographischen Bedeutung ihrer Flächen erfährt". Ferner betont Liebisch (phys. Kryst. 1891, 117; 1896, 452), es sei „trefflich geeignet, die Schnittcurven seiner Flächen mit dem Deformations-Ellipsoid darzustellen". Zu dem Zwecke ritzt man in eine Spaltungsfläche einen Kreis und deformirt das Rhomboëder dann nach dem Verfahren von Baumhauer oder Mügge (vgl. S. 2828) derart, dass die geritzte Fläche nicht der Gleitfläche gegenüber liegt. Dabei geht der Kreis in eine Ellipse über, deren Halbaxen nach den Diagonalen der Rhomboëder-Fläche gerichtet sind. Aus dem ebenen Winkel von 101° 55′ der Kanten (vgl. S. 2809) folgt das Verhältnis der Ellipsen-Halbaxen (tang 50° 57½′ : cot 50° 57½′ =) 1·233 : 0·811. Diesen Versuch an sich hat schon Baumhauer (Groth's Ztschr. **3**, 588) angegeben und richtig beobachtet, aber ohne daraus auf das der Deformation zu Grunde liegende Gesetz zu schliessen. Ferner ergiebt sich das Verhältnis der Schiebung (σ) aus der Cotangente des halben spitzen Winkels der Kreisschnitt-Ebenen des Deformations-Ellipsoids, also des Winkels einer Gleitfläche und der gegenüberliegenden Fläche des Spaltungs-Rhomboëders 70° 51′ 48″, also $\sigma = \cot 35° 25' 54'' = 1{\cdot}40549$, und weiter die Grösse der Schiebung $s = \sigma - \frac{1}{\sigma} = 0{\cdot}693395$. Weiteres vgl. beim „Raumgitter" des Kalkspaths unter „Historisches".

(Nachr. Ges. Wiss. Göttg. 1889, 512; Ann. Phys. 1890, **39**, 432; GROTH's Ztschr. 1891, **19**, 485; N. Jahrb. 1892, **1**, 5) über den Zusammenhang der Gleitflächen mit den Elasticitäts-Verhältnissen, und (Ges. Wiss. Göttg. 1898, 146; GROTH's Ztschr. **32**, 206) über die Grösse der Spannungen und Deformationen, bei denen Gleitschichten im Kalkspath entstehen. Theoretische Beiträge[1] auch von WM. THOMSON (Proc. Roy. Soc. Edinb. 1888—89, **16**, 693; GROTH's Ztschr. **20**, 507), FEDOROW (GROTH's Ztschr. 1896, **27**, 392) und BARLOW (ebenda 1898, **29**, 547).

WERNADSKY (Trav. Univ. Moscou 1897, **13**, 1; GROTH's Ztschr. 1899, **31**, 521) versuchte die Kraft zu bestimmen, welcher eine gewisse Menge der Kalkspath-Substanz zur Gleitung bedarf und fand, dass 1 kg Belastung 0·4377 ccm der Substanz gleiten lässt. Auch gelang es, durch unregelmässige Erhitzung sehr deutliche Zwillings-Lamellen zu erhalten;[2] sehr oft verschwinden diese Lamellen wieder bei der Abkühlung. Nach WERNADSKY existiren ausser den dreierlei Bruchflächen[3] nach (0001), $(01\bar{1}2)$ und $(11\bar{2}0)$ noch solche nach einem nicht genau bestimmbaren negativen Rhomboëder (nur in oberflächlichen Schichten des Krystalls).

Umformung unter allseitigem Druck von RINNE (N. Jahrb. 1903, **1**, 160) ausgeführt in einem Cylinder aus nahtlosem Kupferrohr unter einer Pressung von 15000—19000 kg.[4] An Spaltungs-Stücken wurden „weitgehendste“ Formveränderungen erzielt, unter Verlust der vorher vorhandenen einheitlichen krystallographischen Orientirung. Gelegentlich fand völlige Auswalzung, Zerquetschung in einzelne Theilstücke statt. Andererseits liessen sich auch vorher getrennte Krystalle fest in einander drücken. Die vorher klaren Krystalle waren weiss und ganz undurchsichtig geworden. Marmor-Säulen zeigten bei der Pressung ähnliche Deformationen, besonders kräftige Stauchungs-Erscheinungen: in den Körnern meist nur Zwillings-Lamellen nach einer von den drei mög-

---

[1] Weder die Beobachtungen noch die Betrachtungen von CESÀRO (Bull. soc. min. Paris 1886, **9**, 222. 240; 1890, **13**, 192; Ann. soc. géol. Belg. 1890, **17**, 341; GROTH's Ztschr. **14**, 280; **21**, 273. 303) bieten etwas Neues.

[2] Die Bildung der Lamellen ist sogleich zu bemerken, wenn man einen auf eine Guttapercha-Platte gelegten Krystall mit einem erwärmten Messer oder Platindraht parallel der langen Diagonale der Rhomboëder-Fläche berührt. Auf vier Flächen des Rhomboëders erscheint eine Linie und parallel der Lamelle im Inneren ein Lichtreflex.

[3] Besonders bei denen nach (0001) kommt oft eine eigenthümliche Erscheinung zu Stande. Bei der Schiebung nach allen drei Gleitflächen $-\frac{1}{2}R$ in der Richtung nach demselben Punkte (der Polecke des Rhomboëders) hin wird ein System von Canälen (vgl. auch S. 2828 Anm. 1) senkrecht zur Axe erhalten. Wenn aber die Schiebung auch nach drei Gleitflächen, jedoch in verschiedenen Richtungen stattfindet (theils nach der Polecke hin, theils von ihr weg), so findet neben der Bildung derselben Canäle eine Drehung der von der Polecke und der Basis gebildeten Pyramide um die Verticalaxe statt, wie oft an Krystallen von der Krim, von Auerbach u. a. zu beobachten ist.

[4] Pressen von 15000 kg einem Druck von 1875 kg/qcm entsprechend.

lichen Richtungen von $e(-\frac{1}{2}R)$. Jedoch betont RINNE, dass „bei diesen Versuchen die Bedingungen rein plastischer Umgestaltung trotz der allseitigen Umschliessung nicht erreicht waren“.[1] KICK (Ztschr. Ver. deutsch. Ingen. 1892, **36**, 910) hatte an gepressten Marmor-Kugeln rotationsellipsoidische Umgestaltungen erzielt, ADAMS u. NICOLSON (Proc. Roy. Soc. Lond. 1900, **67**, 228; Phil. Trans. Roy. Soc. 1901, **195**, 363; GROTH's Ztschr. 1901, **36**, 82; N. Jahrb. 1902, **2**, 252) aus sauber abgeschliffenen Marmor-Cylindern schlank tonnenförmige Druckpräparate.

Blosse Translationen sind nach MÜGGE (N. Jahrb. 1898, **1**, 119; GROTH's Ztschr. **33**, 172) noch nicht erwiesen.[2] Wenn man Spaltungs-Stücke so in die Presse bringt, als wollte man einfache Schiebung nach der langen Kante des Stückes bewirken, so gelingt dies gewöhnlich nicht, dagegen entstehen allerdings leicht noch einfache Schiebungen nach den kürzeren Kanten, wenn das Stück (wie es häufig vorkommt) sich etwas seitlich neigt. Verhindert man das, so tritt bei gesteigertem Druck ziemlich plötzlich eine Knickung des ganzen Stückes ein; der Winkel des Knickes geht bis etwa 25°. Die Stücke sind durch und durch feinfaserig geworden parallel der Diagonalen der oberen und unteren Spaltungs-Fläche. An kleineren Stücken kann ebenfalls eine Biegung durch stärkeres Pressen gegen weiches Holz erzeugt werden. Unentschieden bleibt aber, ob diese Biegung durch Translation längs $e(01\bar{1}2)$, oder lediglich durch Zerfall in feine Zwillings-Lamellen nach e ermöglicht wird. Grosse Aehnlichkeit hat ferner nach MÜGGE mit diesem Versuch der Vorgang bei

Entstehung der **Schlagfigur** (Fig. 690), wo statt des Druckes der kurze Schlag auf eine Spaltungs-Fläche eine Umstellung der Theilchen in Zwillings-Stellung bewirkt, und zwar auch hier unter Krümmung der Lamellen[3] um die lange Kante der Schlagfigur, die an sich schon von REUSCH und G. ROSE (vgl. S. 2827 Anm. 3) beschrieben wurde. ROSE er-

---

[1] Jedoch könne es nach den Beobachtungen und Erörterungen von A. HEIM (Mechan. Gebirgsbildung 1878) und einer Abhandlung von O. MOHR (Ztschr. Ver. deutsch. Ingenieure 1900, **44**, 1524. 1572) wohl nicht zweifelhaft erscheinen, dass plastische Umformungen bei Kalkspath (oder anderen beliebigen Mineralien) unter allseitigem hohem Druck möglich sind. Später wies RINNE beim Carnallit (vgl. S. 2364) auf dessen Aehnlichkeit mit dem Kalkspath bezüglich der Umformbarkeit hin, im Gegensatz zum plastischen Steinsalz.

[2] Jedoch könnte das Merkmal der Flächenstreifung unter der Zwillingsstreifung aller gepressten Stücke nach $e(-\frac{1}{2}R)$ leicht verborgen bleiben, wenn gerade diese Fläche gleichzeitig Translations-Ebene wäre. Indirecte Anzeichen für Translations-Fähigkeit, nämlich starke Verbiegungen, seien aber gar nicht selten, besonders an polysynthetisch verzwillingten späthigen Massen.

[3] Weil der Raum für die Umlagerung fehlt, denn die feinen Lamellen durchsetzen den Krystall ja nur etwa bis zu derselben Tiefe wie der Metallstift. Beim Abbrechen (mit einer Nadel) des kleinen, von Lamellen durchsetzten Dreiecks nach der langen Kante, zeigt sich die etwa frei gelegte Gleitfläche gekrümmt und ebenso die beiden Spaltungs-Flächen.

kannte, dass „die horizontal gestreiften Flächen bestehen aus den Enden lauter Zwillings-Lamellen, die parallel den Endkanten des Rhomboëders liegen, auf der oberen Fläche parallel der Endkante *cd'*, auf der unteren parallel der Endkante *cd"*. Die gleichen Schenkel des Dreiecks entsprechen zwei Spaltungs-Richtungen, die sich auch über den Ansatzpunkt hinaus nach beiden Seiten fortsetzen. Dass die schon von REUSCH hervorgehobene Orientirung der Schlagfigur immer der stumpfen Polkante des Rhomboëders zugewendet ist, folgt nach MÜGGE einfach aus der Lage der Gleitfläche zur geschlagenen Spaltungs-Fläche und der Schlagrichtung. Denn wenn man sich den Kalkspath aus feinen (nicht in Zwillings-Lage befindlichen, sondern parallelen) Lamellen nach $e(01\bar{1}2)$ bestehend denkt, welche befähigt sind, Biegung um die lange Diagonale von $e(01\bar{1}2)$ einzugehen, so sind die Chancen für die Umbiegung der Lamellen im Sinne der thatsächlichen Schlagfigur weitaus grösser, als im umgekehrten Sinne.

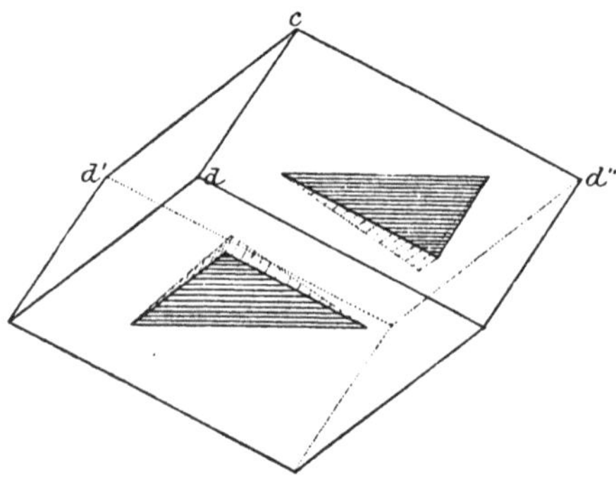

Fig. 690. Schlagfigur auf Kalkspath nach G. ROSE.

Nach G. ROSE (Abh. Ak. Wiss. Berl. 1868, 73) erhält man dieselben Figuren, wie durch den Schlag auf den Körner, wenn man den Kalkspath auf einer Spaltungs-Fläche in der Richtung der schiefen Diagonale von der Seitenecke zur Endecke mit der Spitze eines Messers ritzt; und zwar vom Ansehen einer Reihe hinter einander liegender Schlagfiguren. Dagegen zeigt beim Ritzen in entgegengesetzter Richtung[1] die geritzte Fläche nur leise Risse der gegen sie geneigten Spaltungs-Flächen.

Die durch Eindrücken einer feinen Nadel auf $c(0001)\{111\}oR$ gebildete Schlagfigur zeigt Zwillings-Lamellen nach allen drei Flächen von $e(01\bar{1}2)\{110\} - \frac{1}{2}R$, und ist dreistrahlig[2] durch Risse nach $a(11\bar{2}0)\{10\bar{1}\}$ $\infty P2$. Auf der Prismenfläche $m(10\bar{1}0)\{2\bar{1}\bar{1}\}\infty R$ erhält man eine „fünfstrahlige" Schlagfigur mit einem Strahl (nach rechts und links) parallel (0001), einem dazu senkrecht parallel $(11\bar{2}0)$ und dazwischen je einem parallel den Spaltungs-Flächen.

[1] Auch die Härte in diesen beiden Richtungen ist merklich verschieden, in der zweiten grösser als in der zuerst angeführten.

[2] Die von REUSCH (POGG. Ann. 1869, **136**, 133) angegebenen Schneeflockenartigen Sechsecke erklärt MÜGGE (N. Jahrb. 1898, **1**, 122) durch die in geringem Grade auch erfolgende Umbiegung von Lamellen in den Richtungen vom Mittelpunkt der Figur nach deren Ecken.

Nach WERNADSKY kann man die Schlagfiguren auch durch unregelmässige Erhitzung (vgl. S. 2830 Anm. 2) hervorbringen; nach einigen Tagen verschwinden sie wieder (wie die Zwillings-Lamellen).

Die als **Abreissungs-Figuren** von SAMOJLOFF (GROTH's Ztschr. 1903, **39**, 19) beschriebenen, auf angeschliffenen Basisflächen beobachteten Grübchen (gleichschenkelige Dreiecke) entstehen nach MÜGGE (Centralbl. Min. 1904, 405; GROTH's Ztschr. **42**, 620) leicht beim Reiben etc., und zwar wesentlich durch Umlagerung kleiner, der Basisfläche anliegender Theile nach einer Gleitfläche, wodurch die Basis in eine nach $-\frac{1}{2}R$ in Zwillings-Stellung befindliche Fläche $-2R$ übergeht, zur ursprünglichen Basis 10° 37′ geneigt (vgl. S. 2829). Je nach der Heftigkeit des Reibens wechselt die krystallographische Begrenzung der Grübchen etwas.

Auch die **hohlen Canäle** sind eine Folge-Erscheinung des Gleitflächen-Charakters, wie schon S. 2828 Anm. 1 (vgl. auch S. 2830 Anm. 3) erwähnt. BREWSTER (Rep. 14. meeting Brit. Assoc. York 1844, 9; Phil. Mag. 1848, **33**, 489) giebt die Lage der „tubes“ parallel einer bestimmten Kante des Spaltungs-Rhomboëders an, oft in solcher Menge, dass mehrere Tausend auf einen Zoll gehen. STONEY (Trans. Roy. Irish Acad. **24**, part 1, 31) nennt sie „striae or fibres“, unregelmässig im Krystall zerstreut, in Gruppen oder einzeln, aber immer hinreichend getrennt, um eine merkliche Verminderung der Durchsichtigkeit des Krystalls zu verhindern. PLÜCKER [1] (Verh. naturhist. Ver. Rheinl. Folge 3, Jahrg. 2, Sitzungsber. 10) suchte zu beweisen, dass die Canäle parallel einer Kantenrichtung des Rhomboëders gehen und cylindrisch sind, und zwar (a. a. O. Sitzungsber. 100) „gewöhnlich nahe zu einer Ebene liegen, die eine stumpfe Kante des Hauptrhomboëders fortnimmt“, aber nur nach einer einzigen der drei Kanten-Richtungen des Rhomboëders. Stets wurden bis dahin nur die von diesen Canälen gezeigten optischen Erscheinungen beschrieben.

G. ROSE (vgl. unten Anm. 1) betonte, dass die Canäle „offenbar eine Folge der Krystallisation sind“, und „immer in Folge einer Zwillings-Verwachsung entstehen“.[2] Sie finden sich (a. a. O. 65) stets auf Lamellen nach $-\frac{1}{2}R$, nie anders, haben aber hier zweierlei Lagen“. Entweder nur in einer Zwillings-Lamelle, und in einer Richtung, die parallel der horizontalen Diagonale einer der Flächen des Spaltungs-Rhomboëders geht, oder parallel den Kanten dieses Rhomboëders, nämlich in der Durchschnittslinie von zwei Zwillings-Lamellen.

Canäle der ersten Art entstehen immer da, wo eine, einer bestimmten Endkante des Spaltungs-Rhomboëders parallele Zwillings-Lamelle nicht von einer Rhomboëder-Fläche bis zu der ihr parallelen so ungestört

---

[1] Citirt von G. ROSE (Abh. Akad. Wiss. Berlin 23. April 1868, 57).

[2] „Und zwar derjenigen, die bei dem derben Kalkspath so häufig vorkommt und bei welcher die Zwillings-Ebene parallel ist der Fläche des ersten stumpferen Rhomboëders von dem Spaltungs-Rhomboëder.“

fortsetzt, wie in Fig. 691 dargestellt ist, sondern vorher aufhört, aber eine andere, ihr parallele in einer geringen Entfernung von der Endkante da anfängt, wo die erste aufhört, vgl. Fig. 692. Während in Fig. 691 die von $fgf'g'$ und $h'i'hi$ begrenzte Lamelle $f'i'$ ungestört durchgeht, hört sie in Fig. 692 schon vorher bei kl auf, wenn wir uns den Anfang wieder bei $fgh'i'$ an der hinteren Rhomboëder-Fläche denken. Durch das Hinzutreten einer anderen Lamelle mg' bildet sich nun ein hohler Canal $klnm$, dessen Wände aus Spaltungs-Flächen der Zwillings-Lamellen und des Rhomboëders bestehen, und dessen Lage, wie seine Seitenkanten (z. B. kl oder mn) der horizontalen Diagonale der nach vorn gekehrten

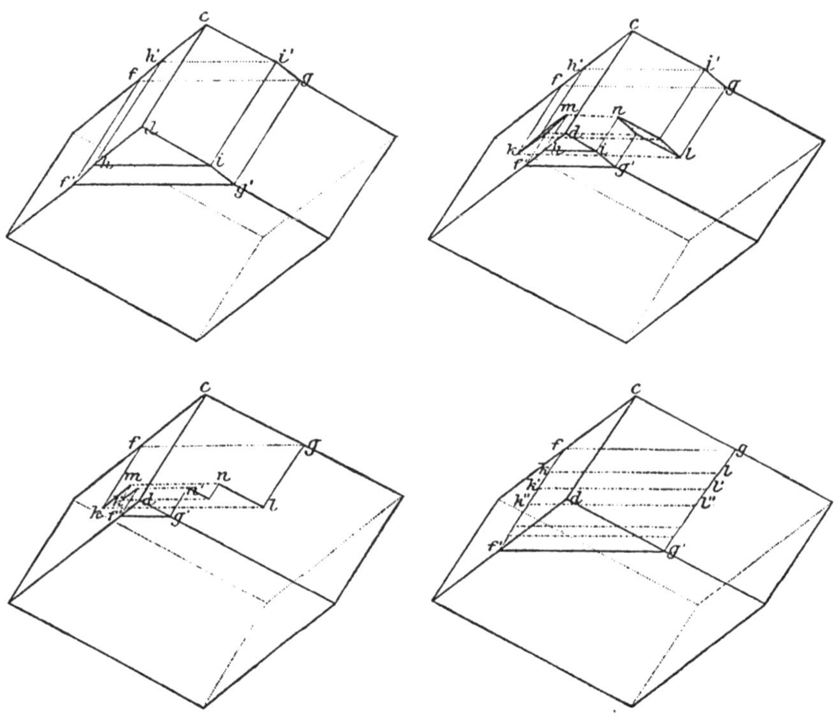

Fig. 691—694. Zur Erklärung der hohlen Canäle (erster Art) nach G. Rose.

Rhomboëder-Fläche parallel gehen. Der Canal hat also die Form eines rhomboëdrischen, eventuell rhombischen Prismas von 38° 15′ (und 141° 45′), mit schiefen, auf den scharfen Seitenkanten schief aufgesetzten und an den verschiedenen Enden in entgegengesetzter Richtung liegenden Endflächen unter 74° 55′ (und 105° 5′). Ist die Zwillings-Lamelle ganz dünn, wie fl in Fig. 693, und ebenso die beiden in ihrer Richtung und der Endkante cd näher liegenden Lamellen $k'n'$ und $f'n'$, so werden die Canäle kn und $k'n'$ ganz schmal; und wenn, wie in Fig. 694 die Lamellen fl, kl', $k'l''$ u. s. f. ganz nahe an einander rücken, so erscheinen die Canäle kl, $k'l'$, $k''l''$ u. s. f. nur wie feine Linien. In diesem Falle bilden also die Zwillings-Lamellen nie eine ebene ununterbrochene Fläche, und ihre Seiten auf den Rhomboëder-Flächen nie ganz gerade, ununterbrochene Linien, wenn auch Beides oft wohl so erscheint bei der Feinheit der Lamellen und ihrer geringen Entfernung von einander.

Canäle (der zweiten Art) parallel einer Kante („Seiteneckenaxe" Rose) des Spaltungs-Rhomboëders entstehen durch das Vorkommen von zwei Zwillings-Lamellen, die verschiedenen Endkanten parallel gehen. Der Canal bildet sich in der Durchschnitts-Linie der Lamellen, „die

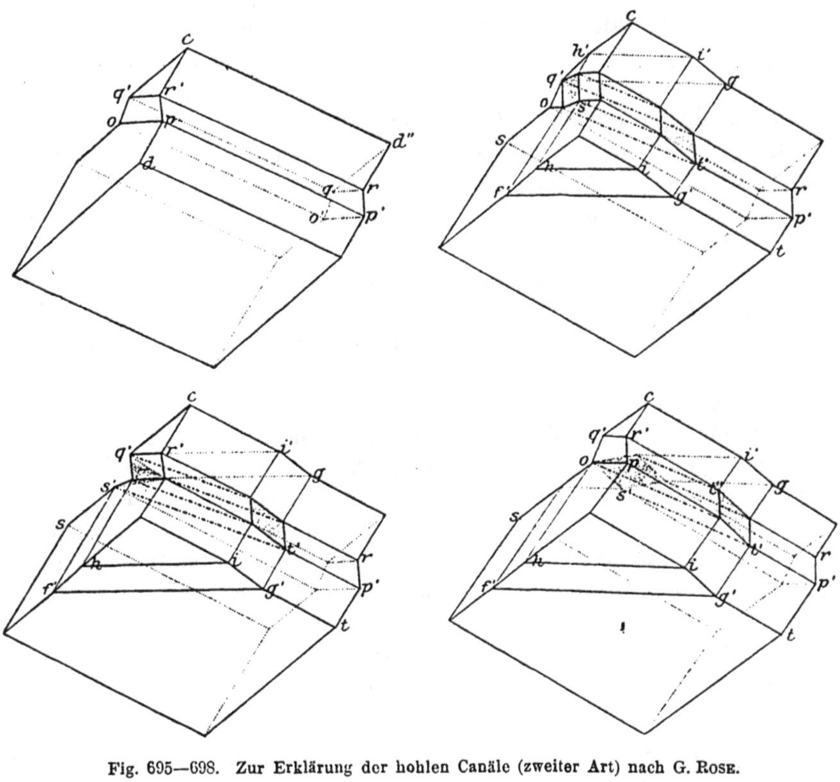

Fig. 695—698. Zur Erklärung der hohlen Canäle (zweiter Art) nach G. Rose.

einer Kante des ersten stumpfen Rhomboëders oder einer Seiteneckenaxe des Hauptrhomboëders parallel geht", d. h. wenn in einem und demselben Rhomboëder die in Fig. 691 (auf S. 2834) gezeichnete, der Kante cd parallele Lamelle $f'i'$ und die in Fig. 695 der Kante cd'' parallele $p'q'$ vorkommen, wie in den Fig. 696—698 dargestellt ist. Die unteren Flächen der Lamellen stossen in der Linie $s't'$ zusammen, die der „Seiteneckenaxe" st des Spaltungs-Rhomboëders parallel ist. Die Lamellen sind in den Fig. 696—698 von gleicher Dicke genommen, aber in Fig. 697 in gleicher, in Fig. 696 u. 698 in ungleicher Entfernung von der Seitenecke *t*, die erste Lamelle in Fig. 696 etwas höher, in Fig. 698 etwas tiefer als die andere angesetzt. In Fig. 697 stösst der Canal gerade auf die hintere Endkante des Rhomboëders und bewirkt eine Einkerbung, deren oberer Theil dem oberen Theile der vorderen Mündung parallel ist, während der untere Theil eine entgegengesetzte Lage hat; die oberen Kanten der Mündung gehen daher den Endkanten *i g* und *r p'* der ersten und zweiten Lamelle parallel. In Fig. 696 liegt die Mündung des Canals auf der vorderen linken, in Fig. 698 auf der hinteren Rhomboëder-Fläche. Der hohle Canal ist fast genau ein quadratisches Prisma, dessen Kanten 89° 55' und 90° 5' betragen. In Wirklichkeit erscheinen die Canäle gewöhnlich nur als feine Linien, selten von einiger Breite.[1]

Bruch ausgezeichnet muschelig, aber sehr selten wahrnehmbar wegen der ihn störenden vollkommenen Spaltbarkeit. Spröde.

Härte 3;[2] aber etwas verschieden, je nach der Richtung zu den Spaltungs- und Gleitflächen. Die Verschiedenheit schon von Frankenheim (Inaug.-Diss. „de cohaesione" Breslau 1829; Baumg. u. Ettingsh. Ztschr. Phys. Math. 1831), Seebeck (Progr. Cöln. Realgymnas. Berlin 1833), Franz (Inaug.-Diss. „de lapidum duritate" Bonn 1850; Pogg. Ann. 1850, **80**, 37), und besonders Grailich u. Pekárek (Sitzb. Ak. Wiss. Wien 1854, **13**, 410) constatirt, deren Beobachtungen aber bedeutende Unregelmässigkeiten und Abweichungen unter einander aufweisen. Exner (Härte, Wien 1873, 48) bestätigte, wie „ungünstig" Kalkspath „zu Härte-Beobachtungen ist", und betonte als „von besonderem Interesse" die Beobachtungen von Grailich und Pekárek auf der basischen Endfläche, deren Härtecurve in ihrer Form ganz analog ist denen auf Oktaëder-Flächen an Steinsalz (vgl. S. 2129) und Fluorit (S. 2391), „eine Curve mit drei ausgezeichneten Richtungen in den Winkelhalbirenden und drei Richtungen von mittleren Werthen parallel den Dreieckseiten", begründet durch die Lage der Spaltungs-Ebenen. Exner selbst untersuchte nur Rhomboëder-Flächen und fand (wie Grailich u. Pekárek)[3] die Minimal-Richtungen der mittleren Härte parallel den Kanten des Rhomboëders,

---

[1] G. Rose betont auch den Unterschied der oben näher beschriebenen hohlen Canäle von anderen Hohlräumen regelmässig rhomboëdrischer Form, deren Flächen den Spaltungs-Flächen parallel gehen. Solche in allen auf nassem Wege gebildeten Krystallen (wie Steinsalz, Gyps, Bergkrystall) vorkommende Höhlungen (auch in grosser Menge im Isländer Doppelspath) sind ursprüngliche, bei der Bildung der Krystalle entstandene.

[2] Fluorit-Härte 4 hat nach Götzen (Paneb. riv. min. Ital. 1901, **26**, 35; Groth's Ztschr. **37**, 399) der Muschelmarmor (Lumachell) von Bleiberg und der Pelagosit (vgl. dort).

[3] Die Versuche von G. u. P. wurden von Cesàro (Ann. Soc. géol. Belg. 1888, **15**, 204; Groth's Ztschr. 1890, **18**, 530) zur Construction der Inversen der Härtecurven (vgl. S. 2129 Anm. 3) benutzt.

die Maximal-Richtungen „ungefähr“ in den Lagen der Diagonalen; Maxima und Minima „je vier, wovon zwei und zwei mit entgegengesetztem Sinne in dieselbe Richtung fallen“. „In Bezug auf die Unterschiede im positiven und negativen Sinne einer jeden Richtung lässt sich nur so viel mit Sicherheit sagen, dass parallel den Kanten der Rhomboëder-Flächen dem Weg von der stumpfen zur spitzen Ecke stets ein geringerer Werth zukommt, als dem entgegengesetzten“.[1]

Die vorstehenden Härte-Bestimmungen wurden alle mit Ritzen ausgeführt. Eine „absolute Härte“ glaubte PFAFF (Sitzber. Bayr. Ak. Wiss. München 1883, 55. 372; GROTH's Ztschr. 1885, **10**, 528) durch Wägung des mit einer meisselförmigen Diamantschneide abgehobelten Pulvers bestimmen zu können, wobei die Härte des Talks auf seiner Spaltungs-Fläche als Einheit genommen wird. So fand PFAFF die Härte des Kalkspaths auf der Basis zu 1·01, auf der Fläche des Spaltungs-Rhomboëders parallel der längeren Diagonale zu 2·7 und der kürzeren 5·0, auf dem Prisma $m(10\bar{1}0)$ in horizontaler Richtung 11·2 und in verticaler 64·0. Ferner auf der Rhomboëder-Fläche mehrerer Krystalle im Mittel folgende Werthe: parallel der Poldiagonale abwärts 27·5 und aufwärts 0·65, parallel der Querdiagonale 3·2, parallel der Kante abwärts 34·3 und aufwärts 1·3. Ferner lieferte die als gleichseitiges Dreieck angeschliffene Basis die Werthe: senkrecht von einer Seite zum Winkel 4 und in entgegengesetzter Richtung 0·5, parallel den Seiten 0·7, unter 15° zur Höhenlinie des Dreiecks 2·8 und entgegengesetzt 0·9. Auf dem Prisma erster Ordnung parallel der Hauptaxe abwärts 22 und aufwärts 45·8, parallel der Spaltungs-Richtung abwärts 36·6 und aufwärts 50, senkrecht zur Hauptaxe 61. Nach vorstehenden Angaben erhält man auf der Fläche des Spaltungs-Rhomboëders eine Härtecurve, deren Obertheil nahe der Mitte bleibt, während die untere Hälfte sich in drei grossen Lappen ziemlich weit von ihr entfernt. Die Curve auf der Basis bildet drei, 120° von einander abstehende, lange lanzettliche Blätter mit kleinen zwischenliegenden Zacken; auf der Prismenfläche eine breite Herzform, deren Oberseite nahezu elliptisch ist. Mit seinem „Mesosklerometer“ bestimmte PFAFF (Sitzber. phys.-med. Soc. Erlangen Juli 1883; GROTH's Ztschr. **10**, 531) die „mittlere Härte“ (durch Einbohren einer rotirenden Diamantschneide in eine Fläche) auf der Basis zu 3, auf $r(10\bar{1}1)$ zu 8, auf $m(10\bar{1}0)$ zu 27.

JAGGAR (GROTH's Ztschr. 1897, **29**, 273) bestimmte mit seinem „Mikrosklerometer“ (vgl. S. 1743 u. 2391 Anm. 2) die Härte auf $r(10\bar{1}1)$ zu 50, und bestätigte die schon von FRANZ (vgl. S. 2836) beobachtete Thatsache, dass im Azimuth der kurzen Diagonale die beiden entgegengesetzten Richtungen einem Maximum und einem Minimum der Härte entsprechen.

---

[1] Ueber das Verhalten parallel der Symmetrieebene auf einer Spaltungs-Fläche („in der Richtung der schiefen Diagonale“) nach G. ROSE vgl. S. 2832 Anm. 1.

Nach Mügge (N. Jahrb. 1898, **1**, 123) scheinen die Unterschiede der Ritzbarkeit[1] auf *e*(01$\bar{1}$2) und *r*(10$\bar{1}$1) „wesentlich durch die einfachen Schiebungen (vgl. S. 2831) nach den Gleitflächen bedingt zu sein".

Für die Bestimmung in „absolutem Maasse" (vgl. S. 1275 u. 1743) fand Auerbach (Wiedem. Ann. Phys. Chem. 1896, **58**, 380; Groth's Ztschr. 1898, **30**, 623) die Härte[2] senkrecht zu *r*(10$\bar{1}$1) zu 92.[3]

Einen weiteren Vergleich mit der alten Mohs'schen Scala gestatteten die (für die Grade 3·9) von Kip (Am. Journ. Sc. 1911, **31**, 97; Groth's Ztschr. 1913, **53**, 626) gegebenen Zahlen.[4]

Egon Müller (Inaug.-Diss. Jena 1906; Groth's Ztschr. 1908, **46**, 310) bestätigte den von Exner (vgl. S. 2836) betonten Einfluss der Spaltbarkeit auf die Härte, fand aber mit seiner Methode[5] in der Form der Härte-Curven wesentliche Abweichungen von den Resultaten der früheren Autoren. Auf der Spaltungsfläche *r*(10$\bar{1}$1) nach Müller das absolute Maximum in der Richtung der Poldiagonale nach abwärts, das absolute Minimum parallel der Rhomboëderkante aufwärts, ein Mittelwerth in der Richtung der langen Diagonale. Auf der angeschliffenen Basis drei gleiche absolute Maxima in der Richtung der Winkelhalbirenden, und zwar von der Dreieckseite gegen die Spitze hin; drei gleiche absolute Minima in der den Maximis entgegengesetzten Richtung; gleiche Mittelwerthe parallel den Dreieckseiten. Auf der angeschliffenen Prismenfläche *m*(10$\bar{1}$0) parallel der Hauptaxe nach abwärts das absolute Maximum; zwei relative Maxima parallel der Basiskante einander gleich und entgegengesetzt; vier gleiche Minima in den Richtungen parallel der Spaltbarkeit.

Relative Zahlenwerthe gewann Rosiwal (Verh. geol. Reichsanst. 1896, **17**, 475; N. Jahrb. 1897, **2**, 282) durch Zerreiben mit einer Vergleichs-Substanz (Korund, vgl. S. 1743). Der aus dem Gewichts- berechnete Volum-Verlust liefert den reciproken Werth der relativen Härte: 2·68 auf *r*(10$\bar{1}$1), 5·92 auf *c*(0001), 6·02 auf *m*(10$\bar{1}$0), 6·94 auf *a*(11$\bar{2}$0); für Carrara-Marmor 3·91.

Den „relativen Abnutzungs-Widerstand" bestimmte Holmquist (Geol. Fören. Förh. Stockh. 1911, **33**, 281; N. Jahrb. 1912, **2**, 5; Groth's Ztschr.

[1] Schon Huyghens (vgl. S. 2827 Anm. 1) bemerkte, dass man leicht an einem Spaltungs-Rhomboëder durch Abschaben einer Kante mit dem Messer eine Fläche *e*(01$\bar{1}$2) erzeugen kann, wenn man es von der spitzen Randecke zur stumpfen Polecke bewegt, aber nicht bei entgegengesetzter Führung.

[2] „Diejenige Eindringungs-Beanspruchung, bei welcher bei spröden Körpern Trennung der Theile und an welche bei plastischen Körpern stetige Anpassung stattfindet". — Die „Plasticität" in jenem Sinne ist offenbar eine Folge der Verschiebbarkeit nach Gleitflächen, resp. Translations-Flächen.

[3] Früher (Wied. Ann. 1892, **45**, 262; Groth's Ztschr. **23**, 620) zu 96.

[4] Kalkspath 1887, Fluorit 3505, Apatit 5035, Korund 24289; nach einer neuen Methode (Am. Journ. Sc. 1907, **24**, 23) gewonnen.

[5] Als relative Härte eine Zahl umgekehrt proportional dem aus einem Krystall durch ein schnell rotirendes Metallrädchen herausgearbeiteten Volumen.

1915, **55**, 98) durch Abschleifen auf einer Vergleichsplatte[1] mit feinem Carborundum-Pulver als reciproken Quotienten der aus Gewichts-Verlust und Dichte berechneten Volum-Verluste beider Platten: 22·8 auf $r(10\bar{1}1)$, 53·0 auf $c(0001)$, 78·4 auf $m(10\bar{1}0)$, 101·0 auf $a(11\bar{2}0)$.

Dichte 2·6—2·8,[2] reine Krystalle 2·71—2·72. Schrauf (Groth's Ztschr. 1885, **11**, 9) fand an zwei Doppelspath-Prismen: 2·71247 bei 5·21° und 2·71838 bei 23·56°, sowie am zweiten Prisma 2·71407 bei 7·92° und 2·71969 bei 22·81° C. Nach V. Goldschmidt (Verh. geol. Reichsanst. 1886, 439; Annal. naturhist. Hofmus. **1**, 127; Groth's Ztschr. 1887, **13**, 634) „der Wahrheit genäherter Werth" 2·713 an Material von Island.[3]

Optisch negativ. Doppelbrechung sehr stark (daher der Name Doppelspath); Lichtbrechung[4] verhältnismässig schwach.

Brechungsquotienten genauer zuerst von Rudberg[5] (Pogg. Ann. 1828, **14**, 53) bestimmt,[6] an einem der Axe parallelen Prisma bei 17·75° C. für die

Linie	ω	ε	Linie	ω	ε
B	1·65308	1·48391	*F*	1·66802	1·49075
C	1·65452	1·48455	*G*	1·67617	1·49453
D	1·65850	1·48635	*H*	1·68330	1·49780
E	1·66360	1·48868			

Aus Rudberg's Messungen folgen nach Stokes (Groth's Ztschr. **3**, 318) für das durch ein Kalkspath-Spaltungsstück[7] erzeugte ungewöhn-

[1] Diese aus benachbarten Mineralien der Härteskala hergestellt.

[2] Aeltere Angaben schwanken nach den Zusammenstellungen bei Websky (Mineralspecies, Breslau 1868, 18—55) sogar zwischen 2·25 und 2·84.

[3] Rathhausberg, Gastein (?) 2·733; Rabenstein 2·715; Nordmarken 2·717; Lötschenthal, Wallis 2·713.

[4] Rosicky (Abh. böhm. Akad. Prag 1911, No. 5; N. Jahrb. 1913, **2**, 5) macht darauf aufmerksam, dass das „specifische Brechungsvermögen" (der Quotient des Volumens der Indicatrix $\frac{4}{3}\pi\alpha\beta\gamma$, resp. $\frac{4}{3}\pi\omega^2\varepsilon$ durch die Dichte) von Kalkspath (= 6·3) und Aragonit (= 6·2) beinahe gleich ist; ziemlich entfernt davon Cerussit (= 5·0) und Strontianit (= 4·8).

[5] Citirt die von Malus angegebenen Zahlen 1·6543 und 1·4833. — Rudberg sagt correct „gewöhnlicher" und „ungewöhnlicher" Strahl. Die übliche Verdrängung dieser Bezeichnung durch „ordentlich" und „ausserordentlich" ist sehr zu bedauern.

[6] Mit Rudberg's Werthen verglich Abbe (Groth's Ztschr. 1880, **4**, 537) die mit seinem Refractometer gefundenen Zahlen von $\omega = 1·6588$ und $\varepsilon = 1·4858$.

[7] Eine Combination von zwei Spaltungsplatten in geeigneter Weise mit Canadabalsam verkittet, zeigt nach Madan (Groth's Ztschr. **12**, 618) das Ohm'sche Interferenz-Phänomen.

lich gebrochene Licht die scheinbaren Brechungsindices für die zum Hauptschnitt normalen und parallelen Linien:

norm.	*C* 1·5777	*D* 1·5809	*E* 1·5849
parall.	1·4094	1·4104	1·4116

Nach Ed. Sarasin (Arch. sc. phys. nat. Genève 1882, **8**, 394; Compt. rend. **95**, 680; Groth's Ztschr. 1884, **9**, 605) an zwei der Axe parallelen Prismen (I.—II.) für die Fraunhofer'schen und die hellen Cadmium-Linien[1] (ohne Angabe der Temperatur):

Linie	Wellenlänge	ω (I.)	ω (II.)	ε (I.)	ε (II.)
A	760·40	1·65000	1·64983	1·48261	1·48251
a	718·36	1·65156	1·65150	1·48336	1·48323
B	686·71	1·65285	1·65283	1·48391	1·48384
Cd 1	643·70	1·65501	—	1·48481	—
D	589·20	1·65839	1·65825	1·48644	1·48634
Cd 2	537·71	1·66234	—	1·48815	—
Cd 3	533·63	1·66274	—	1·48843	—
Cd 4	508·44	1·66525	—	1·48953	—
F	486·07	1·66783	1·66773	1·49079	1·49069
Cd 5	479·86	1·66858	—	1·49112	—
Cd 6	467·65	1·67023	—	1·49185	—
Cd 7	441·45	1·67417	—	1·49367	—
h	410·12	1·68036	1·68008	1·49636	1·49640
H	396·81	1·68319	1·68321	1·49774	1·49767
Cd 9	360·90	1·69325	1·69310	1·50228	1·50224
Cd 10	346·55	1·69842	1·69818	1·50452	1·50443
Cd 11	340·15	1·70079	—	1·50559	—
Cd 12 γ	325·80	1·70716	—	} 1·50857	—
Cd 12 {β, α}	324·75	1·70764	—		
Cd 17	274·67	1·74151	1·74166	1·52276	1·52287
Cd 18	257·13	1·76050	1·76060	1·53019	1·53059
Cd 23	231·25	1·80248	1·80272	1·54559	1·54583
Cd 24	226·45	1·81300	1·81291	1·54920	1·54960
Cd 25	219·35	1·83090	1·83091	1·55514	1·55533
Cd 26	214·31	1·84580	1·84592	1·55993	1·56014

[1] Im Ultraviolett mit Soret's fluorescirendem Ocular.

Schrauf[1] (Groth's Ztschr. 1885, **11**, 20. 674) fand an zwei Prismen mit variabler Incidenz im „Mittel von 19 maliger Durchmusterung des ganzen Spectrum" für die mittlere Temperatur von 20·5° C. für die

Linie	ω	ε	Linie	ω	ε
B	1·6530492	1·483780	b	1·6645892	1·489094
Li	1·6538191	1·484179	F	1·6681231	1·490660
C	1·6545370	1·484463	G	1·6764235	1·494581
D	1·6584945	1·486252	h	1·6804515	1·496366
Th	1·6628526	1·488335	H	1·6833770	1·497701
E	1·6636197	1·488565			

Sehr genaue Messungen gab[2] Hastings (Am. Journ. Sc. 1888, **35**, 60; Groth's Ztschr. 1889, **17**, 320) $\omega = 1·658389$ und $\varepsilon = 1·486452$ bei 20° C. für die Linie D_2.

Mit Totalreflectometer[3] wurden die folgenden Messungen von A. Mülheims, C. Klein und Dufet ausgeführt. Mülheims (Groth's Ztschr. 1888, **14**, 224) fand an einer Stelle parallel der optischen Axe

Linie	ω	ε	Linie	ω	ε
A	1·64984	—	E	1·66356	1·48855
a	1·65175	1·48345	b_{27}	1·66459	1·48903
B	1·65306	1·48411	F	1·66805	1·49072
C	1·65456	1·48458	G	1·67592	—
D	1·65846	1·48635			

[1] S. citirt ausser den Angaben von Rudberg u. Sarasin (vgl. S. 2839) noch solche von Mascart (Ann. sc. éc. norm. Paris 1864, **1**, 237) für $\omega_B = 1·65296$, $\omega_F = 1·66793$, $\varepsilon_B = 1·48409$, $\varepsilon_F = 1·49084$, van der Willigen (Arch. Mus. Teyler 1870, **3**, 61) $\omega_B = 1·65299$, $\omega_F = 1·66792$, $\varepsilon_B = 1·48399$, $\varepsilon_F = 1·49076$, und Glazebrook (Phil. Transact. 1880, **171**, 421) $\omega_F = 1·66779$, $\varepsilon_F = 1·49074$. — Nach Mascart (a. a. O.) $\omega_{Na} = 1·65846$ und $\varepsilon_{Na} = 1·48654$. Ferner nach Swan (Trans. Roy. Soc. Edinb. 1849, **16**, 378) $\omega_{Na} = 1·658375$; v. d. Willigen (Mus. Teyler 1869, **2**, 153) $\omega_{Na} = 1·65844$ und 1·65842, $\varepsilon_{Na} = 1·48639$; A. Cornu (Ann. éc. norm. 1874, **3**, 20. 28. 43) $\omega_{Na} = 1·658347$ und 1·658389, $\varepsilon_{Na} = 1·48637$.

[2] Mit der Absicht, das Huyghens'sche Gesetz zu prüfen; unter besonderer Einrichtung des Instruments, sorgfältiger Beobachtung der Temperatur und anderer, die Genauigkeit beeinflussender Bedingungen. Vgl. auch S. 2809 Anm. 1.

[3] Vgl. auch S. 2839 Anm. 6. Danker (N. Jahrb. 1886, Beil.-Bd. **4**, 265. 284) fand an polirten Flächen $m(10\bar{1}0)$ von Andreasberger Krystallen: am ersten $\varepsilon = 1·48634$ bei 21·5° C. und am zweiten $\varepsilon = 1·48617$ bei 20°; sowie an Spaltungsstücken von Island: am ersten $\varepsilon = 1·48648$ bei 18·7° und am zweiten $\varepsilon = 1·48656$ bei 18·4° C.

Nach KLEIN (Sitzber. Ak. Wiss. Berlin 13. Apr. 1899, **19**, 362; GROTH's Ztschr. **35**, 371) an einer Fläche parallel der Axe (ohne Fundortsangabe) für Na-Licht $\omega = 1\cdot6582$ und $\varepsilon = 1\cdot4863$.

DUFET (Bull. soc. min. Paris 1891, **14**, 138; GROTH's Ztschr. **22**, 588) wollte speciell die Messungen mit Totalreflexion und die mit Prismen auf ihre Uebereinstimmung vergleichen, und fand an Isländer Material ε für Na-Licht (auf 20° C. reducirt) an natürlichen Spaltungsflächen 1·48645—1·48647, an solchen mit Zinnasche polirten 1·48645—1·48646 und mit englisch Roth polirten 1·48648—1·48650; sowie an anderen polirten Platten parallel zur Axe 1·48647, fast senkrecht zur Axe 1·48649 und parallel zur Spaltung 1·48644—1·48646.

Ferner fand DUFET (Bull. soc. min. Paris 1893, **16**, 157; GROTH's Ztschr. **25**, 315) an vier Prismen für 20° C. und die D-Linie (Mittel von D_1 und D_2):

ω	I. 1·658366	II. 1·658367	III. 1·658378	IV. 1·658370	Mittel 1·65837
ε	1·486440	1·486449	1·486454	—	1·48645

Aus diesen Zahlen fand DUFET die Werthe für andere Linien durch Messung des Abstandes der betreffenden von der Na-Linie (jede in der Minimal-Ablenkung genommen) mit dem Mikrometerocular:

Linie	Li	C	Tl	F	H_γ
ω	1·653685	1·654398	1·662675	1·667852	1·675533
ε	1·484332	1·484650	1·488421	1·490804	1·494343

DUFET betont die Uebereinstimmung dieser Zahlen mit den nach der von BRIOT modificirten CAUCHY'schen Formel berechneten bis auf einige Einheiten der 6. Decimale.

Aus CARVALLO's (Journ. phys. 1900, **9**, 465; 1890, **9**, 257; Compt. rend. 1898, **126**, 950; GROTH's Ztschr. **35**, 629; **32**, 543; chem. Kryst. 1908, **2**, 206) Bestimmungen der Dispersion bis ins Ultraroth und Ultraviolett:

λ	A 760	Li 671	Na 589	Cd 533	H_β 486	H 396
ω	1·65005	1·65369	1·65837	1·66276	1·66785	1·68320
ε	1·48275	1·48431	1·48643	1·48843	—	1·49788

F. F. MARTENS[1] (Ann. Phys. 1901, **6**, 626; GROTH's Ztschr. **37**, 521) bestimmte an einem Prisma parallel der Axe:

[1] M. schliesst aus der Thatsache, dass die Brechungsquotienten ω um eine nahezu constante Zahl grösser sind als die von Steinsalz für dieselbe Wellenlänge, dass für ω auch im Kalkspath zwei Streifen metallischer Reflexion im Ultraviolett anzunehmen sind, etwa bei 0·100 und 0·160 μ.

λ	ω	ε	λ	ω	ε
768	1·64974	1·48259	308	1·71657	1·51240
671	1·65367	1·48426	291	1·72774	1·51705
656	1·65437	1·48459	281	1·73538	1·51018
643	1·65504 [1]	1·48490 [1]	274	1·74139	1·52261
627	1·65592	1·48529	267	1·74864	1·52547
589	1·65835	1·48640	263	1·75343	1·52736
560	1·66046	1·48736	257	1·76038	1·53005
546	1·66168	1·48793	250	1·76968	1·53358
533	1·66277 [2]	1·48841 [2]	242	1·78111	1·53782
508	1·66527 [3]	1·48956 [3]	231	1·80233	1·54541
486	1·66785	1·49074	224	1·81890	1·55105
467	1·67024	1·49190	219	1·83075	1·55496
441	1·67423	1·49373	214	1·84558	1·55976
434	1·67552	1·49430	211	1·85692	1·56327
410	1·68014	1·49640	208	1·86733	1·56640
394	1·68374	1·49810	204	1·88242	1·57081
358	1·69397	1·50267	200	1·90284	1·57649
340	1·70078	1·50562	198	—	1·57796
312	1·71425	1·51140			

GIFFORD (Proc. Roy. Soc. Lond. Febr. 1902, **70**, 336; GROTH's Ztschr. **39**, 81) erklärte seine nach besonderer Methode (vgl. S. 1277) gewonnenen Werthe für genau bis auf die fünfte Decimale (auch die 6. noch ungefähr richtig), für 15° C. geltend:[4]

Wellenlänge	ω	ε
7950 Rb	1·6488640	1·4821645
7682·45 K_α (A')[5]	1·6497403	1·4825523
7065·59 He (B')[5]	1·6520702	1·4835315
6563·04 H_α (C)	1·6543988	1·4845685
5893·17 Na (D)[5]	1·6583551	1·4863915

[1] Spätere Bestimmung (Ann. Phys. 1902, **8**, 460; Arch. sc. phys. nat. Genf 1902, **14**, 105; GROTH's Ztschr. **39**, 409. 199) mit einem neuen grossen Spectrometer ergab $\omega = 1·65501$ und $\varepsilon = 1·48489$.

[2] Spätere Bestimmung (vgl. oben Anm. 1) $\omega = 1·66275$ und $\varepsilon = 1·48843$.

[3] Spätere Bestimmung (vgl. oben Anm. 1) $\omega = 1·66526$ und $\varepsilon = 1·48958$.

[4] Veränderung für 1° C. für die D-Linie von $\omega = + 0·00000479$ und $\varepsilon = + 0·00001447$ (beide negativ für Quarz, vgl. S. 1278; Fluorit vgl. S. 2394).

[5] Wellenlänge für den mittleren Ort doppelter Linien oder Gruppen.

Wellenlänge		ω	ε
5607·1	Pb (A)[1]	1·6604550	1·4873449
5270·11	Fe (E)[2]	1·6634145	1·4887055
4861·49	H_β (F)	1·6678308	1·4907407
4340·66	H_γ (G')	1·6755174	1·4942419
3961·68	Al[3]	1·6832956	1·4977742
3610·66	Cd	1·6931606	1·5022352
3302·85	Zn	1·7051544	1·5074581
3034·21	Sn	1·7195881	1·5136464
2748·68	Cd	1·7415041	1·5226617
2573·12	Cd	1·7605000	1·5301212
2445·86	Ag	1·7796645	1·5373101
2312·95	Cd	1·8023942	1·5455001
2265·13	Cd	1·8130351	1·5491444
2194·4	Cd	1·8307980	1·5551219
2144·45	Cd	1·8458240	1·5599225
2098·8	Zn	1·8608110	—

Hinter der Wellenlänge 2144·45 verliert der Kalkspath plötzlich an Durchsichtigkeit.[4]

Während alle vorstehenden Bestimmungen an Isländer Material ausgeführt wurden, fand E. Marbach (Inaug.-Diss. Leipzig 1913, 22; N. Jahrb. 1914, **1**, 180) an zwei Prismen von Egremont in Cumberland $\omega_{Na} = 1{\cdot}65874$, $\varepsilon = 1{\cdot}48631$ für 589 $\mu\mu$ und 1·48635 für 587·6 $\mu\mu$, die Abweichung als wahrscheinlich durch einen Strontium- und Magnesium-Gehalt verursacht.[5]

Drude (Wiedem. Ann. Phys. 1889, **38**, 265; Groth's Ztschr. **19**, 509) meinte, dass der Brechungsquotient im Inneren ein anderer, als an der Oberfläche sei,[6] und continuirlich durch dazwischen liegende Werthe von dem Werthe im Inneren zu dem in Luft überginge.

---

[1] Maximale Helligkeit.

[2] Wellenlänge für den mittleren Ort doppelter Linien oder Gruppen.

[3] Dahinter beginnt das Ultraviolett.

[4] Und ω für die Wellenlänge 2098·8 wurde an einem besonders dünnen Prisma bestimmt, das senkrecht zur Axe geschnitten war (sonst parallel zur Axe).

[5] MgO 0·13 %, SrO in Spuren, auch spektroskopisch nachgewiesen, dagegen in einem Kalkspath von Island nur geringe Spuren MgO und kein SrO.

[6] Ueberhaupt bei festen Körpern, die frei von irgend welchen, ihre Oberfläche verändernden Einflüssen sind. Der Wasser- und Kohlensäure-Gehalt der Luft könne die Oberfläche verändern, wie das von Drude beobachtete, mit der Zeit allmählich erfolgende Wachsen der elliptischen Polarisation andeute. Im Gegensatz zu früheren Angaben von Drude (Wied. Ann. Phys. 1889, **36**, 532. 865, Groth's

Thermische Aenderung der Brechungsquotienten, die mit steigender Temperatur zunehmen,[1] und zwar ε mehr als ω, so dass also die Doppelbrechung schwächer wird. Jedoch erreicht nach E. MARBACH (Inaug.-Diss. Leipzig 1913, 23) ω für Roth bei etwa 312° C., für Gelb, Grün und Blau bei etwa 390° ein Maximum und nimmt dann wieder ab, während ε mit steigender Temperatur gleichmässig zunimmt. Der Einfluss der Temperatur auf die Dispersion ist gering.

Nachdem schon RUDBERG (POGG. Ann. 1832, **26**, 291) das ziemlich rasche Wachsen von ε mit steigender Temperatur gefunden hatte,[2] constatirte FIZEAU (Ann. chim. phys. 1862, **66**, 429; POGG. Ann. 1863, **119**, 297), dass auch ω zunimmt, um einen allerdings viel geringeren Betrag, nämlich bei einer mittleren Temperatur von 40° C. für 1° C. und Na-Licht:

$$\frac{d\omega}{d\Theta} = +\,0{\cdot}0_6565 \quad \text{und} \quad \frac{d\varepsilon}{d\Theta} = +\,0{\cdot}0_4108\,.$$

G. MÜLLER (Public. astrophys. Observ. Potsdam 1885, **4**, 151; GROTH's Ztschr. **13**, 422) fand für ω zwischen den Temperaturgrenzen −11° und +26° C. für die Linien:

B	$1{\cdot}652842 + 0{\cdot}0_5259\,\Theta$	F	$1{\cdot}667760 + 0{\cdot}0_5316\,\Theta$
C	$1{\cdot}654322 + 0{\cdot}0_5243\,\Theta$	H_γ	$1{\cdot}675438 + 0{\cdot}0_5358\,\Theta$
D	$1{\cdot}658283 + 0{\cdot}0_5243\,\Theta$	h	$1{\cdot}680088 + 0{\cdot}0_5367\,\Theta$
b_1	$1{\cdot}664178 + 0{\cdot}0_5274\,\Theta$	H_1	$1{\cdot}683126 + 0{\cdot}0_5368\,\Theta$

FR. VOGEL (WIEDEM. Ann. Phys. 1885, **25**, 87; GROTH's Ztschr. **12**, 189) für ω und ε eine Zunahme für 100° C. in folgenden Intervallen:

	Intervall	H_α	D	H_β	H_γ
ω	103° − 18°	$0{\cdot}0_4102$	$0{\cdot}0_4093$	$0{\cdot}0_4073$	$0{\cdot}0_4073$
	146 − 18	$0{\cdot}0_4092$	$0{\cdot}0_4100$	$0{\cdot}0_4094$	$0{\cdot}0_4102$
	194 − 18	$0{\cdot}0_4069$	$0{\cdot}0_4103$	$0{\cdot}0_4095$	$0{\cdot}0_4089$
ε	106 − 13	$0{\cdot}0_21020$	$0{\cdot}0_21024$	$0{\cdot}0_21069$	$0{\cdot}0_21079$
	145 − 13	$0{\cdot}0_21006$	$0{\cdot}0_21015$	$0{\cdot}0_21069$	$0{\cdot}0_21075$
	193 − 13	$0{\cdot}0_21010$	$0{\cdot}0_21020$	$0{\cdot}0_21080$	$0{\cdot}0_21095$

OFFRET (Bull. soc. min. Paris 1890, **13**, 580. 581; GROTH's Ztschr. **21**,

Ztschr. **19**, 509) „über Oberflächen-Schichten" hatte P. SCHMIDT (WIED. Ann. **37**, 353; GROTH's Ztschr. a. a. O.) eine Aenderung der Phase an frischen Kalkspath-Spaltungsstücken nicht beobachtet.

[1] Im Gegensatz zu Quarz (vgl. S. 1282), Steinsalz (S. 2134), Fluorit (S. 2400); während bei Beryll (vgl. **2**, 1274) ω und ε zunehmen mit der Temperatur.

[2] Und schon früher (POGG. Ann. 1828, **14**, 57) die Giltigkeit der damals gefundenen Werthe (vgl. S. 2839) nur für eine bestimmte Temperatur betont hatte.

293) beobachtete an zwei Prismen (I.—II.) für Li- und Na-Licht, sowie vier helle Cd-Linien (vgl. **2**, 920) nachstehende Werthe für die warme Luft und reducirte sie auf den leeren Raum (Vac.) für:

	Temp.	Roth		Gelb	Grün		Blau
		6706 Li	6437 Cd	5888 Na	5377 Cd	5084 Cd	4799 Cd
ω (I.) Luft	24° C.	1·653669	1·654986	1·658349	1·662352	1·665240	1·668601
	78·1	1·653674	1·655016	1·658401	1·662391	1·665305	1·668682
	122·8	1·653797	1·655127	1·658494	1·662539	1·665434	1·668819
	213·5	1·653848	1·655286	1·658678	1·662715	1·665630	1·669004
	245·8	1·653942	1·655303	1·658692	1·662791	1·665726	1·669092
	302·4	1·653980	1·655400	1·658738	1·662901	1·665824	1·669230
ω (I.) Vac.	0	1·654106	1·655438	1·658829	1·662804	1·665694	1·669029
	100	1·654103	1·655443	1·658854	1·662855	1·665763	1·669119
	200	1·654156	1·655505	1·658936	1·662963	1·665891	1·669268
	300	1·654230	2·655588	1·659042	1·663093	1·666038	1·669437
ω (II.) Luft	22	1·653781	1·655128	1·658490	1·662448	1·665329	1·668673
	53·2	1·653848	1·655178	1·658538	1·662537	1·665406	1·668747
	88·9	1·653835	1·655256	1·658553	1·662594	1·665486	1·668859
	208·2	1·654112	1·655437	1·658835	1·662809	1·665773	1·669119
	256·2	1·654185	1·655496	1·658896	1·662943	1·665864	1·669237
	330	1·654315	1·655649	1·658947	1·663021	1·665966	1·669389
ω (II.) Vac.	0	1·654213	1·655541	1·658853	1·662889	1·665771	1·669098
	100	1·654259	1·655593	1·658919	1·662973	1·665868	1·669210
	200	1·654359	1·655700	1·659040	1·663113	1·666022	1·669377
	300	1·654483	1·655830	1·659186	1·663277	1·666190	1·669571
ε (II.) Luft	22	1·484403	1·484994	1·486549	1·488377	1·489703	1·491233
	53·2	1·484803	1·485384	1·486921	1·488757	1·490030	1·491646
	88·9	1·485180	1·485821	1·487301	1·489154	1·490504	1·492126
	208·2	1·486584	1·487159	1·488726	1·490588	1·491983	1·493552
	256·2	1·487133	1·487700	1·489300	1·491155	1·492534	1·494138
	330	1·487973	1·488572	1·490156	1·492057	1·493466	1·495090
ε (II.) Vac.	0	1·484568	1·485177	1·486692	1·488539	1·489857	1·491379
	100	1·485616	1·486231	1·487766	1·489641	1·490974	1·492518
	200	1·486709	1·487333	1·488894	1·490789	1·492143	1·493706
	300	1·487827	1·488459	1·490036	1·491962	1·493334	1·494919
ε	Zu-nahme[1]	0·003259	0·003282	0·003344	0·003423	0·003477	0·003540
ω		0·000270	0·000289	0·000333	0·000388	0·000427	0·000473

Reed (Inaug.-Diss. Jena 1897; Wiedem. Ann. Phys. Chem. 1898, **65**, 736; Groth's Ztschr. **32**, 203) gab die Aenderung der absoluten Brechungs-

[1] Zunahme für die Temperatur-Steigerung von 0° bis 300° für II. im Vac.

quotienten pro 1° C. Temperatur-Erhöhung in Einheiten der 5. Decimale für Strahlen senkrecht zur Axe:

		H_α (C) 6563	Na_α (D) 5893	H_β (F) 4862	H_γ (G'') 4357
ω	57·1° C.	0·071	0·078	0·134	0·144
	152·1	0·100	0·100	0·159	0·165
	248·5	0·120	0·132	0·201	0·214
	349·0	0·152	0·168	0·236	0·246
ε	57·1	1·062	1·094	1·179	1·192
	152·1	1·153	1·185	1·273	1·289
	248·5	1·275	1·313	1·404	1·422
	349·0	1·413	1·435	1·560	1·589

Gifford (Rep. Brit. Assoc. 1899, 661; Groth's Ztschr. **34**, 435) fand für $\lambda = 5892$ an zwei Prismen bei Combination der Ablenkung für eine gewisse Temperatur mit dem bei derselben Temperatur gemessenen Prismenwinkel bei steigender Temperatur eine Abnahme von ω, nämlich am

Prisma von 30° bei 19·9° C. $\omega = 1·6584402$ und bei 24·0° $\omega = 1·6584029$

Prisma von 60° bei 18·6° C. $\omega = 1·6584320$ und bei 22·5° $\omega = 1·6584190$

jedoch bei Benutzung des Mittelwerthes aller bei verschiedenen Temperaturen gemessenen Prismenwinkel eine Zunahme (vgl. auch S. 2843 Anm. 4):

Prisma von 30°	Temp. 18·5° C. $\omega = 1·6583344$	21·1° 3891	21·3° 3983	23·3° 4305	24·0° 4603	24·4° 4929
Prisma von 60°	Temp. 17·5° C. $\omega = 1·6583259$	18·3° 3443	19·7° 3528	19·9° 3564	20·8° 3842	24·7° 5075

Micheli (Ann. Phys. 1902, **7**, 788; Arch. Sc. phys. nat. Genf 1902, **13**, 217; Groth's Ztschr. **39**, 409. 201) bestimmte die Aenderung der Brechungsquotienten in heisser Luft (Δn_ω und Δn_ε) und die der absoluten (ΔN_ω und ΔN_ε) im ultravioletten Spectralgebiet für die mittlere Temperatur von 61·5° C. an dem schon von Martens (vgl. S. 2842) untersuchten Prisma:

λ	Δn_ω	ΔN_ω	Δn_ε	ΔN_ε	λ	Δn_ω	ΔN_ω	Δn_ε	ΔN_ε
643	0·208	0·089	1·185	1·079	480	0·305	0·184	1·287	1·180
589	0·240	0·121	1·213	1·106	467	0·319	0·199	—	—
508	0·287	0·167	1·234	1·127	441	0·325	0·205	1·318	1·211

λ	Δn_ω	ΔN_ω	Δn_ε	ΔN_ε	λ	Δn_ω	ΔN_ω	Δn_ε	ΔN_ε
361	0·360	0·235	1·449	1·340	257	0·950	0·814	1·876	1·759
340	0·397	0·271	1·475	1·365	231	1·397	1·253	2·198	2·076
325	0·469	0·341	1·548	1·436	226	—	—	2·290	2·168
313	0·510	0·381	—	—	224	1·643	1·496	—	—
298	0·604	0·474	1·641	1·529	219	1·814	1·666	2·474	2·350
288	0·670	0·539	1·688	1·574	214	2·025	1·876	2·599	2·434
274	0·772	0·637	1·748	1·634	211	2·150	1·999	—	—

Pockels (Ann. Phys. 1903, **11**, 726; Groth's Ztschr. **41**, 285) berechnete die in Folge der Dilatation eintretende Aenderung der Brechungsquotienten unter Zugrundelegung der Ausdehnungs-Coefficienten (vgl. S. 2861), und die „reinen", d. h. vom Einfluss der Dilatation befreiten Temperatur-Coëfficienten.

E. Marbach (Inaug.-Diss. Leipzig 1913, 26; N. Jahrb. 1914, **1**, 180) fand an Prismen von Egremont in Cumberland (vgl. auch S. 2844 u. 2845, sowie S. 2844 Anm. 5):

	λ	21° C.	165° C.	265° C.	390° C.	505° C.	552° C.
ω	706·5	1·6526	1·6529	1·6532	1·6531	1·6529	1·6527
	587·6	1·6589	1·6593	1·6594	1·6597	1·6594	1·6592
	501·6	1·6660	1·6665	1·6669	1·6670	1·6669	1·6664
	471·3	1·6699	1·6705	1·6708	1·6710	1·6710	1·6708
	λ	24° C.	145° C.	250° C.	388° C.	545° C.	
ε	706·5	1·4836	1·4847	1·4864	1·4887	—	
	587·6	1·4864	1·4876	1·4893	1·4914	1·4935	
	501·6	1·4897	1·4909	1·4927	1·4950	1·4971	
	471·3	1·4916	1·4927	1·4945	1·4969	1·4990	

Die Zunahme von ω und ε für die vier verwendeten Farben und die Abnahme der Doppelbrechung ist in der nachfolgenden Tabelle zusammengestellt:

	λ	21—100°	100—200°	200—300°	300—312°	312—390°	390—500°
ω	706·5	0·0002	0·0002	0·0001	0·0000	0·0000	—0·0002
	587·6	0·0003	0·0002	0·0007	0·0000	0·0001	—0·0003
	501·6	0·0003	0·0003	0·0003	0·0000	0·0001	—0·0001
	471·3	0·0004	0·0003	0·0003	0·0000	0·0001	—0·0001

	λ	24—100°	100—200°	200—300°	300—400°	400—500°	500—545°
ε	706·5	0·0005	0·0014	0·0017	0·0018	—	—
	587·6	0·0006	0·0014	0·0017	0·0016	0·0013	0·0005
	501·6	0·0006	0·0015	0·0017	0·0018	0·0014	0·0004
	471·3	0·0006	0·0014	0·0017	0·0019	0·0014	0·0004

	λ	24° C.	145° C.	250° C.	388° C.	545° C.
ω—ε	706·5	0·1690	0·1682	0·1667	1·1644	—
	587·6	0·1725	0·1713	0·1702	0·1683	0·1657
	501·6	0·1763	0·1755	0·1740	0·1720	—
	471·3	0·1783	0·1777	0·1763	0·1741	0·1718

Optische Anomalien von Breithaupt (Pogg. Ann. 1864, **121**, 328; Berg- u. Hüttenmänn. Ztg. 1860, **19**, 93; N. Jahrb. 1860, 341) und besonders Madelung (1862; Groth's Ztschr. 1882, **7**, 73) an Krystallen von vielen Fundorten beobachtet, von nur geringer Störung und schwacher bis zu deutlicher Zweiaxigkeit.[1] Brauns (opt. Anom. 1891, 3. 288. 24) erinnert daran, dass ausser durch isomorphe Beimischungen auch durch eingelagerte Zwillings-Lamellen die optischen Erscheinungen gestört sein können.

Eine Abnahme der Doppelbrechung wird bewirkt durch eine Dilatation parallel der Hauptaxe allein, eine Zunahme durch eine Dilatation in allen Richtungen senkrecht zur Hauptaxe, sowie durch eine allseitig gleiche Dilatation (Pockels, Ann. Phys. 1903, **11**, 726; Groth's Ztschr. **41**, 287).

An sphärolithischem Kalkspath (Carlsbader Pisolith und Marmor) beobachtete Bertrand (Bull. soc. min. Paris 1880, **3**, 61; Groth's Ztschr. **6**, 294) unter dem Mikroskop im parallelen polarisirten Licht nicht nur die durch die Aggregat-Polarisation hervorgerufene Interferenz-Erscheinung,[2] sondern bei geringer Verschiebung des Objectivs[3] auch das Interferenzbild einaxiger Krystalle.

Absorption stärker für den gewöhnlichen Strahl (*O*), als für den ungewöhnlichen (*E*), auch an farblosen Krystallen, wie schon Beer (Pogg. Ann. 1851, **82**, 429) constatirte, und Haidinger (Sitzb. Ak. Wiss. Wien 1854, **13**, 6) an gelblichen aus Island und Odenwald bestätigte.[4]

[1] Spartait aus Sparta in New Jersey „stark zweiaxig (optische Brille)".

[2] Im Dünnschliff einer chloritischen Kreide beobachtete Bertrand (Bull. soc. min. Paris 1882, **5**, 76; Groth's Ztschr. **9**, 317) eine nicht näher bestimmte sphärolithische Substanz in kreisförmigen Partien, welche deutlich ein schwarzes Kreuz zeigten.

[3] Entsprechend der Stellung des Sphärolith-Centrums in der Platte, wie Lacroix (Min. France 1901, **3**, 435) ausführt.

[4] „Pseudopléochroisme" von Lacroix (Min. France 1901, **3**, 436) bei faserigem

Den „Dichroismus“ für ultrarothe Strahlen bestimmte MERRITT (WIEDEM. Ann. Phys. 1895, **55**, 49; GROTH's Ztschr. **28**, 630) durch die Extinctionscoëfficienten p (vgl. S. 1301 Anm. 1) für den gewöhnlichen (O) und ungewöhnlichen (E) Strahl:

O	λ	5·25	4·96	4·83	4·66	4·52	4·35	3·80	3·62 μ
	p	8·0	5·5	6·1	11·6	14·3	6·6	18·6	9·6
	λ	3·47	3·30	3·04	2·95	2·90	2·83	2·74	2·65 μ
	p	19·4	22·70	4·71	1·80	0·70	1·32	2·36	1·74
	λ	2·60	2·53	2·44	2·30	2·11	2·07	1·72	1·45 μ
	p	1·21	1·92	3·00	1·92	0·74	0·13	0·03	0·0
E	λ	5·50	5·34	5·04	4·91	4·67	4·41	4·02	3·90 μ
	p	12·80	4·41	2·13	1·25	2·40	1·07	0·89	1·17
	λ	3·76	3·59	3·38	3·28	3·00	2·87	2·49	2·15 μ
	p	2·04	1·79	0·89	1·32	0·43	0·08	0·14	—

Der gewöhnliche Strahl zeigt je einen scharfen Absorptions-Streifen bei 2·74 und 2·44 μ, breite Streifen bei 3·4, 4·0, 3·6 μ; der ungewöhnliche zeigt solche bei 4·66, 3·75, 3·28 μ.

JOH. KOENIGSBERGER (Inaug.-Diss. Berlin 1897, 14. 17; WIEDEM. Ann. Phys. Chem. 1897, **61**, 687) fand die Durchlässigkeit einer 0·89 mm dicken Platte für Schwingungen senkrecht zur Axe

für	2·90	2·80	2·70	2·45 μ
zu	80	72	70	65

ASCHKINASS (DRUDE, Ann. Phys. 1900, **1**, 59. 67; GROTH's Ztschr. **36**, 277) fand an einem polirten Spaltungsstück und einer Marmorplatte ausgeprägte Reflexionsmaxima, resp. anomale Dispersions-Streifen bei 6·69, 11·41 und 29·40 μ (vgl. auch S. 2842 Anm. 1, sowie S. 2398 Anm. 2).

---

oder durch Einschlüsse milchigem („laiteuse“) Kalkspath erwähnt mit Maximum der Absorption von O. — „Idiocyclophan“ wirkt nach MODAN (Nature 1890, **42**, 99; GROTH's Ztschr. **20**, 517) ein wasserheller säuliger Krystall (z. B. von Egremont), begrenzt durch zwei parallele Spaltungsflächen, wenn man senkrecht durch zwei parallele Prismenflächen mittels innerer Totalreflexion an den Spaltungsflächen Licht hindurchgehen lässt. Der Krystall zeigt dann wie ein BERTRAND'sches Prisma die Erscheinung eines schwarzen neben einem weissen Kreuz mit Farbenringen.

Nach Cl. Schaefer (u. Martha Schubert, Ann. Phys. 1916, **50**, 310. 331) zeigen alle Carbonate der Kalkspathgruppe an nahezu denselben Stellen des Spectrums eine selective Reflexion:

	für Strahl *O*	Strahl *E*	Strahl *O*
Kalkspath bei	6·56 μ	11·38 μ	14·16 μ
Dolomit	6·90	11·45	14·70
Magnesit	6·69	11·25	13·78
Eisenspath	6·77	11·53	11·54
Manganspath	6·76	11·38	14·04
Zinkspath	6·78	11·44	13·92

Nach Rubens (Verh. phys. Ges. 1911, **13**, 102; Groth's Ztschr. **54**, 414) metallische Reflexion im Gebiet sehr grosser Wellen bei 93·0 und 116·1 μ. Undurchlässig (in einer Platte von 3 mm) für die Reststrahlen von Steinsalz (51·2 μ) und Sylvin (61·1 μ) (Rubens u. Aschkinass, Wied. Ann. Phys. 1898, **65**, 241; Groth's Ztschr. **32**, 201). In Bezug auf seine eigene Reststrahlung zeigt Marmor ein hohes Reflexionsvermögen (Aschkinass, Drude's Ann. Phys. 1900, **1**, 51).

Im äussersten Ultraviolett bestimmte Pflüger (Phys. Ztschr. 1904, **5**, 215; Groth's Ztschr. **42**, 500) für Strahlen parallel der Hauptaxe die Absorption A (mit Spektrometer und Thermosäule) für eine 1 cm dicke Schicht für:

μμ 214	231	240	258	280
A 97	69	44	26	15 %

Luminescenz (Fluorescenz und Phosphorescenz), vgl. S. 2407 Anm. 1.

Fluorescenz. Lommel (Ann. Phys. 1884, **22**, 422; Groth's Ztschr. **11**, 99) schickte durch einen parallel und senkrecht zur Hauptaxe geschnittenen Würfel von Isländer Doppelspath ein durch eine Linse zu schmalem Kegel zusammengefasstes Lichtbündel, und beobachtete besonders nach dem Durchgang durch hellblaues Kobaltglas oder grünes Glas im Kalkspath ein gelbroth leuchtendes Strahlenbündel, gleichviel ob das Licht den Krystall parallel oder senkrecht zur Axe durchsetzt, nicht oder nach einer Richtung polarisirt ist. Das Fluorescenz-Licht ist in beiden Fällen unpolarisirt, und liegt im Spectrum der Bunsen'schen Scala zwischen 35 bis 65. Derselbe Farbenton wurde auch noch eine halbe Secunde nach der Beleuchtung beobachtet. Zur Erzeugung der Fluorescenz zeigten sich am Wirksamsten die grünen Strahlen, unwirksam die rothen.[1]

[1] Lommel schliesst daraus, dass der Kalkspath für die grünen Farben auch ein Maximum der Absorption besitzen müsse.

Auch SOHNCKE (Sitzb. Ak. Wiss. München 1896, **26**, 75; WIED. Ann. Phys. 1896, **58**, 417; N. Jahrb. 1898, **1**, 5; GROTH's Ztschr. **30**, 620) beobachtete rothes Fluorescenz-Licht an Isländer Spath mit zwei, die Randecken des Rhomboëders abstumpfenden, angeschliffenen parallelen Flächen und einem Paar senkrecht zur optischen Axe. Fällt das Licht senkrecht auf die angeschliffene Prismenfläche und beobachtet man durch die hintere, oben gelegene Rhomboëderfläche mit einem Nicol, so erscheint das Fluorescenz-Licht am Schwächsten, wenn die Polarisations-Ebene des Nicols mit dem Hauptschnitt des ins Auge gelangenden Strahles zusammenfällt, am Stärksten in der darauf senkrechten Richtung. Wenn die Licht-Schwingungen senkrecht zur Polarisations-Ebene erfolgen, so würden danach die fluorescirenden Theilchen vorzugsweise im Hauptschnitt schwingen, und zwar parallel der optischen Axe, wie die Beobachtung durch die anderen Rhomboëderflächen bestätigt. Von allen zur Axe senkrechten Richtungen ist keine ausgezeichnet.

Mit SOHNCKE's Beobachtungen stimmen im Wesentlichen die von G. C. SCHMIDT (WIED. Ann. Phys. 1897, **60**, 740; GROTH's Ztschr. **31**, 597) überein. Bei Eintritt eines Lichtstrahls in ein fluorescirendes Rhomboëder erblickt man vier rothe Strahlenwege, von denen durch einen drehbaren Nicol abwechselnd je zwei verschwinden; das parallel der Axe schwingende Paar ist intensiver. Auch SCHINCAGLIA (Nuovo Cimento Pisa 1899, **10**, 212; 1900, **11**, 299; GROTH's Ztschr. **34**, 312) beobachtete ein blutrothes Fluorescenz-Licht, unverändert bei verschiedener Orientirung des Krystalls; die für die Erregung der Fluorescenz wirksamsten Strahlen sind die grünen des Spectrums. POCHETTINO (Rend. Accad. Roma 1904, **13**, 301; GROTH's Ztschr. 1905, **42**, 59; bei DOELTER, Mineralchem. 1912, **1**, 306) beobachtete in einer BRAUN'schen Röhre bei der Untersuchung auf Kathodoluminescenz dieselbe Färbung, wie bei der durch gewöhnliches Licht hervorgerufenen Fluorescenz.

Phosphorescenz durch Erwärmung (vgl. S. 2408 Anm. 3) erscheint nach D. HAHN (Inaug.-Diss. Halle 1874, 95) an wasserhellen und (durch Eisenverbindungen) röthlich gefärbten Spaltungsstücken bei 180—200° C. mit sehr mattem, röthlichgelbem Licht, das bei stärkerem Erwärmen an Intensität zunimmt und bei 240° C. schön gelb wird und meist so bleibt, nur sehr selten bei stärkerer Hitze einen Stich ins Grüne annimmt. Bei kleinen leuchtenden Rhomboëdern soll sich das stärkste Licht an den Ecken befinden, und zwar weniger an den stumpfen als an den scharfen. Die Phosphorescenz selbst schwindet sehr schnell wieder beim Erkalten. Weniger intensiv leuchteten stängelige oder dichtere Varietäten; Marmor und Tropfstein zeigten nur eine matte Phosphorescenz. Alle Arten verloren durch Ueberhitzen ihre Leuchtkraft, am Schwersten die gut spaltbaren. Pyrophosphorescenz von K. v. KRAATZ-KOSCHLAU u. L. WÖHLER (TSCHERM. Mitth. N. F. 1898, **18**, 311; GROTH's Ztschr. **33**, 633) „in hohem Maasse“ an blauem und violettem Kalkspath beobachtet (vgl. auch S. 2825 Anm. 2).

Phosphorescenz nach Insolation wurde von HEADDEN (Am. Journ. Sc. 1906, **21**, 301; GROTH's Ztschr. **44**, 533) an Material vom Fort Collins in Colorado und von Joplin in Missouri beobachtet, bis zu 13 Stunden lang. Und zwar ist die Phosphorescenz an die gelbe Farbe gebunden; an einem verschieden gefärbten Krystall zeigte nur die gelbe Partie die Erscheinung, die von HEADDEN der Anwesenheit grösserer Mengen von Yttererden zugeschrieben wird. Temperatur-Aenderung von -3^0 auf $+25^0$ C. ist von geringem Einfluss auf die Erscheinung. Phosphorescenz wird an dem Material auch durch X-Strahlen, Bogenlicht und brennendes Magnesium hervorgerufen; an Isländer Spath auch durch X-Strahlen; beim gelben Kalkspath von Joplin auch durch Zerstossen,[1] sowie durch Erhitzen. Nach KUNZ u. BASKERVILLE (Science 1903, 769) phosphorescirt Kalkspath von Franklin in New Jersey durch Behandlung mit ultravioletten Strahlen. Eingehend beobachtete ENGELHARDT (Inaug.-Diss. Jena 1912, 18. 33) die Luminescenz-Erscheinungen im ultravioletten Licht und fand bei den Vorkommen vieler verschiedener Fundorte die Farbe der Fluorescenz sehr verschieden (roth, gelbweiss, grünweiss, blauweiss,[2] hellblau), die Farbe der Phosphorescenz stets grün.

BURBANK (Am. Journ. Sc. 1898, **5**, 53; GROTH's Ztschr. **32**, 587) hatte schon im Januar 1897 die Einwirkung der X-(RÖNTGEN-[3])Strahlen studirt (vgl. auch S. 2410), und gefunden, dass das blass röthlichgelbe Licht des Kalkspaths durch Erhitzen viel heller und in Weiss verwandelt wird. KEILHACK (Ztschr. d. geol. Ges. 1898, **50**, 133; GROTH's Ztschr. **33**, 652) beobachtete an Kalkspath von Andreasberg nach seiner Skala (vgl. S. 1635. 2140. 2238. 2280. 2300. 2410) die Leuchtstärke 32.

DOELTER (N. Jahrb. 1896, **2**, 93) hatte gefunden, dass Kalkspath für (schwache) RÖNTGEN-Strahlen undurchlässig ist (Aragonit etwas weniger), jedoch BRANCA (Abh. Akad. Berlin 1906, 55), dass für starke Strahlen Kalkstein noch durchlässig genug ist zum Nachweis darin enthaltener Knochen.

Radiumstrahlen bleiben nach DOELTER (Sitzb. Ak. Wiss. Wien 1908, **117**, 15. 1286; 1911, **120**, 88; das Radium und die Farben, Dresden 1910, 29) auf farblosen Kalkspath ohne Einfluss;[4] jedoch ein

---

[1] Triboluminescenz tritt nach VERNADSKY (Bull. Acad. St. Pétersb. 1910; 1037; N. Jahrb. 1912, **1**, 385) nur bei Krystallen auf, deren Oberflächen polare Vectoren besitzen, wie auf der Oberfläche des Spaltungs-Rhomboëders alle mit der langen Diagonale nicht zusammenfallenden Vectoren polar sind.

[2] Beim mässigen Erhitzen im Reagenzrohr färbt sich der durch sehr starke blauweisse Fluorescenz und besonders starke Phosphorescenz ausgezeichnete Kalkspath von Hohenstaufen durch Verkohlung einer organischen Substanz braunschwarz (unter Geruch nach verbrennendem Oel), und die Fluorescenzfarbe ist deutlich gelb geworden, die Phosphorescenz verschwunden. Durch längeres kräftiges Glühen verschwindet jegliche Färbung und auch das Luminescenz-Vermögen.

[3] Ueber Röntgenogramme vgl. bei „Raumgitter" unter Historisches.

[4] Trotz siebenwöchentlicher Bestrahlung mit 0·5 g Radiumchlorid.

violetter von Joplin in Missouri wurde nach zehntägiger Bestrahlung etwas dunkeler und mehr purpur. Nach der Bestrahlung aber durch Glühen fast farblos[1] werdend.

Für die Bewegung der **Elektricität** gilt nach RÖNTGEN (Sitzb. Ak. Wiss. München 1907, 113; GROTH's Ztschr. **47**, 76) das OHM'sche Gesetz. Der Sitz einer unter Umständen nach Tausenden von Volt zählenden Polarisations-Spannung ist nicht das ganze Innere des Krystalls, sondern nur die unmittelbar unter der Kathode liegende Stelle. Es darf von einem messbaren Leitungs-Vermögen einer Kalkspathplatte gesprochen werden. Es ist sehr von der Temperatur abhängig und steigt zwischen 0° und 100° C. um nahezu 11 % des jemaligen Betrages bei einer Temperatur-Zunahme von 1°. Bedeutend kann dieses elektrische Leitungs-Vermögen durch die Bestrahlung mit RÖNTGEN-Strahlen erhöht werden, auf das 100—200-fache des Anfangswerthes. Jedoch äussert sich diese Wirkung der Strahlen erst im Laufe der Zeit, so dass bei gewöhnlicher Temperatur mehrere Tage nach der Bestrahlung vergehen müssen, bis die Platte das Maximum des Leitungs-Vermögens erhalten hat. Dieses kann durch intensives Erhitzen rasch auf den Werth vor der Bestrahlung zurückgebracht werden, langsamer durch mässiges Erwärmen, bei gewöhnlicher Temperatur aber erst nach sehr langer Zeit (wohl vielen Jahrhunderten).

Diëlektricitäts[2]-Constante von ROMICH u. NOWAK (Sitzber. Ak. Wiss. Wien 1874, **70**, 380; bei LIEBISCH, phys. Kryst. 1891, 237) bestimmt an einer Kalkspath-Kugel, die einer „alternirenden“ Ladung einer Metallkugel (deren Zeichen in einer Minute 64 Mal wechselte) und darauf einer „dauernden“ Ladung (die erst nach Verlauf von drei Halbschwingungen der Stimmgabel ihr Zeichen änderte) ausgesetzt wurde:

	alternir. Ladung	dauernd. Ladung
‖ Axe	7·5	8·5
⊥ „	7·7—8·4	9·9

ROWLAND u. NICHOLS (Phil. Mag. 1881, **11**, 414) fanden bei Benutzung eines Schutzring-Condensators mit amalgamirten Kupferplatten, dass in

[1] Die violette Färbung war nach DOELTER wahrscheinlich durch radioactive Stoffe hervorgebracht. LEITMEIER (bei DOELTER, Mineralchem. 1912, **1**, 305) meint, dass einer der in geringen Mengen beigemischten Stoffe der Cer-Yttrium-Reihe activ ist, dieser Kalkspath also „autoradioactiv“ ist.

[2] KNOBLAUCH (Monatsber. Ak. Wiss. Berlin 1851, 271; POGG. Ann. 1851, **83**, 289; N. Jahrb. 1851, 699) beobachtete die äquatoriale Einstellung der optischen Axe in ihr parallelen Scheiben beim horizontalen Aufhängen zwischen elektrischen Polen, an Isländer Doppelspath und einem Kalkspath mit etwas Eisencarbonat. Nach ROOT (Inaug.-Diss. Berlin 1876; POGG. Ann. 1876, **158**, 1. 425) stellt sich eine solche Scheibe zwischen zwei Condensator-Platten bei constanter Ladung der Platten vermöge der Leitung axial, d. h. mit der Axe in die Richtung der Kraftlinien; wurden die Pole des Condensators rasch commutirt, so nahm die Scheibe äquatoriale Lage an.

homogenen Spaltungs-Platten von Kalkspath (im Gegensatz zu Quarz, vgl. S. 1305) keine elektrische Absorption stattfand, auch nicht wenn das Elektrometer sehr empfindlich gemacht, die Condensorplatte bis zum Maximum geladen und der Contact 30 Secunden hindurch unterhalten wurde.

J. CURIE (Thèses Fac. Sc. Paris 1888; Ann. chim. phys. 1889, **17**, 385; **18**, 203; GROTH's Ztschr. 1891, **19**, 515; bei LIEBISCH, phys. Kryst. 1891, 245) untersuchte unter Benutzung der piëzoëlektrischen Elektricitäts-Entwickelung von gedehnten Quarz-Krystallen die bei Ladung und Entladung von Condensatoren auftretenden Vorgänge, in welchen nach verschiedenen Richtungen geschnittene Krystall-Platten die diëlektrische Zwischenschicht bilden. Die Leitungs-Fähigkeit parallel und senkrecht zur Hauptaxe bei Kalkspath von derselben Grössenordnung, mit der Temperatur wachsend und nicht erheblich mit der Ladungsdauer verändert; Diëlektricitäts-Werthe[1] in der nachstehenden Tabelle; vgl. auch S. 1303 u. 2140 Anm. 2. Andere Bestimmungen von H. STARKE (Ann. Phys. 1897, **60**, 629); R. FELLINGER (Inaug.-Diss. München 1899; Ann. Phys. 1902, **7**, 333; GROTH's Ztschr. 1901, **35**, 186; N. Jahrb. 1903, **2**, 7) an zwei (I—II.) Paaren von Stäben (das zweite Paar nicht frei von Rissen); W. SCHMIDT[2] (Ann. Phys. 1902, **9**, 919; GROTH's Ztschr. **39**, 419) nach zwei Methoden (I—II.); M. v. PISANI (Inaug.-Diss. Berlin 1903; GROTH's Ztschr. **41**, 315) der elektrischen Wirkung parallel (D_1) und senkrecht (D_2) zur Hauptaxe:

	CURIE	STARKE	FELL. I.	FELL. II.	SCHM. I.	SCHM. II.	PISANI
D_1	8·03	7·56	7·5603	9·2058	8·05	8·00	8·29
D_2	8·48	8·49	8·4917	9·9793	8·65	8·50	8·78

An mechanisch hergestelltem feinem Pulver fand SCHMIDT (Ann. Phys. 1903, **11**, 114; GROTH's Ztschr. **41**, 285) $D = 8·3$ und denselben Werth für Pulver von carrarischem Marmor; THWING (Ztschr. phys. Chem. 1894, **14**, 292) an weissem Marmor 6·13, an schwarzem 6·15, an Kalkspath 7·40 und 7·34.

Pyroëlektricität in Spuren von HANKEL (Ann. Phys. Chem. 1883, **19**, 818; GROTH's Ztschr. **9**, 413) und auch von VOIGT (Nachr. Ges. Wiss. Göttg. 1905, 394; GROTH's Ztschr. **44**, 190) beobachtet (vgl. auch S. 2853 Anm. 1).

Magnetismus. Versuche von PLÜCKER (POGG. Ann. 1847, **72**, 315; 1849, **76**, 576; **77**, 447; **78**, 427) und FARADAY (Experim. Researches in Electr. [London 1855] Ser. **26**, 2841. 2842; Phil. Trans. 1851, 29; POGG. Ann. 1853, Erg.-Bd. **3**, 108) über die Einstellung im Magnetfelde, be-

[1] Quadrat des Brechungsquotienten für $\lambda = \infty$ angegeben $\varepsilon^2 = 2·26$ und $\omega^2 = 2·75$.

[2] SCHMIDT giebt $\omega = 1·6583$ und $\varepsilon = 1·4864$ an.

sonders aber von KNOBLAUCH und TYNDALL,[1] welche den Kalkspath als diamagnetisch positiv[2] bestimmten, nach der PLÜCKER'schen Bezeichnung des Charakters der magnetischen Induction, d. h. bei der Aufhängung zwischen den Polen eines Elektromagneten mit freier Schwingung der Hauptaxe in der Horizontalebene Einstellung der Axe äquatorial.[3]

STENGER (Ann. Phys. Chem. 1883, **20**, 304; 1888, **35**, 331; GROTH's Ztschr. **10**, 279; **18**, 650) und W. KÖNIG (Ann. Phys. 1887, **31**, 273; GROTH's Ztschr. **15**, 332) prüften experimentell W. THOMSON's (Brit. Assoc. 1850, **2**, 23; Phil. Mag. 1851, 177; Repr. of Papers on Electrostatics and Magnetism, Lond. 1872, 465. 482; bei LIEBISCH, phys. Kryst. 1891, 196. 202. 208) Theorie der magnetischen Induction, resp. die Abhängigkeit des in einem homogenen Magnetfelde mit horizontalen Kraftlinien auf eine, um ihren verticalen Durchmesser drehbare Krystallkugel ausgeübten Drehungsmomentes von der Feldstärke, dem Volumen der Kugel, den Werthen der Hauptmagnetisirungs-Coëfficienten der Kugel und den zu ihrer Orientirung im Magnetfelde dienenden Grössen. Alle von STENGER u. KÖNIG untersuchten Kalkspäthe stellten sich äquatorial ein.[4] In seiner ersten Arbeit fand jedoch STENGER nur eine mangelhafte Uebereinstimmung mit der THOMSON'schen Formel, wofür aber KÖNIG die von STENGER benutzte Aufhänge-Vorrichtung verantwortlich machte, die zweifellos eine, wenn auch nur sehr geringe magnetische Richtkraft besass. In seiner zweiten Arbeit schaltete STENGER jenen Fehler aus. Wenn nun auch die Messungen mit der Theorie von THOMSON vollständig übereinstimmten, so ergaben sich doch für verschiedene Kalkspath-Kugeln erheblich verschiedene Werthe für die Differenz der Hauptmagnetisirungs-Coëfficienten ($\varrho = \varrho_2 - \varrho_1$), wie folgende Tabelle zeigt:[5]

	KG. 1.	KG. 2.	KG. 3.	ST. 4.	ST. 5.	ST. 3.	ST. 2.	ST. 1.
Gewicht	1·018	4·116	11·810	17·775	23·682	49·067	129·03	119·10
$\varrho \times 10^{-10}$	1080	1160	1080	797	788	900	803	[6]

[1] K. u. T. (POGG. Ann. 1850, **79**, 233; **81**, 481); T. u. K. (Phil. Mag. 1850, **36**, 178; **37**, 1); T. (Phil. Mag. 1851, **2**, 165; POGG. Ann. 1851, **83**, 384; Phil. Trans. 1855, 1; Phil. Mag. 1855, **10**, 153. 257; 1856, **11**, 125). Nach der Zusammenstellung bei LIEBISCH (Phys. Kryst. 1891, 191).

[2] Wie Natronsalpeter (vgl. S. 2682); Eisenspath paramagnetisch positiv.

[3] KNOBLAUCH u. TYNDALL (POGG. Ann. 1850, **79**, 235) stellten bei wasserhellen Kalkspäthen, die sich mit der Axe der Isotropie im Magnetfelde axial richteten, als Ursache einen Gehalt an $FeCO_3$ fest.

[4] So dass ein vielleicht vorhandener Gehalt an $FeCO_3$ nur sehr gering sein konnte, vgl. oben Anm. 3.

[5] Alle Angaben im C.G.S.-System. KÖNIG's Messungen (KG.) an Kugeln (1. 2. 3), STENGER's (ST.) meist auch an Kugeln (5. 3. 1. 2.) und eine (4.) an einem Parallelepiped. KÖNIG nahm als Mittelwerth der Differenz der beiden Coëfficienten $1135 \cdot 10^{-10}$ bis zu einer Stärke des Feldes von 3000 C.G.S.

[6] Innerhalb der Fehlergrenze identisch mit dem Werth für ST. 2.

Im ungleichförmigen Magnetfelde wird Kalkspath am stärksten abgestossen, wenn die Axe der Isotropie in die Richtung der Kraftlinien fällt. Das Verhältnis der Abstossungen parallel und senkrecht zur Axe[1] der Isotropie von TYNDALL (Phil. Mag. 1851, **2**, 174; POGG. Ann. 1851, **83**, 397) im Mittel 100 : 91 gefunden.

Während in einem homogenen Magnetfelde sich nur Differenzen von Hauptmagnetisirungs-Coëfficienten ermitteln lassen, muss man zur Bestimmung der absoluten Werthe dieser Coëfficienten ein ungleichförmiges, aber symmetrisches Feld zu Hilfe nehmen, in welchem die magnetische Kraft an jeder Stelle bekannt ist (LIEBISCH, phys. Kryst. 1891, 218). Ein solcher Versuch von ROWLAND u. JACQUES (Am. Journ. Sc. 1879, **18**, 360) ist aber in Folge eines Irrthums[2] (ROWLAND, Ann. Phys. 1882, **17**, 274) in der numerischen Rechnung erfolglos geblieben. KÖNIGSBERGER (Ann. Phys. 1898, **66**, 698; GROTH's Ztschr. **33**, 112) fand die (von ihm als $\varkappa$ bezeichnete) „Susceptibilität“ für die Richtung senkrecht zur Axe an Isländer Material zu $-1 \cdot 00 \times 10^{-6}$, und nahezu denselben Werth VOIGT u. KINOSHITA (Nachr. Ges. Wiss. Göttg. 1907, 123; Ann. Phys. **24**, 507; GROTH's Ztschr. **47**, 80) $-9 \cdot 87 \times 10^{-7}$, resp. $\varkappa'$ (bezogen auf die Masseneinheit) $= -3 \cdot 637 \times 10^{-7}$, und parallel zur Axe $\varkappa_3 = -11 \cdot 01 \times 10^{-7}$, $\varkappa'_3 = -4 \cdot 055 \times 10^{-7}$, also die Differenz $\varkappa_3 - \varkappa_1 = -1 \cdot 14 \times 10^{-7}$, „zufällig in vollständiger Uebereinstimmung“ mit dem Resultate KÖNIG's (vgl. S. 2856 Anm. 5) und das Verhältnis $\varkappa_1 : \varkappa_3 = 0 \cdot 897$ „ziemlich nahe demjenigen TYNDALL's“ (vgl. oben).

MESLIN (Compt. rend. 1908, **147**, 1277; GROTH's Ztschr. 1911, **50**, 467) fand den „magnetischen Dichroismus“ an Suspensionen von pulverisirtem Kalkspath positiv in Flüssigkeiten von einem Brechungsquotienten unter 1·6, in dieser Nähe sehr schwach und allmählich negativ werdend.[3]

Specifische Wärme[4] 0·1963—0·2046 nach F. E. NEUMANN (POGG. Ann. 1831, **23**, 1; ges. Werke 1906, **2**, 1). Zwischen 99° und 9—16° C. nach REGNAULT (Ann. chim. phys. 1841, **1**, 129; POGG. Ann. **53**, 60. 243) 0·20874 an sehr reinem Kalkspath, an weissem Marmor 0·21585. An Kalkspath von Auerbach 0·206 zwischen 16—48° C. nach KOPP (LIEB. Ann. 1864—65, 3. Suppl.-Bd.). An Isländer Doppelspath 0·20570—0·2060

[1] Diese einmal parallel zu den Axen der Magnetstäbe und darauf senkrecht zu den Magnetstäben umgelegt.

[2] Die gefundene Differenz $\varrho_2 - \varrho_1 = -40330 \cdot 10^{-12} - 37930 \cdot 10^{-12}$ ergiebt für den diamagnetisch positiven Kalkspath negativen Charakter, wie für Wismuth. KÖNIG (Ann. Phys. 1887, **31**, 300) berechnete unter der Voraussetzung, dass wenigstens das Verhältnis ϱ_2/ϱ_1 richtig bestimmt, hieraus und aus seinem für die Differenz $\varrho_2 - \varrho_1$ gefundenen Mittelwerth (S. 2856 Anm. 5) die absoluten Werthe ϱ_1 und ϱ_2.

[3] Für Dolomit-Suspensionen ist gerade das Entgegengesetzte der Fall, indem der zuerst negative Dichroismus positiv wird, wenn der Brechungsquotient der Flüssigkeit über 1·6 steigt.

[4] Zusammenstellung von KARL SCHULZ (Fortschr. Min. etc. 1912, **2**, 259—303; 1913, **3**, 275—308).

zwischen 96° und 13—16° C. nach PFAUNDLER (POGG. Ann. 1866, **129**, 102), 0·2065 zwischen 6—100° C. nach WEBER (ebenda 1875, **154**, 367). An farblosem Kalkspath von Persberg 0·2042 zwischen 99—15° C. nach ÖBERG (Ofv. Vet.-Akad. Förh. Stockh. 1885, No. 8, 43; GROTH's Ztschr. **14**, 623). Nach HERSCHEL u. LEBOUR (Rep. 48. Meet. Brit. Assoc. Dublin 1878) 0·20—0·22 an 9 Marmor-Arten, 0·19—0·21 an Kalken. Nach JOLY (Proc. Roy. Soc. Lond. 1887, **41**, 250; GROTH's Ztschr. **15**, 523) 0·2036 zwischen 10—100° C. an wasserhellem Isländer Material, 0·2034 an hexagonalen Prismen zwischen 13—100° C., 0·2091 an einer Prismengruppe zwischen 11·9—100° C. und 0·2044 an durchscheinenden weissen Rhomboëdern zwischen 16·8—100° C. Nach GABRIELE STADLER (Inaug.-Diss. Zürich 1889) 0·2066 an carrarischem Marmor und 0·2061 an Jura-Kalk. Nach ULRICH (Forsch. Agrikulturphys. 1894, **17**, 1) 0·2067 zwischen 99—15° C. an Kalkspath von Brilon, 0·2070 zwischen 98 bis 16° C. an Marmor von Carrara. Nach PEIRCE u. WILLSON (Nature 1900, **61**, 367) an 16 verschiedenen Marmor-Arten 0·206—0·218 zwischen 25—100° C. Nach HECHT (Inaug.-Diss. Königsb. 1903; Ann. Phys. 1904, **14**, 1008) an dreierlei Marmor 0·202—0·208 zwischen 0—100° C.

G. LINDNER (Sitzber. phys.-med. Soc. Erlangen 1902, **34**, 217; Inaug.-Diss. Erlg. 1903; GROTH's Ztschr. **39**, 602) fand eine ständige Zunahme der specifischen Wärme mit der Temperatur, aber nicht in gleichmässigen Intervallen, sondern die Zunahme bis zu 100° C. rascher, als später. Die spec. W. beträgt 0·2005 bei 50°, 0·2093 bei 100°, 0·2204 bei 150° C. Die mittlere spec. W. beträgt im Temperatur-Bereich von 0° C. bis

Temp.	50°	100°	150°	200°	250°	300° C.
spec. W.	0·1877	0·2005	0·2054	0·2093	0·2136	0·2204
Zunahme	—	6·3 %	2·4 %	1·8 %	2·0 %	3·0 %

Wird die Temperatur um $d\vartheta$ erhöht, so müssen dQ Calorien zugeführt werden. Für die Temperatur ϑ bis $(\vartheta + 50^0)$ beträgt die mittlere specifische Wärme $dQ/d\vartheta$

Temp.	50—100°	100—150°	150—200°	200—250°	250—300° C.
spec. W.	0·2133	0·2153	0·2209	0·2313	0·2546
Zunahme	—	0·94 %	2·5 %	4·5 %	9·1 %

Die wahre specifische Wärme von Kalkspath bei der Temperatur Θ ist

$$0{\cdot}1802 + 0{\cdot}0002015\,\Theta - 0{\cdot}0000002320\,\Theta^2.$$

Nach LINDEMANN u. NERNST (Sitzb. Ak. Berlin 1910, 247; Chem.-Ztg. 1910, **34**, 1411; LIND. Inaug.-Diss. Berl. 1911) 0·2027 an (offenbar künstlichem) $CaCO_3$; nach KOREF (Ann. Phys. 1911, **36**, 49) 0·1204 zwischen −191·2° bis −81·3° C. und 0·1722 zwischen 0° und −78·0° C. An Isländer Kalkspath 0·1887 zwischen 0° und 19° C. nach BRÖNSTED (Ztschr. Elektrochem. 1912, **18**, 714).

Wärmeleitung. Thermisch positiv, der Hauptaxe entspricht die lange Axe des isothermischen Ellipsoids, wie zuerst SENARMONT (Compt. rend. 1847, **25**, 459; Ann. chim. phys. 1847, **21**, 457; 1848, **22**, 174; N. Jahrb. 1850, 451) constatirte, als Verhältnis der Axen 1·12, reciprok 0·893; dieselbe Zahl bei JANNETAZ (Bull. soc. min. Paris 1892, **15**, 139; Compt. rend. 1892, **114**, 1352; GROTH's Ztschr. **24**, 524).

TUCHSCHMID (Inaug.-Diss. Zürich 1883; bei LIEBISCH, phys. Kryst. 1891, 164) bestimmte die innere Wärmeleitungs-Fähigkeit nach absolutem calorimetrischem Maasse; an Material der Dichte 2·71 und der specifischen Wärme 0·206 die Leitungsfähigkeit in der Richtung der Hauptaxe zu 0·576, unter 45° dazu geneigt 0·518 und senkrecht zur Axe 0·472 (g, cm^{-1}, min^{-1}, 1° C.), woraus das Verhältnis der Halbaxen einer Schmelzfigur auf einer zur Axe parallelen Fläche 1·105 folgt. Aehnliche Zahlen fand LEES (Proc. Roy. Soc. 1892, **50**, 421; GROTH's Ztschr. **22**, 302; **24**, 622) in c.g.s.-Einheiten, ∥ Axe 0·010, ⊥ Axe 0·0084, denen in derselben Schreibweise (vgl. S. 1313 Anm. 2) die von TUCHSCHMID als 0·0096 und 0·0079 entsprechen.

Thermische Ausdehnung. MITSCHERLICH (POGG. Ann. 1824, **1**, 125; 1827, **10**, 137; 1837, **41**, 213. 448; Abh. Ak. Wiss. Berl. 1825, 201; Ber. Verh. Akad. Berl. 1837, 67; ges. Schriften, Berlin 1896, 195. 430) entdeckte 1823 am Kalkspath die Aenderung der Winkel durch die Veränderung der Temperatur, und fand bei zwei, als die genauesten erachteten Messungsreihen den stumpfen und spitzen Rhomboëder-Winkel wie folgt:

Temp.	8° C.	72° C.	82° C.	127° C.	131° C.
rr	105° 3′ 59½″	104° 57′ 23½″	104° 56′ 32½″	104° 52′ 0″	104° 51′ 25″
Temp.	8° C.	70° C.	71° C.	73° C.	131° C.
rr	74° 55′ 15″	75° 2′ 5″	75° 1′ 50″	75° 2′ 45″	75° 9′ 15″

Die Winkel-Aenderung zwischen 8°—131° C. beträgt für die erste Reihe 12′ 34″ und 14′ 0″ für die zweite; die Veränderung durch 100° C. giebt MITSCHERLICH zu 8′ 8″ an.[1]

[1] KOPP (Arch. Pharm. 1840, **36**, 1) berechnete aus 2 Dichte-Bestimmungen an Isländer Doppelspath und dem Atom-Volumen die Aenderung des Polkanten-Winkels zu 13′, bezeichnete aber später (Ann. Chem. Pharm. 1852, **81**, 1; POGG. Ann. **86**, 156) dieses Ergebnis als unsicher; hier der kubische Ausdehnungs-Coëfficient für 1° C. Temperatur-Erhöhung zu 0·000018 an Material von Auerbach bestimmt (nach

Rinne (Centralbl. Min. 1914, 706) fand an einem Isländer Spaltungs-Rhomboëder die Aenderung für 100° C. zu 9·1', für ein Intervall von 761° zu 1° 9' 20", das Axenverhältnis $a:c = 1:0{\cdot}8508$ bei −165° C., 0·8549 bei 20° und 0·8733 bei 596°:

Temp.	−165° C.	−64° C.	+20° C.	97° C.	198° C.
rr	74° 44' 11"	74° 50' 7"	74° 56' 47"	75° 3' 27"	75° 12' 50"
Temp.	+294° C.	398° C.	524° C.	596° C.	
rr	75° 22' 1"	75° 32' 44"	75° 45' 51"	75° 53' 31"	

V. M. Goldschmidt (Groth's Ztschr. 1912, **51**, 21) fand $rr = 74°54'52"$ bei 20° C., bei der Temperatur der festen Kohlensäure (−75° C.) zu 74° 47' 20" und 74° 40' 36" bei der Temperatur der flüssigen Luft (−180° C.).

Die relative Ausdehnung wurde von Mitscherlich (vgl. S. 2859) bei einer Temperatur-Differenz von 100° C. zu 0·00325 ermittelt, durch Messung der Dicke von Kalkspath-Platten parallel und senkrecht zur Axe in Wasser von verschiedenen constanten Temperaturen der Unterschied der Ausdehnung zu 0·00321; durch Vergleich der Ausdehnung einer Glasplatte von bekannter Ausdehnung mit der einer Kalkspath-Platte wurde für diese die Ausdehnung parallel zur Axe für 100° C. zu +0·00286, senkrecht zur Axe zu −0·00056 bestimmt,[1] die räumliche Ausdehnung also 0·001757, während diese von Mitscherlich zusammen mit Petit (im Winter 1823/24 in Paris) zu 0·001961 (Volumendilatation) bestimmt wurde.[2]

Danach dehnt sich ein Kalkspath-Krystall bei der Erwärmung in der Richtung der Axe aus, während er sich in den dazu senkrechten Richtungen zusammenzieht. Es muss also, wie Liebisch (phys. Kryst. 1891, 69) betont, im Kalkspath unendlich viele auf einem Kreiskegel gelegene Richtungen geben, in denen eine Temperatur-Veränderung weder eine Verkürzung noch eine Verlängerung bewirkt, und zwar in einer Richtung von 65° 49½' zur Axe geneigt.[3]

der Methode von Dulong u. Petit, vgl. unten Anm. 2). Unter dessen Benutzung nach den Messungen von Mitscherlich (vgl. oben) führte H. Hahn (chem. Centralbl. 1859, **4**, 353) einige Berechnungen aus; Näheres auch bei Schulz (Fortschr. Min. 1914, **4**, 359).

[1] Für eine Temperatur-Erhöhung von 0° auf 100° C. folgen aus den von Fizeau später gemessenen Haupt-Ausdehnungscoëfficienten die Werthe +0·002637 und −0·000531, Differenz 0·003168 (bei Liebisch, phys. Kryst. 1891, 68).

[2] Nach der Methode von Dulong u. Petit (Ann. chim. phys. 1818, **7**, 113).

[3] Berechnet aus den Ausdehnungs-Werthen von Fizeau (vgl. oben Anm. 1). In der That konnte Fizeau (Ann. chim. phys. 1864, **2**, 151) an Kalkspath-Stäbchen dieser Richtung keine Längen-Aenderung bei Temperatur-Aenderungen nachweisen.

Pfaff (Pogg. Ann. 1858, **104**, 171; 1859, **107**, 148) bestimmte durch Beobachtungen in schmelzendem Schnee und darauf in siedendem Wasser den mittleren linearen Ausdehnungs-Coëfficienten[1] zwischen 0° und 100° C. parallel der Axe 0·0026261 und senkrecht dazu 0·0003105.

Als besonders genau gelten die Bestimmungen von Fizeau (Pogg. Ann. 1863, **119**, 81. 197; 1864, **123**, 515; 1866, **128**, 564; 1868, **135**, 372; Compt. rend. 1864, **58**, 923; 1866, **62**, 1104. 1133; 1868, **66**, 1005. 1072; Ann. chim. phys. 1864, **2**, 143; 1866, **8**, 335) durch Messung sehr geringer Dicken-Aenderungen planparalleler Platten an den Aenderungen, welche sie in einer Interferenz-Erscheinung hervorrufen. Alle Punkte einer Curve gleichen Gang-Unterschiedes drücken die Entfernung der beiden Grenzflächen als Function einer besonderen Längen-Einheit aus, nämlich einer halben Wellenlänge der angewendeten Lichtart. Zuerst (1863) der lineare Ausdehnungs-Coëfficient bei einem Grad Temperatur-Erhöhung in der Richtung der Hauptaxe (α) zu 0·000026796 und senkrecht dazu (α') −0·000005327 bestimmt, dann (1868) für die mittlere Temperatur von 40° C. und der Zuwachs für einen Grad (vgl. S. 1310):

$$\alpha = 0{\cdot}00002621 \quad \Big| \quad \Delta\alpha / \Delta\Theta = 0{\cdot}0_7 160$$

$$\alpha' = -0{\cdot}0_5 540 \quad \Big| \quad \Delta\alpha' / \Delta\Theta = -0{\cdot}0_8 87$$

sowie die mittlere lineare Dilatation berechnet $0{\cdot}0_5 514$ (gemessen $0{\cdot}0_4 507$).

Benoît (Trav. et mém. du Bureau internat. des poids et mesures, Paris 1888, **6**, 1; 1881, **1**, 1; bei Liebisch, phys. Kryst. 1891, 96) fand mit der Fizeau'schen Methode die Haupt-Ausdehnungscoëfficienten:[2]

$$\alpha = 10^{-9}\,(24963{\cdot}3 + 27{\cdot}34\,\Theta)$$

$$\alpha' = 10^{-9}\,(-5541{\cdot}5 + 1{\cdot}94\,\Theta)$$

Mit Fizeau's und Benoît's Resultaten stimmten auch solche von Offret (Bull. soc. min. Paris 1891, **14**, 578; Groth's Ztschr. **21**, 294) sehr gut überein.

Elasticität. Die Untersuchungen Baumgarten's[3] (Pogg. Ann. 1874, **152**, 369) an Stäbchen mit einem Biegungs-Apparat stimmen mit den von Voigt (Wied. Ann. 1882, **16**, 411) theoretisch abgeleiteten.[4] Mit dem auf demselben Princip wie das Fizeau'sche Dilatometer beruhenden Biegungs-Apparat von Warburg u. Koch (Ann. Phys. 1878, **5**, 521; 1883,

[1] Daraus ein „kubischer Ausdehnungs-Coëfficient“ zu 0·002010 ermittelt für das Volumen bei 100° C. eines Würfels von der Kantenlänge 1 bei 0°.

[2] Schrauf (Groth's Ztschr. 1885, **11**, 9) leitete lineare und kubische Ausdehnungs-Coëfficienten aus dem Volumgewicht von Doppelspath-Prismen (vgl. S. 2839) unter Verwendung von Mitscherlich'schen Werthen (vgl. S. 2860) her.

[3] Als weniger exact gelten die Versuche Milne's (vgl. S. 1313 Anm. 3) mit pendelartig aufgehängten Quarzkugeln gegen eine feste Kalkspathkugel.

[4] Doch waren die benutzten Stäbchen nicht geeignet zur Bestimmung absoluter Werthe.

18, 325) fand VATER (GROTH's Ztschr. 1886, **11**, 583) die Elasticität in allen in der Basis gelegenen Richtungen gleich; die Elasticitätscoëfficienten bei starker Belastung grösser werdend.

VOIGT (Ges. Wiss. Göttg. 1889, 483. 512; Ann. Phys. 1890, **39**, 412. 432; GROTH's Ztschr. 1891, **19**, 485; N. Jahrb. 1892, **1**, 3) wählte das Coordinatensystem so, dass die Z-Axe die dreizählige Symmetrieaxe, die YZ-Ebene eine Symmetrieebene ist und die Y-Axe auf einer der um die $+Z$-Axe herumliegenden Fläche des Spaltungs-Rhomboëders austritt. Zu den Biegungs-Beobachtungen dienten 4 Gattungen von Stäbchen, deren Längsrichtungen in der YZ-Ebene lagen und resp. 0^0, 90^0, -70^0, (genau $69^0 23'$) und $+50^0$ (genau $50^0 38'$) mit der Hauptaxe bildeten. Die entsprechenden Dehnungs-Coëfficienten sind:

$$E_0 = (17 \cdot 13 \pm 0 \cdot 007) \times 10^{-8} \quad | \quad E_{90} = (11 \cdot 14 \pm 0 \cdot 008) \times 10^{-8}$$
$$E_{-70} = (17 \cdot 37 \pm 0 \cdot 014) \times 10^{-8} \quad | \quad E_{+50} = (8 \cdot 955 \pm 0 \cdot 005) \times 10^{-8}$$

Hieraus folgt für den Dehnungs-Coëfficienten in der durch die Richtungs-Cosinus α, β, γ (gegen die Coordinaten-Axen) bestimmten Richtung:

$$E = \{11 \cdot 14 (1 - \gamma^2)^2 + 17 \cdot 13 \gamma^4 + 31 \cdot 05 (1 - \gamma^2) \gamma^2 + 17 \cdot 97 \beta \gamma (3 \alpha^2 - \beta^2)\} 10^{-8}.$$

In der Symmetrieebene erreicht E Maxima und Minima für die Neigungswinkel φ zur Verticalaxe:

φ	$-50^0 52'$	0^0	$-7^0 7'$	$+66^0 46'$
E	$19 \cdot 49 \times 10^{-8}$	$17 \cdot 13 \times 10^{-8}$	$17 \cdot 12 \times 10^{-8}$	$6 \cdot 94 \times 10^{-8}$

Torsions-Beobachtungen wurden an dreierlei Stäbchen angestellt: die Längsrichtung senkrecht zur Hauptaxe und dieser parallel die grössere oder kleinere Dimension, und drittens die Längsrichtung parallel der Hauptaxe und die grössere Querdimension als X-Axe. Es ergaben sich die Torsions-Coëfficienten:

$$T_{90} = (29 \cdot 515 \pm 0 \cdot 022) \times 10^{-8} \quad | \quad T'_{90} = (39 \cdot 62 \pm 0 \cdot 014) \times 10^{-8}$$
$$T_0 = (39 \cdot 56 \pm 0 \cdot 34) \times 10^{-8}$$

und der allgemeine Ausdruck für den Torsions-Coëfficienten eines rechteckigen Kalkspath-Prismas, dessen Längsrichtung in die X-Axe fällt, und dessen kleinere Querdimension die Richtungs-Cosinus β_2 und γ_2 besitzt:

$$T = (39 \cdot 52 - 9 \cdot 91 \gamma_2{}^2 - 35 \cdot 93 \beta_2 \gamma_2) \times 10^{-8},$$

so dass T sehr stark mit der Richtung dieser Querdimension variirt. Der Torsions-Coëfficient eines Kreiscylinders erhält als Function der Richtungs-Cosinus seiner Axe den Werth:

$$T^0 = \{69 \cdot 13 - 1 \cdot 21 \gamma^2 + 11 \cdot 12 \gamma^4 - 71 \cdot 86 \beta \gamma (3 \alpha^2 - \beta^2)\} \times 10^{-8}.$$

In der Symmetrieebene ($\alpha = 0$) ergeben sich Maxima und Minima in folgenden Richtungen der Neigungswinkel φ zur Verticalaxe:

φ	$+58^0 35'$	0^0	$+11^0 0'$	$-60^0 53'$
T^0	92.90×10^{-8}	79.04×10^{-8}	78.77×10^{-8}	46.15×10^{-8}

Die Werthe der Elasticitätsmoduln[1] s_{hk} ergeben sich zu

$$s_{11} = (11.14 \pm 0.008) \times 10^{-8} \qquad s_{12} = -(3.67 \pm 0.013) \times 10^{-8}$$
$$s_{33} = (17.13 \pm 0.007) \times 10^{-8} \qquad s_{13} = -(4.24 \pm 0.015) \times 10^{-8}$$
$$s_{44} = (39.52 \pm 0.002) \times 10^{-8} \qquad s_{14} = +(8.98 \pm 0.017) \times 10^{-8}$$

woraus die Coëfficienten der linearen Contraction bei allseitig gleichem Drucke folgen:

$$A_1 = A_2 = 3.23 \times 10^{-8} \quad \text{und} \quad A_3 = 8.65 \times 10^{-8},$$

wonach ein Kalkspath-Krystall unter allseitig gleichem Drucke eine erhebliche relative Verkürzung parallel der Hauptaxe erleiden würde. Der Coëfficient der kubischen Compression wird

$$M = 15.11 \times 10^{-8},$$

also erheblich kleiner als für Quarz (vgl. S. 1314).

Der Coëfficient der Winkeländerung bei allseitig gleichem Drucke ist $B = 5.42 \times 10^{-8}$.

Die Elasticitätsconstanten (vgl. S. 1315 u. 2144 Anm. 1) für eine Temperatur von etwa 20° C. erhalten folgende Werthe:

$$c_{11} = 13970000 \qquad c_{33} = 8120000 \qquad c_{44} = +3490000$$
$$c_{12} = 4650000 \qquad c_{13} = 4600000 \qquad c_{14} = -2120000$$

Hieraus folgen unter Benutzung der von Fizeau 1868 (vgl. S. 2861) bestimmten thermischen linearen Ausdehnungs-Coëfficienten die thermischen Drucke:

$$q_1 = q_2 = +20.1 \quad \text{und} \quad q_3 = +163.1.$$

Die Unterschiede zwischen den adiabatischen und isothermischen (vgl. S. 2144 Anm. 2) Elasticitätsconstanten und Elasticitätsmoduln sind:

$$\gamma_{11} - c_{11}{}^{2} = +0.0005 \times 10^{-6} \qquad s_{11} - \sigma_{11}{}^{3} = +0.0036 \times 10^{-8}$$
$$\gamma_{13} - c_{13} = +0.0040 \times 10^{-6} \qquad s_{13} - \sigma_{13} = -0.0173 \times 10^{-8}$$
$$\gamma_{33} - c_{33} = +0.0326 \times 10^{-6} \qquad s_{33} - \sigma_{33} = +0.084 \times 10^{-8}$$
$$\gamma_{44} - c_{44} = \gamma_{14} - c_{14} = 0 \qquad s_{44} - \sigma_{44} = s_{14} - \sigma_{14} = 0$$

[1] Voigt (Nachr. ges. Wiss. Göttg. 23. Oct. 1915, 43. 47) deutete durch Heranziehung der Zahlenwerthe für die Elasticitätsmoduln von Kalkspath eine von Savart (Ann. chim. phys. 1829, **39**, 5. 113) beobachtete Verschiedenheit im Verhalten kreisförmiger Klangplatten von Quarz (vgl. S. 1313) und Kalkspath.

[2] $\gamma_{11} - c_{11} = \gamma_{12} - c_{12}$. [3] $s_{11} - \sigma_{11} = s_{12} - \sigma_{12}$.

Für die specifischen Wärmen (vgl. S. 2857) gilt bei constanter Spannung (c_p) und bei constanter Deformation c_d

$$c_p - c_d = 0 \cdot 00103 \quad \text{und} \quad c_p / c_d = 1 \cdot 005 .$$

Schliesslich ist nach VOIGT[1] der Widerstand gegen eine einfache Schiebung nahezu ein Minimum parallel der Gleitfläche, dagegen fast doppelt so gross für eine unter 45° gegen diese geneigte Schiebungs-Richtung[2] (vgl. auch S. 2830).

Vor dem **Löthrohr** unschmelzbar, aber weiss und undurchsichtig werdend. Beim Glühen (nach dem Verlust von CO_2) stark leuchtend, unter Umwandelung in CaO (Aetzkalk); mit gelbrother Färbung der Flamme. In Borax unter Brausen löslich; die farblose Perle wird, wenn gesättigt, nach dem Erkalten undurchsichtig, milchweiss, krystallinisch. Beimengungen durch die Perle erkennbar; Mangan durch die Amethystrothe Borax-Perle, Eisen durch die grüne Reductions- und heiss gelbe Oxydations-Perle. Nach dem Glühen alkalisch reagirend (KENNGOTT, N. Jahrb. 1867, 315). Mit Soda auf Platinblech zu klarer Masse schmelzbar; auf Kohle zuerst schmelzend, dann aber wird die Soda von der Kohle absorbirt unter Hinterlassung eines unschmelzbaren und stark leuchtenden Rückstandes von Kalk. Im Kölbchen zuweilen decrepitirend, unter Veränderung der Farbe bei Gegenwart von Metalloxyden.

Isländer Doppelspath bleibt nach WÜLFING (Jahresh. Ver. vaterl. Naturk. Württbg. 1900, **56**, 17; GROTH's Ztschr. **36**, 659) nach dreistündiger Erhitzung auf 500° C. absolut constant (ohne Gewichtsverlust).[3]

Schmelzversuche wurden schon von JAMES HALL[4] (Trans. Roy.

---

[1] V. untersuchte auch (WIED. Ann. Phys. 1889, **38**, 573; 1891, **44**, 168; N. Jahrb. 1892, **1**, 7; GROTH's Ztschr. **19**, 508; **22**, 169) die Elasticität von dichtem Solnhofener Lithographenstein (wie von dichtem Fluorit, vgl. S. 2415), und fand $E = 16 \cdot 98 \times 10^{-8}$ und $T = 42 \cdot 48 \times 10^{-8}$, $T/E = 2 \cdot 50$, an Kalkspath berechnet $2 \cdot 54$.

[2] Jedoch kann der Widerstand gegen die Schiebung nicht allein für das Vorhandensein einer Gleitfläche maassgebend sein, sonst müsste auch eine zu $(01\bar{1}2)$ nahe senkrechte Ebene Gleitfläche sein, da auch für diese jener Widerstand ein Minimum wird. Erforderlich ist, dass die mit der Schiebung verbundene Molekular-Drehung so gross ist, dass bei einer gewissen Grösse der Schiebung sowohl alle verschobenen Theile im Ganzen, als auch die Moleküle eine nahezu mittlere Lage zwischen der ursprünglichen und der Zwillings-Stellung einnehmen, und daher unter gleichen Umständen ebenso leicht in die letztere wie in die erstere übergehen.

[3] Während Braunspath von Schemnitz nach 2 Stunden 0·14 % (nach 4 St. 0·18 %), Normaldolomit vom Zillerthal 0·36 % (4 St. 0·67 %), Dolomit von Blaubeuren 0·52 % (4 St. 1·17 %), Magnesit von St. Michael in Steiermark 23·34 % (4 St. 34·47 %, 6 St. 37·31 %, 8 St. 45·56 %, 12 St. 49·12 %), Eisenspath von Haueisen 31·71 % verlor.

[4] In der Absicht, die HUTTON'sche Theorie zu prüfen, nach welcher die vereinigte Einwirkung von grosser Wärme und Druck andere Resultate ergiebt, als Wärme unter gewöhnlichen Umständen. Auf HUTTON's Wunsch wurden aber die Arbeiten unterbrochen, und erst nach dessen Tode wieder aufgenommen.

Soc. Edinb. 30. Aug. 1804; 1812, **6**, 71; GEHLEN's N. allg. Journ. Chem. 1805) zuerst 1790 und dann 1798—1805 angestellt, in über 400 Versuchen auf verschiedenste Weise, jedoch ohne zweifellos sicheren Erfolg. Er suchte die Schmelzung des $CaCO_3$ ohne Bildung von CaO zu erreichen. Eingehender Bericht über HALL's Versuche[1] bei A. BECKER (TSCHERM. Mitth. N. F. 1886, **7**, 123; GROTH's Ztschr. **12**, 91; N. Jahrb. 1886, **1**, 403) mit Betonung, dass HALL weder sein Untersuchungs-Material (Kreide, Kalkstein etc.) vor dem Glühen einer Analyse unterzog, noch die dargestellten Producte, also ohne Nachweis, dass die geschmolzene Masse wirklich $CaCO_3$ war. Weitere Versuche von BUCHOLZ (GEHL. Journ. Phys. Chem. 1806, **1**, 271), PETZHOLDT (ERDM. Journ. pr. Chem. 1839, **17**, 464), PILLA (u. CASSOLA, N. Jahrb. 1838, 411), v. RICHTHOFEN (geogn. Beschr. Predazzo, Gotha 1860, 255), G. ROSE (u. SIEMENS, POGG. Ann. 1863, **118**, 565). Nachdem einige Versuche ROSE's, Kreide und Kalkspath-Stücke in einem Flintenlauf zu erhitzen, durch dessen Bersten missglückt waren, wandte ROSE kleine starke, im Inneren galvanisch vernickelte Eisencylinder an, mit denen es gelang, einen oberflächlich zwar etwas kausticirten Aragonit-Krystall im Inneren „in den prächtigsten Marmor zu verwandeln". DEBRAY (Compt. rend. 1867, **64**, 603) wies nach, dass Isländer Doppelspath in geschlossenen Gefässen sich bei 350° C. gar nicht, bei 440° schwach, bei 860° ziemlich stark zersetzt, und dass bei dieser Temperatur die Dissociation erst aufhört, wenn der Druck 85 mm Quecksilber erreicht.

Gegen die „fast wie ein Dogma" angenommene und auch „zur Erklärung geologischer Phänomene" herangezogene Schmelzbarkeit des Kalkcarbonats sprach sich mit Bestimmtheit LEMBERG („über die Contactbildungen bei Predazzo"; Ztschr. d. geol. Ges. 1872, **24**, 237) aus.[2] Die Schmelzung gehe aus keinem der früheren Versuche hervor, vielmehr aus denen von PETZHOLDT und ROSE, „dass der kohlensaure Kalk umkrystallisiren kann, ohne zu schmelzen, und dass er bei heftiger Weissgluth[3] noch nicht schmilzt".

Auch ARTHUR BECKER (vgl. oben) betonte, „dass es mit den Beweisen der Schmelzbarkeit des Kalkcarbonates recht schwach bestellt ist", und führte neue Versuche aus, die wie auch BÜCKING (GROTH's Ztschr. **12**, 91) hervorhebt, „nach dieser Richtung keine Gewissheit geben". In den meisten Fällen war nach dem Erhitzen etwas kaustischer Kalk entstanden, daneben aber hatte sich ein deutliches Aggregat von Kalkspath-

---

[1] Sowie über die späteren von BUCHOLZ, PETZHOLDT, PILLA u. CASSOLA, v. RICHTHOFEN, G. ROSE u. SIEMENS, DEBRAY.

[2] Mit Discussion der Versuche von v. RICHTHOFEN, BUCHOLZ, PETZHOLDT, G. ROSE. Die Arbeiten von HALL erwähnt, aber nicht discutirt, weil diese LEMBERG nicht zugänglich waren.

[3] Welche zur Schmelzung von Vesuvian, Kalkgranat, Orthoklas und gepulvertem Granit genüge. Unrichtig sei die Behauptung v. RICHTHOFEN's, die Kalksilicate seien schwerer schmelzbar, als der kohlensaure Kalk.

Körnern gebildet, welche bedeutend (bis 15 Mal) grösser waren, als die zum Versuch verwendeten.[1] Wenn nach Becker „auch die Möglichkeit einer Schmelzung des kohlensauren Kalkes unter starkem Druck bei hoher Temperatur nicht absolut ausgeschlossen erscheint", so gehe aus seinen und den Versuchen früherer Forscher „klar hervor, dass der kohlensaure Kalk in verschiedener Form schon durch relativ mässige Hitze und geringen Druck eine feinkörnige Structur annimmt, und dass besonders ein feines Pulver sich leicht zu grösseren Kalkspath-Körnern umsetzt, ohne dabei zu schmelzen oder auch nur zu erweichen". Doelter (N. Jahrb. 1886, **1**, 403) bestätigte dieses Resultat, „da er bei einem schon früher ausgeführten Versuche ganz ähnliches erhielt".[2] Auch Wichmann (Tscherm. Mitth. N. F. 1886, **7**, 256) beobachtete bei Versuchen mit feingepulverter Kreide keine Schmelzung, sondern „eigentlich ein Zusammensintern", und zugleich „auch eine molekulare Umlagerung", es hatten sich „grössere einheitlich gestaltete Individuen gebildet".

Le Chatelier (Compt. rend. 1892, **115**, 817; N. Jahrb. 1894, **1**, 305; Groth's Ztschr. **24**, 518) erhitzte in einem Stahlcylinder zwischen zwei Stahlpistons (unter einem Druck von 1000 kg pro qcm) zusammengepresstes (gefälltes) $CaCO_3$ durch eine eingelagerte Platinspirale über 1000° C. zu einer compact und durchscheinend gewordenen Masse mit der Textur eines Marmors, und nahm den Schmelzpunkt etwas tiefer als den des Goldes (1062·4° C.) an, da ein gleichzeitig eingeführter Golddraht nicht geschmolzen war. Auch durch Erhitzen ohne äusseren Druck in einem innen vernickelten Stahlrohr eine Stunde lang auf 1020° C. war vollständige Krystallisation eingetreten (Compt. rend. 1892, **115**, 1009). Joannis (ebenda **115**, 934. 1296) nahm als Ursache der Krystallisation die Compression des Pulvers an, eine wirkliche Schmelzung ohne äusseren Druck aber nur für eine harte Masse (der Dichte 2·6), welche er bei weit höherer Temperatur erhielt (nach der Spannung des Gases bei dem betreffenden Versuch, 22 Atm.). Boeke (N. Jahrb. 1912, **1**, 92) vermuthete aus der Discussion zwischen Le Chatelier und Joannis, dass die schon von Rose und Becker (vgl. S. 2865) beobachtete Sammelkrystallisation (Kornvergröberung im festen Zustande) als Beweis einer Schmelzung angesehen worden war.

Boeke selbst erreichte bei seinen ersten Versuchen 1906 (Ztschr. anorg. Chem. **50**, 247) einen schmelzflüssigen Zustand noch nicht, trotz der Erzielung von Temperaturen bis 1400° C. in geschlossenem Stahlrohr, da dieses sich wenig gasdicht und eine erhebliche Dissociation des unter einem CO_2-Druck von 30 Atm. erhitzten $CaCO_3$ unvermeidlich erwies. Ein zur Fortsetzung der Versuche construirter gasdichter Druck-

[1] Ausser Doppelspath und Aragonit-Krystallen auch feingepulverte Kreide und ein durch Fällung von $CaCl_2$ mit Soda erhaltenes feinkörniges Pulver.

[2] Jedoch scheine es ihm vorläufig noch unentschieden, ob „bei den Versuchen von Hall und Rose nicht doch eine Schmelzung eingetreten".

Apparat war auch noch mangelhaft.[1] Schliesslich gelang BOEKE (N. Jahrb. 1912, **1**, 101. 121) mit Hilfe einer Bombe[2] aus Gussstahl $CaCO_3$ ohne Dissociation bis zum Schmelzpunkt zu erhitzen und mit einem nur wenige Procent betragenden Kohlensäure-Verlust vollständig in den schmelzflüssigen Zustand überzuführen,[3] und zwar bei 1289° C.[4] unter einem Kohlensäure-Druck von wenigstens 110 Atm. Die Schmelze[5] ist so dünnflüssig, dass sie durch einen nicht ganz wasserdicht geschweissten Tiegel hindurchfliesst. Durch Dissociation der Schmelze wird der Schmelzpunkt erniedrigt. Der Dissociations-Druck der Schmelze ändert sich mit der Menge des entstandenen Calciumoxyds[6] und umgekehrt.[7]

Thermische Dissociation. Als Erster beschäftigte sich DEBRAY (Compt. rend. 1867, **64**, 603) mit der Zersetzung des $CaCO_3$ bei hohen Temperaturen (vgl. S. 2865[8]), und fand beim Erhitzen von Doppelspath in luftleerem Glas- oder Porcellan-Rohr das Entweichen von ziemlich viel CO_2 beim Schmelzpunkt des Cadmiums (860° C.), und zwar so lange, bis ein Kohlensäure-Druck von 85 mm erreicht ist; beim Schmelzpunkte des Zinks (1040° C.) betrug dieser maximale Druck 520 mm.

Eines Thermo-Elements zur Messung der Temperatur bediente sich

---

[1] Mit dieser Vorrichtung wurden aber von RINNE u. BOEKE (TSCHERM. Mitth. N. F. 1908, **27**, 395) Versuche über Thermometamorphose, resp. Sammelkrystallisation von Kalkspath und Kalkstein angestellt.

[2] Die Vorrichtung gestattet Gleichgewichts-Untersuchungen bis 1600° C. unter einem Gasdruck bis etwa 150 Atm., mit genauer Messung von Temperatur und Druck.

[3] Pulver von klarem Isländer Doppelspath und besonders $CaCO_3$ von KAHLBAUM „zur Analyse mit Garantieschein", das als einzige Verunreinigung wasserlösliche Bestandtheile (fast 0·1 %, Alkalien etc.) enthielt, nach BOEKE's Control-Analyse 43·99 % CO_2 (theor. 43·96 %).

[4] Bei rund 970° C. aber findet eine Umwandelung in eine oberhalb dieser Temperatur stabile, wahrscheinlich zur rhomboëdrisch-tetartoëdrischen Symmetrieclasse gehörige Modification des $CaCO_3$ statt.

[5] Die Schmelzprodukte des Isländer Doppelspaths sind von bräunlicher Farbe im Gegensatz zu den rein weissen Schmelzkuchen des künstlichen Carbonats (vgl. oben Anm. 3). Jene braune Farbe rührt von Eisen her, das im Doppelspath als Ferrocarbonat vorhanden, indem F. W. HINRICHSEN (Ztschr. phys. Chem. 1902, **39**, 316) bei seiner, für die Molekulargewichts-Bestimmung des Calciums ausgeführten Doppelspath-Analyse als einzige messbare Verunreinigung 0·032 % Fe_2O_3 gefunden hatte. — Härte der Schmelzkuchen etwas über 3, wohl in Folge des geringen Gehalts an CaO (aus Dissociation).

[6] Gemischte Schmelzen von (reinem künstlichem, vgl. unter Anm. 3) $CaCO_3$ und CaO krystallisiren nach dem einfachen eutektischen Schema ohne Mischkrystall-Bildung und ohne intermediäre Verbindung. Das Eutektikum liegt bei 1218° C. und einer Zusammensetzung von 91 Gewichts-Procenten $CaCO_3$ und 9 % CaO.

[7] In der homogenen geschmolzenen Mischung bildet sich für jede Temperatur und jeden Druck ein Gleichgewicht zwischen den Mengen $CaCO_3$ und CaO. Ein geringer Ueberschuss des Oxyds in Bezug auf die Kohlensäure in der Schmelze bindet diese schon so fest, dass die Dissociations-Spannung erheblich sinkt.

[8] Auch WÜLFING's Beobachtung S. 2864 und dort Anm. 3.

Le Chatelier (Compt. rend. 1883, **102**, 1243); und zwar zeigten Marmor, Kreide und gefälltes $CaCO_3$ bei gleicher Temperatur dieselbe Dissociations-Spannung:[1]

Temp.	547°	610°	625°	740°	745°	810°	812°	865° C.
Spann.	27	46	56	255	289	678	763	1332 mm

Die Dissociations-Spannung erreicht Atmosphären-Druck bei etwa 812° C., jedoch tritt rasche Zersetzung erst bei 925° C. ein,[2] wo sie constant bleibt. Andererseits fand Herzfeld (Ztschr. Ver. Rübenzucker-Industrie 1897, 820) zwar bei Kalksteinen vollständige Austreibung des CO_2 bei 900° C. durch mehrstündiges Brennen, Marmor aber bei 900° C. im Kohlensäure-Strom unter Atmosphären-Druck unzersetzt, und erst bei 1030° C. vollständig gebrannt.

O. Brill (Ztschr. anorg. Chem. 1905, **45**, 279) erhielt bei Bestimmungen mit der Nernst'schen Mikrowage[3] an chemisch reinem[4] $CaCO_3$ als Dissociations-Temperatur 825° C.

P. Pott (Inaug.-Diss. Freiburg 1905) arbeitete auf Grund zahlreicher Versuche eine Curve aus und bestimmte die Zersetzungs-Temperatur zu 885° C. beim Dissociations-Druck einer Atmosphäre.

D. Zavrieff (Compt. rend. 1907, **145**, 428) fand für den Dissociations-Druck von Marmor

Temp.	725°	815°	840°	870°	892°	910°	926° C.
Druck	67	230	329	500	626	755	1022 mm

Einem Druck von 763 mm entspricht also ungefähr eine Temperatur von 920°, bei welcher Le Chatelier geschwinde Zersetzung beobachtete (vgl. oben). Riesenfeld (Journ. chim. phys. 1909, **7**, 561) bestimmte die Dissociations-Temperatur zu 908° ± 5.

Von grosser Genauigkeit[5] (die Temperatur-Messung innerhalb ± 2° genau) die Bestimmungen von Johnston (Journ. Am. Chem. Soc. 1910, **32**, 938; 1908, **30**, 1357; Ztschr. phys. Chem. 1909, **65**, 737; N. Jahrb. 1912, **1**, 228):

---

[1] Jedoch wurde der Gleichgewichts-Zustand um so früher erreicht, je feiner der Körper vertheilt war.

[2] Mit der Erklärung, dass die Geschwindigkeit der Reaction $CaCO_3 \longrightarrow CaO + CO_2$ eine endliche ist, und erst bei höherer Temperatur gross genug für rasche Zersetzung wird.

[3] Nachr. Ges. Wiss. Göttg. 1902, 2. Heft; Ber. d. chem. Ges. **36**, 2086.

[4] Erhalten durch Auflösen von Doppelspath in Salzsäure, Fällen mit Ammoniumcarbonat, und wiederholtes Auswaschen und Trocknen.

[5] Erreicht durch geringe Substanz-Menge (0·1 g) und kleinen Gasraum (5 ccm).

Temp.	605°	631°	671°	680°	691°	701°	703°	711°	727°	736° C.
Druck	2·3	4·0	13·5	15·8	19·0	23·0	25·5	32·7	44	54 mm

Temp.	743°	748°	749°	777°	786°	788°	795°	800°	819°	830° C.
Druck	60	70	72	105	134	138	150	183	235	255 mm

Temp.	840°	842°	852°	857°	871°	876°	881°	883°	891°	894° C.
Druck	311	335	381	420	537	557	603	629	684	716 mm

Die Daten stimmen gut mit einer thermodynamischen Formel für die Temperaturdruck-Function[1] überein, woraus berechnet:

Temp.	500°	600°	700°	750°	800°	850°	900°	950°	1000° C.
Druck	0·11	2·35	25·3	68	168	373	773	1490	2710 mm

Der Dissociations-Punkt bei 898° C., und für 1500° C. ein Druck von 151 Atmosphären[2] berechnet.[3]

K. Friedrich (Centralbl. 1912, 618. 654. 659) fand die nach der Methode der Erhitzungscurven ermittelte Dissociations-Temperatur „sehr gut“ übereinstimmend mit den obigen Angaben von Zavrieff, Riesenfeld und Johnston, nämlich den Beginn der Zersetzung[4] (die erste Wärmebindung) bei 895° C. und das Maximum der Zersetzung bei 910° C. bei Atmosphären-Druck in ruhender Gasschicht.

Löslichkeit. In Wasser, und CO_2-haltigem Wasser; Angaben sehr schwankend. Nach H. Rose (Pogg. Ann. 1852, **86**, 279) wird $CaCO_3$ durch Kochen mit Wasser durchaus nicht zersetzt. Bischof (chem. u.

---

[1] $\log p = -\frac{9340}{T} + 1\cdot1 \log T - 0\cdot0012\, T + 8\cdot882$, worin T die absolute Temperatur.

[2] Während Riesenfeld (vgl. S. 2868) nach einer aus den Messungen von Pott und Zavrieff (vgl. S. 2868) abgeleiteten Gleichung (mit Hilfe der Nernst'schen Formel für heterogene Gleichgewichte) für 1500° C. einen Druck von 6790000 Atm. berechnet.

[3] Jedoch betont Boeke (N. Jahrb. 1912, 1, 119), dass durch die bei 970° C. eintretende Umwandelung (vgl. S. 2867 Anm. 4) des $CaCO_3$ die Extrapolation von Druckwerthen aus den Messungen unterhalb dieser Temperatur illusorisch wird, und man nur sagen kann, dass die wirkliche Grösse der Dissociations-Spannung für jede Temperatur oberhalb 970° C. kleiner sein muss, als die aus einer Formel berechnete, welche dem Verhalten des (instabilen) Kalkspaths vollkommen entsprechen würde.

[4] An Material von Löwenberg mit 99·00 % $CaCO_3$ und 0·82 % $FeCO_3$. Der Gewichtsverlust betrug bei Erhitzung auf 1100° vom theoretischen Betrage 99·9 %, bei Aragonit (von Bilin, mit 99·50 % $CaCO_3$, Spur MgO) 99·8 %. Der Aragonit zeigte genau dieselben Zersetzungs-Temperaturen wie der Kalkspath.

phys. Geol. 1864, **2**, 109) citirt, dass sich nach FRESENIUS $CaCO_3$ in 8834 Theilen siedenden und 10600 kalten Wassers löst, nach PELIGOT in 50000 Theilen luftfreien Wassers bei gewöhnlicher Temperatur. BISCHOF selbst fand folgende Quantitäten mit Kohlensäure gesättigten Wassers erforderlich, um 1 Theil $CaCO_3$ zu lösen: von Kreide in 4 Versuchen 989—1099 Theile Wasser, von aus $CaCl_2$ durch K_2CO_3 dargestelltem $CaCO_3$ 2221 und von Kalkspath 3149 Theile Wasser.[1] Als Höchstwerth der Löslichkeit[2] wird angegeben von CARO (Inaug.-Diss. Jena 1873; Arch. Pharm. 1874, **4**, 145) 3·0 g $CaCO_3$ in 1 Liter Wasser; dieses Maximum wird bei 5° C. und 4 Atmosphären Druck erreicht, bei 10° und 13° mit 5 Atm. und bei 20° C. mit 7 Atm. Jedoch überschreitet nach CARO bei beliebig gesteigertem Druck die Menge des als Bicarbonat gelösten Monocarbonats nicht 3 g.

BODLÄNDER (Lehrb. anorg. Chem. 1896, 497) bezeichnet $CaCO_3$ als „in Wasser unlöslich, löslich aber in Wasser, welches Kohlendioxyd enthält, wobei das Calciumcarbonat wahrscheinlich in das im festen Zustande nicht bekannte saure Calciumcarbonat $Ca(HCO_3)_2$ übergeht".

Genau untersuchte SCHLÖSING (Compt. rend. 1872, **74**, 1552; **75**, 70) die Abhängigkeit der Löslichkeit vom Kohlensäure-Druck der Lösung. Als Bodenkörper diente ein nicht näher bezeichnetes Calciumcarbonat, von dem sich 0·0131 g als Monocarbonat bei 16° C. in 1 Liter reinen Kohlensäure-freien Wassers löst, während die Löslichkeit der Kohlensäure im Wasser bei 1 Atmosphäre Druck 1·9483 g im Liter beträgt. Unter der Annahme, dass sich Calciummonocarbonat im Wasser mit Kohlensäure zu Calciumbicarbonat verbinden kann, das im Wasser löslich sei, soll der Gehalt des Wassers an Calciumbicarbonat die Fähigkeit, freie Kohlensäure (nach dem Absorptions-Gesetze) und Calciummonocarbonat aufzulösen, nicht bedeutend ändern. SCHLÖSING stellte nach seinen Versuchen eine Formel[3] auf für den Zusammenhang zwischen der dem gelösten Bicarbonat entsprechenden Menge Monocarbonat und dem (Partial-) Druck der Kohlensäure. VATER (GROTH's Ztschr. 1893, **22**, 213) stellte die Abhängigkeit der Menge des Bicarbonats von der Menge der gelösten freien Kohlensäure fest. Aus den Gleichungen von SCHLÖSING und von VATER folgt, dass unter erhöhtem Druck der über der Lösung befindlichen Kohlensäure-Atmosphäre sich noch mehr Calciumbicarbonat[4] bilden würde. Eine Aenderung dieses Verhaltens wird

[1] Früher hatte B. (Journ. pr. Chem. 1834, **2**, 73; chem. u. phys. Geol. 1863, **1**, 214) in 10000 Theilen destillirten Wassers die Lösung von 0·0908 Gran $CaCO_3$, und zugleich von 2·4462 Gran $MgCO_3$ beobachtet.

[2] Nach LASSAIGNE (Journ. pr. Chem. 1848, **44**, 248) 0·7003 g bei 0° und 0·8803 g bei 10° C.

[3] Diese empirische Formel wurde von VAN'T HOFF (Svensk. Vet.-Akad. Handl. 1886, **21**, No. 17; Vorles. theor. u. phys. Chem. Braunschw. 1889, **1**, 149) zu einer rationellen umgestaltet.

[4] Für das VATER die Formel CaC_2O_5 aufstellt, entsprechend $K_2Cr_2O_7$.

bei gesteigertem Druck der Kohlensäure dann eintreten, wenn das Wasser mit Calciumbicarbonat gesättigt ist: eine Erhöhung des Druckes der Kohlensäure vermag noch die Menge der freien Kohlensäure, jedoch nicht mehr die Menge des Calciumbicarbonats zu vermehren.[1]

„Danach stellen die Lösungen von Calciumcarbonat in Kohlensäure-haltigem Wasser gesättigte Calciummonocarbonat-Lösungen dar, welche ausserdem wechselnde Mengen von Kohlensäure und eine in ihrem Maximum von der Quantität der Letzteren abhängige Menge von Calciumbicarbonat[2] enthalten" (VATER, GROTH's Ztschr. 1893, **22**, 217).

BODLÄNDER (Ztschr. phys. Chem. 1900, **35**, 23) leitete ferner „die strenge Formel für die Abhängigkeit der gelösten Menge Kalk vom Kohlensäuredruck auch für endliche Concentrationen" ab, und berechnete ihre Constanten aus anderen Grössen.[3]

HOLLEMAN (Ztschr. phys. Chem. 1893, **12**, 135) fand mit Hilfe des elektrischen Leitvermögens die Löslichkeit[4] von 1 Theil $CaCO_3$ in 99500 Theilen Wasser von 8·7° und in 80040 Theilen von 23·8° C. — Nach F. KOHLRAUSCH und F. ROSE (ebenda **12**, 239) beträgt das Leitvermögen der gesättigten Lösung bei

	2°	10°	18°	26°	34° C.
$CaCO_3$ gefällt . .	16	21	27	34	—
Kalkspath . . .	14·6	20	26	32	39
Aragonit . . .	17·6	23·5	30·5	39	48

Nach TREADWELL u. REUTER (Ztschr. anorg. Chem. 1898, **17**, 204) besteht das Calciumbicarbonat als solches in wässeriger Lösung, und seine Löslichkeit[5] beträgt im Liter 0·3850 g bei 15° C. und mittlerem Barometerstand.

Calciumcarbonat vollkommen unlöslich in flüssiger Kohlensäure (BÜCHNER, Ztschr. phys. Chem. 1906, **54**, 674; CAILLETET, Compt. rend. 1872, **75**, 1271; Ann. Pharm. **167**, 74).

[1] Damit stimmen die Versuche von CARO (vgl. S. 2870) überein.

[2] In Bezug auf dieses sind jedoch diese Lösungen bei einem Kohlensäuredruck von 1 Atmosphäre (und weniger) noch weit vom Sättigungs-Punkte entfernt.

[3] Für alle Erdalkali-Carbonate, soweit sie in reinem Wasser sehr wenig löslich sind, gewann BODLÄNDER die Gleichung $HCO'_3 = 12{\cdot}69 \sqrt[3]{k_1 \, CO_2}$, worin nur k_1, das Löslichkeitsprodukt des Carbonats für die verschiedenen Carbonate verschieden ist, für $CaCO_3$ zu $28{\cdot}42 \times 10^{-10}$ ermittelt, für $MgCO_3$ zu $25{\cdot}67 \times 10^{-6}$ und für $BaCO_3$ zu $19{\cdot}30 \times 10^{-10}$.

[4] Viel weniger als $CaCO_3$ und $BaCO_3$ ist $SrCO_3$ löslich: 1 Theil $BaCO_3$ löslich in 64070 Theilen Wasser bei 8·8° und 45566 bei 24·2° C., 1 Theil $SrCO_3$ in 121760 Theilen Wasser bei 8·8° und 91468 bei 24·3° C. Die Carbonate dargestellt aus den Hydraten und aus Kohlensäure.

[5] Sie wird durch verdünnte Kochsalz-Lösungen (etwa $\frac{1}{10}$-normal) nicht wesentlich beeinträchtigt.

Die Löslichkeit in wässeriger Lösung von Natriumchlorid bei 25°, in Natriumsulfat bei 24° C. und in Natriumchlorid bei Gegenwart von festem Calciumsulfat bestimmt von CAMERON u. SEIDELL (Journ. phys. Chem. Lond. **6**, 50; Chem. Centralbl. 1902, **73**, 1041; bei LEITMEIER, DOELTER's Mineralchem. 1912, **1**, 313); sowie ferner von CAMERON, BELL u. ROBINSON (Journ. phys. Chem. 1907, **11**, 396) die Löslichkeit in NaCl-Lösung frei von CO_2, sowie gesättigt mit CO_2 bei Atmosphären-Druck, die Löslichkeit in Na_2SO_4-Lösung[1] frei von CO_2 und in einer Mischung[2] von NaCl und Na_2SO_4. Weiter untersuchten CAMERON und ROBINSON (Journ. phys. Chem. 1907, **11**, 577) die Löslichkeit in wässeriger Lösung von Kaliumchlorid und Kaliumsulfat, ohne und mit CO_2. CANTONI u. GOGUÉLIA (Bull. soc. chim. 1905, **33**, 24) verglichen die Löslichkeit in NaCl, KCl und Ammoniumchlorid. SEYLER u. LLOYD (Journ. chem. Soc. Lond. 1909, **95**, 1347; bei LEITMEIER a. a. O.) untersuchten das Gleichgewicht zwischen Calciumcarbonat und Kohlensäure in Gegenwart von Salzlösungen von einer den natürlichen Wässern entsprechenden Zusammensetzung; COHEN u. RAKEN (Akad. Wet. Amsterdam 1900, **9**, 28; Ztschr. phys. Chem. 1902, **41**, 750) die Löslichkeit von $CaCO_3$ in künstlichem Meerwasser, RINDELL (Ztschr. phys. Chem. 1910, **70**, 452) in verschieden concentrirten Lösungen von Ammoniumchlorid, Ammoniumnitrat und Triammoniumcitrat.

Durch kaltes Chlorwasser wird $CaCO_3$ zersetzt, bis 1 Theil $CaCO_3$ in 30 Theilen Wasser gelöst ist; dann entsteht $CaCl_2$, $Ca(ClO_3)_2$ und $Ca(OCl)_2$ neben $HClO_2$, bis 40—50% $CaCl_2$ erreicht ist; von diesem Punkte ab ist $CaCO_3$ in Chlorwasser vollständig unlöslich (A. RICHARDSON, Proc. Chem. Soc. 1907, **23**, 118; bei DOELTER, Mineralchem. 1912, **1**, 318).

In Säuren unter Brausen löslich, auch ungepulvert, und ohne Erwärmung. Die Einwirkung von Salzsäure auf eine polirte Marmor-Platte genauer von BOGUSKI (Ber. d. chem. Ges. 1876, **9**, 1442. 1599. 1646) untersucht, mit dem Ergebnis (aus 53 Versuchen), dass die Quantität der aus Marmor in einem bestimmten Zeitmoment entwickelten Kohlensäure (d. h. die Reactions-Geschwindigkeit) direct proportional der Concentration der Salzsäure in demselben Zeitmoment ist. BOGUSKI dehnte dann (mit KAJANDER, Ber. d. chem. Ges. 1877, **10**, 34) die Untersuchung auf Bromwasserstoff- und Salpetersäure aus, und fand, dass bei der Einwirkung verschiedener Säuren von gleicher Concentration auf Marmor die Reactions-Geschwindigkeit im umgekehrten Verhältnis zum Molekulargewicht der Säure steht. Dieses Ergebnis drückt W. SPRING (Ztschr. phys. Chem. 1887, **1**, 209) „auf folgende einfachere Weise" aus: „Lösungen, welche in gleichem Volum gleich viele Molekeln Chlorwasserstoff-, Bromwasserstoff- oder Salpetersäure enthalten, ergeben mit Marmor eine gleich schnelle Kohlensäure-Entwickelung", oder „die molekulare

---

[1] In dieser die Löslichkeit bedeutend grösser als in NaCl-Lösung.

[2] In dieser ist die Löslichkeit von der Menge des Na_2SO_4 abhängig.

Reactions-Geschwindigkeit dieser Säuren in Bezug auf Marmor ist unabhängig von ihrer chemischen Beschaffenheit". SPRING fand durch weitere Untersuchungen, dass für Chlorwasserstoff-, Bromwasserstoff-, Jodwasserstoff-, Salpeter- und Ueberchlorsäure die Reactionsgeschwindigkeit bei gleichen Temperaturen gleich ist; dass diese Geschwindigkeit aber für organische Säuren (besonders Essigsäure) bedeutend kleiner ist.[1] Die nachstehende Tabelle giebt die (gleiche) Wirkung (Entwickelung von CO_2 in ccm) der genannten fünf Mineralsäuren, die Reactionsdauer in Secunden und die allgemeine mittlere Geschwindigkeit (von 25 zu 25 ccm) bei den drei Versuchs-Temperaturen:

CO_2 ccm	Temperatur 15° C.			Temperatur 35° C.			Temperatur 55° C.		
	Gesamtdauer	für je 25 ccm	Geschwindigkeit	Gesamtdauer	für je 25 ccm	Geschwindigkeit	Gesamtdauer	für je 25 ccm	Geschwindigkeit
25	111	111	0·225	57	57	0·440	28	28	0·895
50	209	98	0·254	98	41	0·609	47	19	1·315
75	311	102	0·245	150	52	0·480	71	24	1·041
100	419	108	0·231	201	51	0·490	99	28	0·892
125	533	114	0·219	256	54	0·460	128	29	0·862
150	653	120	0·208	315	59	0·423	159	31	0·806
175	782	129	0·193	273	58	0·431	195	36	0·694
200	918	136	0·183	436	63	0·390	220	33	0·757
225	1061	143	0·174	508	72	0·347	266	38	0·657
250	1215	154	0·162	587	79	0·316	307	41	0·609
275	1368	153	0·163	668	81	0·308	355	48	0·520
300	1542	174	0·143	758	90	0·277	400	45	0·555
325	1739	197	0·126	858	100	0·250	451	51	0·490
350	1958	219	0·114	968	110	0·227	510	59	0·423
375	2215	257	0·097	1116	148	0·168	572	62	0·403
400	2525	310	0·086	1408	292	0·085	655	83	0·301
425	—	—	—	—	—	—	740	85	0·294
450	—	—	—	—	—	—	867	127	0·196

Die Zahlen unter „Geschwindigkeit" zeigen also, dass bei einer gegebenen Temperatur das Maximum der Reactions-Geschwindigkeit nicht mit dem

[1] Bei Essigsäure etwa $\frac{1}{20}$ der Geschwindigkeit bei den anorganischen beträgt. Bei Behandlung mit organischen Säuren blättert sich der Marmor auf und löst sich nicht regelmässig. — CARRINGTON BOLTON (Min. Soc. Lond. 1881, **4**, 181; GROTH's Ztschr. **7**, 100) empfahl als wirksam die Citronensäure, und besonders bequem für ein „Reise-Laboratorium". Auch HILLEBRAND (U. S. Geol. Surv. 1910, Bull. 422, 210) zog für die Carbonat-Analyse Citronen- und Weinsäure in Erwägung, wie RICHARDS u. POWELL (Journ. Am. chem. Soc. 1900, **22**, 117).

Anfang der Reaction zusammenfällt, obwohl dann die Concentration der Säure ihren höchsten Werth hat. Sondern sie wächst von Null bis etwa 50 ccm CO_2 entwickelt sind; es muss also „der chemische Vorgang erst in Gang gebracht werden“. Als Einfluss der Temperatur auf die Reactions-Geschwindigkeit ergiebt sich, dass die Geschwindigkeiten sich für je 20° Temperatur-Differenz sehr annähernd wie 1:2 ändern.[1]

Ferner stellte Spring (Bull. soc. chim. 1888, **49**, 3; Groth's Ztschr. 1890, **18**, 329) fest, dass Marmor bis zur gänzlichen Erschöpfung der betreffenden Säure gelöst werde, dass aber z. B. zweiprocentige oder schwächere Säure den Isländer Spath nur noch ganz langsam angreift. Mit zehnprocentiger Säure nimmt die Geschwindigkeit der Reaction bei Zimmer-Temperatur proportional der Säure-Concentration ab. Von gleicher Wirkung auf Spaltungs-Flächen sind Salz-, Salpeter- und Jodwasserstoffsäure mit äquivalentem Titer. Ebenso rasch wie Spaltungs-Flächen werden parallel der Hauptaxe geschliffene Flächen bei 15° C. gelöst; bei 35° aber ist die Reactions-Geschwindigkeit an geschliffenen Flächen 1·23 Mal so gross, wie an Spaltungs-Flächen, bei 55° sogar 1·28 Mal. Noch grösser ist die Lösungs-Geschwindigkeit an senkrecht zur Hauptaxe geschliffenen Flächen, im Mittel 1·14 von der an parallel zur Axe geschliffenen. Die Lösungs-Geschwindigkeiten auf Flächen senkrecht und parallel zur Axe scheinen sich wie die Brechungsquotienten ω und ε zu verhalten, und nach Cesàro (Ann. Soc. géol. Belge 1888, **15**, 219; Groth's Ztschr. **18**, 531) überhaupt mit der Richtung in ähnlicher Weise wie die optische Elasticität zu ändern. Die Geschwindigkeit der Einwirkung, gemessen durch die Zahl der in der Secunde pro Quadratcentimeter gelösten Moleküle, beeinflusst nach Gaubert (Compt. rend. 1912, **155**, 547; N. Jahrb. 1914, **1**, 193; Groth's Ztschr. 1915, **54**, 638) die Form der Aetzfiguren, derart, dass z. B. concentrirte Essigsäure die gleichen Aetzflächen[2] entwickelt wie verdünnte kalte Salzsäure, wenn die Auflösungs-Geschwindigkeit durch Regulirung der Temperatur bei beiden gleichgemacht wird. Nach V. Goldschmidt und Fr. E. Wright (N. Jahrb. 1904, Beil.-Bd. **18**, 376) löst (auf Kugeln) schwache Salzsäure langsamer als gleich schwache Salpetersäure, aber starke Salzsäure rascher als gleich starke Salpetersäure.

[1] Spring stellt das durch die Gleichung $v = k \cdot 2^{\frac{t}{20}}$ dar, sucht eine Aufklärung über die physikalische Bedeutung der Zahlen 2 und 20, und meint, dass die Reactions-Geschwindigkeit der Säuren von der Zahl der Molekeln abhängt, die bei gegebener Temperatur eine unbegrenzt dünne Schicht des flüssigen Mediums durchdringen, in welchem sie sich bewegen.

[2] Rascher wirkende Concentrationen von Salz- oder Salpetersäure lieferten an einem Rhomboëder flachere rhomboëdrische oder skalenoëdrische Corrosions-Flächen; bei verdünnteren, also langsamer wirkenden Säuren ist die Corrosions-Form ein steileres Rhomboëder.

www.ingramcontent.com/pod-product-compliance
Lightning Source LLC
LaVergne TN
LVHW060621300926
849162LV00008B/1678
* 9 7 8 3 1 1 2 6 7 2 9 3 8 *